U0323285

国家"十三五"重点图书出版规划项目

城市地下空间出版工程·运营与维护管理系列

总主编 钱七虎 副总主编 朱合华 黄宏伟

城市地下工程结构检测与评价

杨新安 丁春林 王 瑶 郭 乐 编著

上海市高校服务国家重大战略出版工程入选项目

图书在版编目(CIP)数据

城市地下工程结构检测与评价/杨新安等编著. —上海:同济大学出版社,2018.12

城市地下空间出版工程. 运营与维护管理系列/钱七虎总主编

ISBN 978-7-5608-8083-9

Ⅰ. ①城… Ⅱ. ①杨… Ⅲ. ①城市建设—地下工程—工程结构—质量检验 Ⅳ. ①TU94

中国版本图书馆 CIP 数据核字(2018)第 184886 号

城市地下空间出版工程·运营与维护管理系列

城市地下工程结构检测与评价

杨新安 丁春林 王 瑶 郭 乐 编著

出 品 人: 华春荣
策　　划: 杨宁霞 胡 毅
责任编辑: 李 杰
责任校对: 徐春莲
封面设计: 陈益平

出版发行 同济大学出版社 www.tongjipress.com.cn
(上海市四平路 1239 号 邮编:200092 电话:021-65985622)
经　　销 全国各地新华书店、建筑书店、网络书店
排版制作 南京月叶图文制作有限公司
印　　刷 上海安兴汇东纸业有限公司
开　　本 787mm×1 092mm 1/16
印　　张 14.25
字　　数 356 000
版　　次 2018 年 12 月第 1 版 2018 年 12 月第 1 次印刷
书　　号 ISBN 978-7-5608-8083-9
定　　价 88.00 元

内 容 提 要

本书为国家“十三五”重点图书规划项目、国家出版基金资助项目、上海市高校服务国家重大战略工程入选项目。本书介绍了城市地下工程结构及其病害、结构检测与病害调查、状态与评价。首先总结了城市地下工程结构的特点，阐述了城市地下工程结构检测与评价的意义。从城市地下空间类型、建筑与构造、结构三个方面论述了城市地下工程结构与构造。其次，针对地下工程常见的病害和危害，分析了各种病害和危害的成因、机理及其防治方法，并详细介绍了地下工程结构检测方法与原理。最后，结合工程实例，论述了地下工程结构状态评价方法。

本书可供隧道与地下工程、城市轨道交通、城市地下空间工程、市政工程等专业方向的本科生和研究生使用，也可供相关专业的科研和技术人员学习参考。

作者简介

杨新安，工学博士，同济大学交通运输工程学院教授，博士生导师，交通隧道研究室主任。国家科技奖励工作办公室评审专家，教育部学位中心评审专家，广东省、山西省、河北省科技评审专家。中国地下工程与地下空间学会理事，上海市土木工程学会地下工程专业委员会委员。主要从事隧道工程、城市地下工程等方面的研究工作，主讲“铁路隧道”“隧道病害与防治”“城市隧道工程”等课程。在隧道支护与加固理论、城市隧道工程技术方面有突出贡献。研究成果获省部级科技奖6项，发表论文130余篇，其中EI和ISTP检索50篇，获国家专利8项，开发具有自主知识产权软件2项。出版著作7部。

丁春林，工学博士，同济大学交通运输工程学院副教授，博士生导师。主要从事地铁设计理论与施工环境控制、隧道与地下工程安全评估和防水加固技术、工程数值模拟计算技术等方面的研究。先后主持或参与国家自然科学资金项目、铁道部科技发展计划项目以及上海地铁、南京地铁、广州地铁、无锡地铁、合肥地铁、京新高速、大西客运专线、杭黄高铁、怀邵衡铁路、蒙华铁路、引黄工程等多项科研课题。研究成果获省部级二等奖3项，三等奖1项。申请发明专利10余项，获软件著作权2项。发表论文60余篇，编写教材和著作3部。

王瑶，硕士，现任职于上海申通地铁集团有限公司，上海轨道交通监护管理办公室。主要从事上海轨道交通安全保护区监护管理工作。发表《复合地层大直径盾构刀盘刀具磨损分析》《包神铁路转龙湾隧道施工风险评估》等论文6篇。

郭乐，工学博士，毕业于同济大学交通运输工程学院城市轨道与铁道工程系，师从交通隧道研究室主任——杨新安教授，主要研究方向为隧道工程、城市地下工程。已发表论文8篇，其中EI检索3篇，获国家发明专利1项。曾参与上海市轨道交通14号线、15号线、18号线盾构隧道工程和龙耀路越江隧道盾构工程施工管理工作。

总 序

PREFACE

国际隧道与地下空间协会指出，21 世纪是人类走向地下空间的世纪。科学技术的飞速发展，城市居住人口迅猛增长，随之而来的城市中心可利用土地资源有限、能源紧缺、环境污染、交通拥堵等诸多影响城市可持续发展的问题，都使我国城市的发展趋向于对城市地下空间的开发利用。地下空间的开发利用是城市发展到一定阶段的产物，国外开发地下空间起步较早，自 1863 年伦敦地铁开通到现在已有 150 余年。中国的城市地下空间开发利用源于 20 世纪 50 年代的人防工程，目前已步入快速发展阶段。当前，我国正处在城市化发展时期，城市的加速发展迫使人们对城市地下空间的开发利用步伐加快。无疑 21 世纪将是我国城市向纵深方向发展的时代，今后 20 年乃至更长的时间，将是中国城市地下空间开发建设和利用的高峰期。

地下空间是城市十分巨大而丰富的空间资源。它包含土地多重化利用的城市各种地下商业、停车库、地下仓储物流及人防工程，包含能大力缓解城市交通拥挤和减少环境污染的城市地下轨道交通和城市地下快速路隧道，包含作为城市生命线的各类管线和市政隧道，如城市防洪的地下水道、供水及电缆隧道等地下建筑空间。可以看到，城市地下空间的开发利用对城市紧缺土地的多重利用、有效改善地面交通、节约能源及改善环境污染起着重要作用。通过对地下空间的开发利用，人类能够享受到更多的蓝天白云、清新的空气和明媚的阳光，逐渐达到人与自然的和谐。

尽管地下空间具有恒温性、恒湿性、隐蔽性、隔热性等特点，但相对于地上空间，地下空间的开发和利用一般周期比较长、建设成本比较高、建成后其改造或改建的可能性比较小，因此对地下空间的开发利用在多方论证、谨慎决策的同时，必须要有完整的技术理论体系给予支持。同时，由于地下空间是修建在土体或岩石中的地下构筑物，具有隐蔽性特点，与地面联络通道有限，且其周围邻近很多具有敏感性的各类建(构)筑物(如地铁、房屋、道路、管线等)。这些特点使得地下空间在开发和利用中，在缺乏充分的地质勘察、不当的设计和施工条件下，所引起的重大灾害事故时有发生。近年来，国内外在地下空间建设中的灾害事故(2004 年新加坡地铁施工事故、2009 年德国科隆地铁塌方、2003 年上海地铁 4 号线事故、2008 年杭州地铁建设事故等)，以及运营中的火灾(2003 年韩国大邱地铁火灾、2006 年美国芝加哥地铁事故等)、断电(2011 年上海地铁

10 号线追尾事故等)等造成的影响至今仍给社会带来极大的负面效应。因此,在开发利用地下空间的过程中,需要有深厚的专业理论和科学的技术方法来指导。在我国城市地下空间开发建设步入“快车道”的背景下,目前市场上的书籍还远远不能满足现阶段这方面的迫切需要,系统的、具有引领性的技术类丛书更感匮乏。

目前,城市地下空间开发亟待建立科学的风险控制体系和有针对性的监管办法,“城市地下空间出版工程”这套丛书着眼于国家未来的发展方向,按照城市地下空间资源安全开发利用与维护管理的全过程进行规划,借鉴国际、国内城市地下空间开发的研究成果并结合实际案例,以城市地下交通、地下市政公用、地下公共服务、地下防空防灾、地下仓储物流、地下工业生产、地下能源环保、地下文物保护等设施为对象,分别从地下空间开发利用的管理法规与投融资、资源评估与开发利用规划、城市地下空间设计、城市地下空间施工和城市地下空间的安全防灾与运营管理等多个方面进行组织策划,这些内容分而有深度、合而成系统,涵盖了目前地下空间开发利用的全套知识体系,其中不乏反映发达国家在这一领域的科研及工程应用成果,涉及国家相关法律法规的解读,设计施工理论和方法,灾害风险评估与预警以及智能化、综合信息等,以期成为我国未来开发利用地下空间较为完整的理论指导体系。综上所述,丛书具有学术上、技术上的前瞻性和重大的工程实践意义。

本套丛书被列为“十二五”“十三五”时期国家重点图书出版规划项目。丛书的理论研究成果来自国家重点基础研究发展计划(973 计划)、国家高技术研究发展计划(863 计划)、“十一五”国家科技支撑计划、“十二五”国家科技支撑计划、国家自然科学基金项目、上海市科委科技攻关项目、上海市科委科技创新行动计划等科研项目。同时,丛书的出版得到了国家出版基金的支持。

由于地下空间开发利用在我国的许多城市已经开始,而开发建设中的新情况、新问题也在不断出现,本丛书难以在有限时间内涵盖所有新情况与新问题,书中疏漏、不当之处在所难免,恳请广大读者不吝指正。

钱七虎

前言

FOREWORD

本书是“十三五”国家重点图书出版物出版规划项目、国家出版基金项目“城市地下空间出版工程·运营与维护管理系列”中的一本。

城市地下工程处在天然岩土体中，具有结构复杂、造价高、维修难、环境影响显著、隐蔽性强等特点。城市地下工程是保障城市运行的重要基础设施，其中地铁等还是城市生命线工程。因此，对城市地下工程结构进行定期和专项检测，根据检测结果对其健康状态进行评价，掌握其健康状态与水平，并对发现的可能病害与危害及时整治，保障其功能与运营状态的正常是十分重要和必要的。城市地下工程结构检测与评价是城市地下工程运营与维护中的重大课题之一。

本书以地铁隧道、城市道路隧道等城市地下工程为主要对象，分为六章。第1章“绪论”总结了城市地下工程结构的特点，阐述了城市地下工程结构检测与评价的概念和意义，总结分析了城市地下工程结构检测与评价发展的三个阶段，并指出了其未来发展趋势与方向；第2章“城市地下工程结构与构造”从城市地下空间类型、建筑与构造、结构三个方面进行论述；第3章“地下工程结构病害”针对常见的病害和危害——渗漏水、衬砌裂损、冻害、衬砌腐蚀、震害、空气污染等，分别介绍了病害和危害的现象及影响，分析了各种病害和危害的成因、机理及其防治方法。第4章“地下工程结构检测方法与原理”包括限界检测、结构检测、无损检测、地下空间有害气体与光照度测定等内容。第5章“地下工程结构病害调查与检测”从计划、内容、方法、要点和结果分析与整理等方面进行论述。第6章“地下工程结构状态与评价”从地下工程结构状态、评价指标和方法三个方面进行阐释。

本书第1，2，4章由同济大学杨新安编写，第3章由同济大学丁春林编写，第5章由申通地铁集团公司王瑶编写，第6章由新城控股集团股份有限公司郭乐编写，全书由杨新安统稿。此外，同济大学研究生吴超、陈翔协助查阅资料并整理书稿。

本书在编写过程中，参阅了大量论文和技术资料，恐未全部列出，在此谨向有关专家和作者表示感谢！由于作者学术水平有限，书中疏漏乃至错误之处恐难避免，欢迎读者批评指正，意见请发送至邮箱：xyang@tongji. edu. cn。

杨新安

2018年2月于同济园

目 录

CONTENTS

1 绪　　论

我国地域辽阔、人口众多，是城市地下空间开发与利用大国，目前处在城市化的快速发展期。我国城市地下空间具有类型多、总量大、地域分布广泛、地质与气候类型多样等特点。

截至 2017 年年末，我国大陆共有地铁线路 171 条，运营线路总长度 5 083.45 km，其中，2017 年运营线路增加 44 条，线路总长度增加 882.89 km。随着城市的发展，全国多座城市已经建成或开始建设轨道交通线路，因此，地铁数据每年都会快速变化。

目前，国家积极推进城市地下综合管廊建设。2016 年，全国新建城市地下综合管廊 1 791 km，形成廊体 479 km。国办发〔2015〕61 号文件指出：到 2020 年，建成一批具有国际先进水平的地下综合管廊并投入运营。因此，城市地下空间开发利用将进入一个新的发展时期。目前，69 座城市规划的地下综合管廊工程已达 1 000 km。

1.1 城市地下工程结构特点

城市地下工程结构是指构成地下空间的人工结构体。由于地下工程修建于岩土介质之中，围岩（或周围地层）往往也是隧道结构不可分割的组成部分，即城市地下结构与所在地的地质、水文地质条件关系密切相关。因地下结构穿越地层的工程地质条件、气候条件、水文地质条件和设计、施工、运营等条件复杂多变，以及受修建时期的设计与施工技术条件和水平的限制，早期修建的城市地下结构可能出现变形、渗漏水等病害，这导致目前许多城市地下结构存在着多种类型的病害甚至危害，相当一部分处于病害发育的亚健康状态，因此，如何对运营的城市地下结构进行周期性或专门检测、状态与健康评价、病害与灾害预防和控制就显得极为重要。

运营中的城市地下结构与一般工程结构物（如地上建筑物）在性质上有很大区别，其特征主要表现为以下几个方面。

(1) 结构形式和类型多样

城市地下结构由于功能和修建方式不同，而具有不同的结构形式和多种多样的类型。以地铁为例，车站、区间隧道、联络通道、出入口结构形式各不相同，而区间隧道又因采用盾构、矿山法和明挖法等施工方法的不同而具有不同的结构形式和断面类型。

(2) 由多种材质组成，多为复合结构

城市地下结构因修建方式不同，通常由多种材质组成，从径向分层和纵向分段的特点来看，一般为复合结构，而非单一材质的结构。以矿山法隧道为例，由“初期支护＋防水层＋二次衬砌”构成所谓的“复合式衬砌结构”，该复合结构具有显著的径向分层、纵向不连续的特点。纵向不连续的施工缝、变形缝、沉降缝是结构的薄弱之处，常为渗漏水的通道与病害易发之处。

(3) 处于岩土介质中，并长期受其影响

地下结构的最大特点是其修建在岩土这种天然介质之中，与所处的岩土体之间存在相互作用，二者之间的关系是长期的、动态变化的，存在着软土的蠕变、砂土液化、地下水的水压和腐蚀、地质构造运动等一系列可能的影响。

地下结构所处的工程地质条件、水文地质条件决定了工程的设计与施工，地层类型的不同也会对地下结构产生不同的影响，还将影响工程的长期使用，如围岩和地下水条件变动的影响，不同季节的地下水位就会影响地下工程结构渗漏水的强弱。

(4) 隐蔽性

地下工程施工完成后，通常要被岩土材料或地面建筑覆盖，这种隐蔽性使得工程人员无法迅速发现结构物的变异，而必须借助于检测技术，特别是不破坏结构状态的无损检测技术和方法。

(5) 结构复杂，难维修

地下结构复杂，包括整体式结构(无缝)和节段式结构，较深的地下结构则存在于围护结构叠合和非叠合的侧面结构中，对地下结构的安全性有直接影响。地下结构属于难于维修的一类，因此，在设计时都按百年工程设计，且在隧道与地下结构的设计施工中建立少维修的理念非常必要，也非常重要。

(6) 环境影响显著

城市地下结构的运营环境，如列车运行振动引起的结构疲劳、电力的迷流等，对结构物的使用寿命有影响，有些长期影响是十分显著的，而其影响和规律目前还不十分清楚和明了。

(7) 不同类型的地下结构稳定性差异显著，既有结构物的状态差异大

地铁、市内公路隧道、越江通道、综合管廊等不同类型的地下结构，其施工方法、埋深、断面结构差异性均较大，纵向分段也有差别，导致其结构长期稳定性的问题各异，差别显著。既有结构物则由于修建时的设计水平、服务年限长短、结构物变异状态和程度等的不同，导致其状态差异大。

正是由于隧道结构物的特殊性，对隧道结构物的耐久性、可靠性及可维修性提出了更高的要求。

1.2 城市地下工程结构检测与评价概述

1.2.1 概念

1. 城市地下工程结构检测

城市地下工程结构检测是指采用检测仪器和手段，对其进行周期性或专门检测，根据检测结果对其健康状态进行评价，掌握其健康状态，并对发现的可能病害与危害及时整治，以保障其功能与运营状态正常。这里的检测包括检查、监测、测试等含义。

城市地下结构的检查和检测对其养护和维修具有重要意义。通过全面细致地检测，获得地下结构及其所处环境的关键参数，掌握地下结构的现状，发现对隧道安全和

功能有影响的病害，为隧道与地下结构的养护和维修提供依据，以便尽早采取防治病害的措施，从而延长其使用寿命，避免过早地进行改建或重建。通过收集和积累历史检测和养护管理资料，建立专门的数据库，能够为决策提供基础数据。

2. 城市地下工程结构评价

城市地下工程结构评价是根据检测结果对其健康状态进行评价，掌握其健康状态，并对发现的可能病害与危害及时整治，以保障其功能与运营状态正常。

在地铁运营安全评估中，土建部分就包含对车站、区间隧道、联络通道、出入口等的专项评估。

地下结构状态与安全评价是以安全为目的，通过分析影响地下结构状态与安全的影响因素，建立评价指标体系，对地下结构健康状态进行评估，以期发现薄弱环节，提出合理、可靠的改善措施或建议。这对提高地下结构的健康和安全水平具有十分重要的意义。

3. 检测与评价之间的关系

城市地下结构检测与评价二者密不可分，检测是评价的前提、条件、基础和依据，评价则是检测的目的和最终结果。

1.2.2 作用和意义

(1) 城市地下工程多数为生命线工程，其正常运行关乎城市的正常运转，通过检测和评价可以发现其薄弱环节，预先采取措施将事故消灭于萌芽状态，保障其安全运营。

(2) 为城市地下工程的维修养护和病害整治提供可靠依据，以延长其使用寿命，避免过早地大修甚至改建。

(3) 通过收集和积累历史检测和养护管理资料，建立专门的数据库，能够为优化设计与施工提供反馈，为养护维修提供基础数据。

(4) 完善地下工程设计理论。不同的地下结构设计由于地层条件、埋深、结构形式和施工方法不同，设计方法也不尽相同，目前的设计理论比较单一，且不成熟，需要结合结构健康检测数据和评价结果分析进一步完善地下工程设计理论。

1.3 城市地下工程结构检测与评价的发展历史

城市地下工程结构检测与评价经历了三个发展阶段，目前，整体上处于第二阶段和向第三阶段发展的时期。

1.3.1 第一阶段——人工观察、测量与钻孔取芯检测阶段

城市地下结构检测最初的手段主要是依靠人工观察，即采用肉眼观察结合经验进行综合判断，这种方法存在人为因素影响较大、效率低、准确性差等问题。

后来，为了探寻地下结构内部病害的真正原因，采用了钻孔取芯的检测方法。传统

钻芯检测方法虽具有直接取样于衬砌结构本身，无须进行物理量转换，可直观反映结构质量情况等优点，但钻芯取样会对结构造成损伤，破坏隧道防排水系统，影响隧道寿命，不适合地下结构全部取样检测，随机抽样或代表性抽样取芯无法检测到深部结构，检测结果代表性差，难以全面反映地下结构整体及各部位质量，而且检测成本较高。

传统的检查和检测方法需要花费大量的人力和物力，却不能全面客观地反映地下结构的状况，而采用新型的无损检测则具有无可比拟的优越性。

1.3.2　第二阶段——无损检测阶段

为了克服传统检测方法的缺陷和弊病，突破这些简单方法本身的局限性，无损检测方法逐渐被引入和应用到城市地下结构检测中。声波法、地质雷达法及光学分析法等无损检测方法因其无损结构、高效、精准的特点得到了广泛应用，产生了巨大的经济效益和社会效益。

无损检测是指在不破损检测对象的外部和内部结构及其使用性能的条件下，采用声波、电磁波、红外线、光谱分析等方法对检测对象的结构合理性、材料性能、设计缺陷及物理参数等一系列问题进行检测的方法。在地下结构中，无损检测常用于检测结构或衬砌厚度、地下结构或衬砌背后的空区、复合衬砌中层间脱空段和地下结构或衬砌钢筋分布等。

无损检测技术（或称地球物理勘探检测技术，简称物探技术）使大面积的隧道与地下衬砌结构及其围岩的缺陷探测成为可能，主要检测衬砌结构内部与背后的缺陷，如混凝土的蜂窝、孔洞、裂缝、保护层厚度不足、衬砌背后空洞等缺陷，以及因腐蚀、冰冻、火灾等非重力因素引起的损伤等。采用无损检测方法检测结构缺陷和损伤时，可以采用超声脉冲法、射线法、微波吸收法、雷达扫描法、声射法、透气法、介电法和电磁法等。图1-1所示为地下结构地质雷达探测。

400 MHz 或 900 MHz 天线

图 1-1　地下结构地质雷达探测

1.3.3 第三阶段——自动检测、在线检测、车载检测阶段

城市地下工程中的地铁、重要的越江通道等属于城市生命线工程，其长期安全运营事关城市的正常运行，对这些重要地下结构通过自动检测、在线检测实现长期监测，及时掌握结构变形状态，实现对城市重要地下结构的动态化和信息化管理，具有重要意义，是目前地下结构检测的发展方向和趋势。将检测设备安设于车辆之上，实现地铁隧道和线路、公路隧道等的车载连续检测也是发展方向之一。

1. 地铁结构自动检测

由于传统监测技术在高密度行车区间内无法实施，且不能满足对大量数据采集、分析、及时准确反馈的要求，因此，有必要采用自动化监测系统对地铁重点区域进行长期监测，发现问题及时预警、及时修复，从而确保地铁运营安全。此外，在邻近既有地铁线路的工程施工（如基坑开挖）和穿越既有地铁线路（如新建地铁线穿越既有地铁线）的工程施工中，为了监控施工对既有地铁结构的影响，也往往采用自动监测的方法和技术。

正如上海地铁监护部门经过实践所认识到的那样："上海地铁目前所采用的监测技术多为传统意义上的工程测绘范畴，随着城市轨道交通的快速发展，对地铁维护的要求越来越高，地铁监测工作作为地铁结构维护的依据，同时具有工作量大、施工时间短、精度要求高等特点，现有的传统监测技术已渐渐不能满足地铁结构维护的需要，急切盼望'大量程、大范围、高精度、自动化'的监测系统出现。目前，国内外都在加强新监测技术的研究，随着近景摄影测量、激光全息扫描、光纤等新技术的成熟和应用，自动、高效、实时的地铁监测技术成为可能。"

国内外一些城市已经开始了这方面的试验和探索。

（1）天津地铁

目前，地铁在城市综合交通体系中担当骨干，在城市交通体系中已位居首位。地铁线路经过城市中心，周边施工项目较多，为了保证地铁的正常运营，必须对地铁进行运营期的变形监测。地铁运营期的监测因时间跨度大、影响因素复杂、灾害导致的社会影响更大，因此，地铁运营阶段对结构的长期监测更应受到重视。

天津地铁于 2014 年开始对重点区段实施自动化监测的首次尝试。重点区段选定原则为施工期曾发生过险情，以及线路周边有大型施工的区域，最终选定在 9 号线大王庄—天津站联络通道两侧各 21 环管片约 50 m 结构范围作为重点区段实施自动化监测。

监测系统由远程数据服务器、工控机、交换机、数据采集设备及监测点组成。摄像机等图像及数据采集设备通过网线汇总连接到交换机，数据采集及分析用的工控机也连接到交换机。工控机连接 GPRS 模块，将分析后的数据通过 GPRS 网络发送至远程数据服务器。

该自动化监测系统基于数字摄影测量原理，由数字影像或数字化影像出发，通过计算机对数字影像信息进行处理和加工，以获取所需要的图形和数字信息。在隧道内安

装数字摄像机和标识牌,摄像机对标识牌进行自动定时拍照,提取标识牌定位信息,再转换为隧道沉降及水平位移。自动化监测采用近景摄影测量技术结合激光位移传感技术,进行隧道净空收敛、结构水平和垂直位移、道床沉降等项目的监测。

应用自动化监测手段对隧道重点区段进行长期监测,并将自动化监测数据与人工监测数据相互验证(隧道自动化监测数据与人工监测数据基本吻合,所反映的结构变化规律一致,监测数据可靠),提高了对监测结果判断的准确度,实时监测和数据实时传输大大提高了工作效率,弥补了人工监测的不足,且能够使管理人员及时掌握结构状态,发现问题及时预警,及时恢复,尽可能地规避风险,保证了地铁运营安全。

相比于建设期的结构监测,运营期的结构监测尤为重要,对地铁隧道全部区段进行长期监测,及时掌握结构变形状态,实现对地铁保护区内监测项目的统一管理和对设备数据的信息化管理,是保证地铁运营安全的重点,这也是一项系统性的工作。

(2) 广州地铁

为确保地铁隧道结构和地铁运营安全,对受施工影响范围内的运营地铁隧道段进行变形变位自动监测,建立 GeoMos 自动监测系统。该监测系统包含两部分:①隧道现场监测部分,由现场监测点、监测断面、基准点和隧道监测段等反映变形变位特征的点、线、面构成;②数据成果的反映部分,由监测仪器设备、软件和信息解调传输装置等硬、软件构成。GeoMos 自动监测系统是由瑞士徕卡公司以徕卡全站仪 TCA2003 及 TCA1800 开发出来的一套适合各种不同需求的现代高科技实时监测系统。

采用瑞士徕卡 TCA 全自动化全站仪配置相应的自动监测软件,在广州地铁黄沙站隧道[①]、公园前站隧道、江南西站附近基坑坍塌后抢险的隧道等处建立自动监测系统,实现 24 小时无人值守,连续监测地铁隧道变形和列车运行安全状况。此外,在广州地铁 1 号线长寿路站—陈家祠站区间隧道结构变形自动化监测以及广佛线祖庙—普君北路盾构区间邻近基坑开挖施工影响中也得到应用。

采用该系统能自动、系统、完整、连续、及时、准确地测量出隧道结构局部和整体变形变位的准确位置、大小量值、变形方向和变化速率,实时动态并准确地掌握周边施工等对地铁隧道影响的程度,能够尽早采取针对性的预防措施,信息化指导非地铁施工,保障地铁隧道结构和运营安全。

2. 重要越江通道结构的自动检测与状态评估

上海是全国城市隧道发展最快、建设最多的城市,从 1965 年开始建造第一条盾构法水下公路隧道开始,已建成的黄浦江越江隧道有 16 条。随着隧道逐步投入运营,隧道已从大规模的建设期进入大规模重点运行养护期,如何提高运营维护管理水平成为目前研究工作的重点。

延安东路北线隧道始建于 1982 年,南线(复线)隧道始建于 1994 年。隧道包含南、

① 广州地铁黄沙站隧道连续自动监测 5 年。

北 2 条线路,6 座风井及多个设备房,设施设备较多。常规人工监测手段不仅费时费力,而且监测周期较长,无法满足实时获取隧道结构健康状态的需求。因此,在 2015 年隧道大修时,选择在隧道较为敏感的位置布设自动化监测传感器,以及时反映隧道变化情况。通过对延安东路隧道结构的分析,结合类似隧道工程管养经验,需要在隧道关键断面分别布设自动化位移监测设备和自动化收敛监测设备进行监测,以保证在大修工程结束后能为隧道的安全运营提供保障。隧道工作井与隧道结构之间为非刚性连接,相对位移会导致接缝的伸张与压缩,增加渗漏水的风险,故对工作井与隧道结构间的接缝实施相对位移监测是必不可少的。

以南线为例,位移监测断面为各工作井与隧道圆形段相接断面(1 号井东侧,2 号井两侧,2 号井新开门洞两侧,3 号井西侧)。收敛监测断面为隧道最低位置所在断面、外滩通道与隧道相交位置断面和 2 号井新开门洞位置。传感器将采集的结构动态数据通过 ZigBeeRTU 的数据天线发出,自动化监测在线模块接收数据并进行处理和存储,处理好的数据通过 2G/3G/4G 网络发送至监测中心的系统管理软件。系统管理软件将数据汇总生成报表、查询系统、数据自动备份等,监测人员只需在监测中心读取报告即可。当测点数据超出报警值时,使用声色方式自动报警,实现监测全过程自动化。

1.4 城市地下工程结构检测与评价的发展趋势

1.4.1 基于物联网的地下工程检测与评价

基于物联网的地下工程检测技术目前已经在一些工程中进行试验和应用。

基于物联网的隧道与地下工程智能监测系统的核心是物联网技术和传感器技术,通过传感器技术获得隧道与地下工程的各种健康信息(比如应力、应变、温度等),再通过物联网技术将各种传感信息无线传输至管理中心,以实现对隧道与地下工程的远程、实时、动态管理与控制。基于物联网的隧道智能监测系统可以为隧道与地下工程的施工安全及运营安全提供第一手基础资料,可密切监视地下结构内各种不良现象(比如变形、渗水、火警等)的发生及发展情况,从而为各种病害与灾害(或事故)的防范提供基本技术支撑,是地下结构运营安全的重要技术保障手段。

1.4.2 建养一体化理念与数字化技术

“基础设施建养一体化”的理念是指从建设和养护一体化角度出发,综合采用工程、经济和管理等手段,以最优化的方式达到工程所需的服役性能。图 1-2 所示是基础设施建养一体化的理念图。

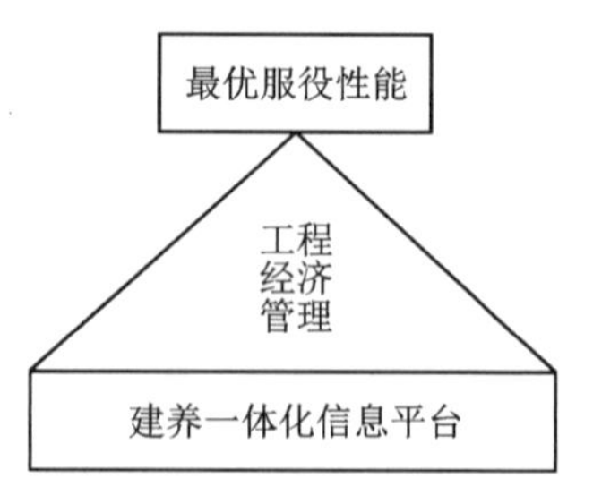

图 1-2 基础设施建养一体化的理念图

从图 1-2 中可以看出:建养一体化的基础是建立一个建设与养护一体化信息平台,该信息平台包括基础设施全生命周期过程(即投资决策、策划、设计、施工、验收、养护、拆除、报废处理甚至再生过程)的所有信息;实现建养一体化的手段是工程、经济和管理手段,以保证建养一体化过程的安全性、经济性和适用性;建养一体化的最终目标是保证基础设施最优的服役性能。需要特别说明的是,建设和养护并不是两个相互孤立的阶段,可从以下两个角度综合考虑二者的关联性:一是在建设中融入养护需求,即从全生命周期角度考虑设计方案;二是在养护中延续建设历史,即将建设状态作为养护的初始状态。

建养一体数字化技术是指实现建养一体化管理与分析的IT信息技术,包括数据采集、数据标准化建设、建模与可视化、空间分析与应用等,最终改善基础设施服役性能,提高基础设施的使用寿命。

针对长江隧桥工程的隧道、桥梁和道路,以建养一体数字化技术为手段,建立了工程建设阶段的数字化工程系统,并结合工程的长期监测数据,进一步开展养护阶段的数据录入、计算、检索、统计、分析等工作,构建长江隧桥建养一体数字化平台,为管理该工程的隧道、桥梁、道路养护工作提供操作平台和决策环境,全面提高业务处理能力。

上海长江隧桥建养一体数字化框架体系包括5个方面的内容与功能。

(1) 数据收集与分析:建立了工程数据(涵盖勘察、设计、施工、监测)的数字化标准和建养一体数字化平台数据库。

(2) 可能病害及其成因:分析了隧道、桥梁、道路病害类型及其成因,建立了隧道病害成因故障分析树、隧道病害状态下结构力学计算模型和海洋条件下桥梁性能退化数学模型。

(3) 动态监测与动态养护:建立了隧道与桥梁养护内容、方法、周期以及评价标准;出现病害时的养护调整方案及养护技术规程;沥青路面维修决策树;基于路面现时服务能力指数(Present Serviceability Index, PSI)与养护费用关联的时间决策模型;基于路况评定和性能预测的动态养护计划。

(4) 健康评估与性能评估:提出了盾构隧道健康评价体系和健康状态评估方法,覆盖桥梁所有构件的健康评价体系和健康状态评估方法和评估标准;路基和沥青路面道路状况评定标准;路况预测模型。

(5) 建养一体数字化平台:特大型越江交通设施数字化理论体系与方法。

1.4.3 隧道结构健康监测系统

根据结构健康监测系统的基本定义,结合隧道工程的自身特点,同时借鉴结构健康监测系统在其他土木工程中的具体概念及在隧道工程中的应用现状,定义隧道结构健康监测系统(Tunnel Structural Health Monitoring System, TSHMS)如下:"通过在隧道典型位置埋设无损传感设备,以网络传输技术、信息采集技术、数据处理技术及计算机技术等为基础,形成隧道基本健康监测网络,实现对隧道围岩结构受力、变形等特征的实时、长期监控。根据隧道自身特点建立隧道结构安全评价及预警系统，根据监测数据对隧道围岩结构的力学行为特征进行研究分析，并借助于评价系统对隧道整体安全状况进行评估，科学评价隧道结构安全性的同时，对可能出现的危险状况及时预警，并据此指导安全运营及合理配置养护资源。”

2 城市地下工程结构与构造

城市地下工程因其用途、功能、设计标准、所处地质与水文地质条件、修建方法等的不同，而具有不同的构造形式和结构类型及特征。某一种城市地下工程(如地铁)又由若干部分或分系统组成，系统组成的不同也使其结构与构造各具特点。而不同类型的地下工程又可能是互相连接或互相关联的，例如，地铁与地下商业街，因此，在论述中也尽可能对不同类型的地下工程之间的关系与联系进行阐明。

构造是地下工程的空间形态与形式，不同类型的地下工程的形态与形式差别显著，同一类地下工程的不同部分的形态与形式也会有差异。结构是构成地下空间的人工结构物实体，即用各种材料(砖、石、混凝土、钢材和木材等)建造的建筑物或构筑物的受力骨架体系，它还可以根据施工工序与工艺进行细分。

本章对主要的城市地下工程的系统组成、构造形式与结构类型及特征进行论述与说明，目的是为后面的检测及评价明确对象，总结特征。

地下工程的结构与岩土体密贴接触，紧密相连，地下结构势必受到其所在的岩土体及岩土体中可能存在的地下水的影响，因此，在讨论地下工程的结构及其特征时，其所在的岩土体的性质、埋深、是否含水、有无侵蚀性介质等都是需要说明的，有时甚至要将这些因素作为地下结构的一部分一起进行讨论。

2.1 城市地下空间结构与构造

2.1.1 城市地下空间结构形式

城市地下空间包括地铁、城市地下道路、地下停车场、地下商场、地下娱乐场所、地下仓库、地下人防工程、地下变电站、地下综合管廊、地下管网等，其类型繁多、形态错综复杂。

地下结构形式主要受到三方面因素的影响，即用途与功能、地质与水文地质条件、修建方法。地下结构中与地层直接接触的部分——衬砌结构断面形式的选择，更是受到这三方面因素的制约。

城市地下空间结构可按结构形状分为拱形结构、矩形结构、圆形结构、框架结构、薄壳结构和异形结构，如图 2-1 所示。

1. 拱形结构

暗挖法施工的地下工程一般均采用这种结构形式。拱形断面又分为直墙拱形和曲墙拱形，曲墙拱形的抗变形能力更强，有些地下结构甚至底板也设计成仰拱形式。

拱形结构有以下优点：

(1) 承载能力强，轴力大，弯矩小；

(2) 内轮廓较圆顺，断面利用率高于圆形断面；

(3) 拱结构为承压结构，能够充分发挥混凝土、石材、砖等材料的“耐压怕拉”特性，这些材料造价低、耐久性好、易维护。

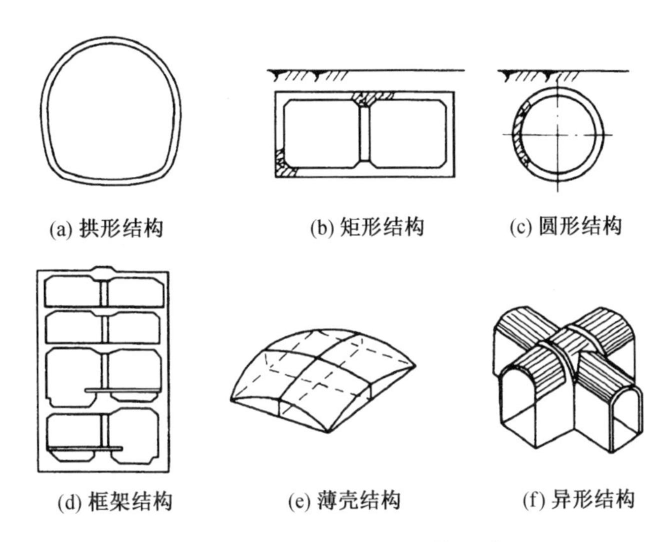

图 2-1 城市地下空间结构形式

2. 矩形结构

矩形断面形式适用于工业、民用、交通等建筑物的限界。但直线构件不利于抗弯，故在荷载较小、地质条件较好、跨度较小或埋深较浅时采用，如地铁车站、明挖隧道往往采用矩形结构。

3. 圆形结构

当受到均匀径向压力时，圆形截面弯矩为零，可充分发挥混凝土结构的抗压强度。当地质条件较差或荷载较大时应考虑采用。盾构隧道往往采用圆形断面。

4. 其他形式的结构

其他形式的结构介于以上三者之间，按具体荷载和尺寸决定。若矩形断面承载力不足，可将顶板改为折板。

2.1.2 地下空间结构与工程地质条件

地下空间结构与其所处的工程地质条件密切相关，结构所处的地层条件可分为土层与岩层两大类，地层类型及特性往往决定了结构的修建方法、结构安全度和受力特征。岩体的组成、结构和强度显著不同于土体，因此，结构的施工方法差别显著，相应的结构及其特征也显著不同。

1. 土层地下结构

以施工方法为主，可将土层地下结构分为以下几类。

(1) 浅埋式结构

浅埋式结构又称单建式结构，平面呈方形或长方形，当顶板做成平顶时，常用梁板式结构。顶部也可做成拱形，以改善结构受力。这种结构的覆土厚度一般较小(覆土厚度小于结构尺寸)，多采用明挖法施工。

浅埋式结构形式：直墙拱形结构、矩形闭合结构和梁板式结构，或者是上述形式的组合。例如，平面为条形的地铁车站等大中型结构，常做成矩形框架结构。

（2）附建式结构

附建式地下结构是指具有预定战时防空功能的附属于较坚固的建筑物的地下室结构，这种地下室又称为防空地下室或附建式人防工事。作为民用时便是房屋下面的地下室，一般有承重的外墙、内墙（地下室作为大厅使用时则为内柱）和板式或梁板式顶、底板结构。

与单建式结构相比，附建式结构节省建设用地，便于平战结合；在战时，人员和设备容易迅速转入地下；增强上部建筑的抗震能力，在地震时防空地下室可作为避震室；上部建筑对战时核爆炸冲击波、光辐射、早期核辐射以及炮弹有一定的防护作用；防空地下室的造价比单建式的要低；便于施工管理，工程质量容易控制，同时也便于维护。

附建式结构可分为五种结构形式：①梁板结构，是由钢筋混凝土梁和板组成的结构，该结构形式经济实用、施工方便、技术成熟，较为常见；②板柱结构，顶板采用无梁钢筋混凝土板式结构，其特点是无内承重墙、跨度大、净空高、空间可灵活分隔，能较好地满足车库、贮库、商场、餐厅等平时使用要求；③箱形结构，由现浇钢筋混凝土墙和板组成，其特点是整体性好、强度高、防水防潮效果好、防护能力强，但造价较高，适用于防护等级高、上层建筑需设置箱形基础、地下水位高、有较高防水要求的结构；④框架结构，由钢筋混凝土柱、梁和板组成，常用于地面建筑为框架的情况，结构体系外墙只承受水土压力和动荷载，而不承受建筑的自重和活荷载；⑤拱壳结构，是指地下结构的顶板为拱形或折板形结构，其特点是受力较好、内部空间较高、节省钢材，但是地下室埋深要加大，施工相对复杂。

结构形式选择要考虑的因素有：战时防护能力的要求、上部地面建筑的类型、地质及水文地质条件、平时与战时使用的要求、建筑材料及供应情况、施工条件等。

（3）沉井式地下结构

沉井是一种上、下竖向开口的筒形结构物，通常用钢筋混凝土材料制成。

沉井法施工过程是，先在地面制作井筒管节，在其强度达到设计要求后，抽除刃脚垫木，对称、均匀地利用人工或机械方法清除井内土石，在沉井重力作用下克服井壁四周与土的摩擦力和刃脚底面土的阻力而逐步下沉，井筒管节根据沉井的设计深度可分为一次下沉或分段制作多次下沉。当下沉到设计标高后，随即用素混凝土封底，再浇筑钢筋混凝土底板，构成地下结构物，或在井筒内用素混凝土或砂砾石填充，构成深基础。

沉井平面形式可分为圆形、椭圆形、正方形、矩形和多边形等，也可分为单孔和多孔沉井。

沉井在地下结构中的应用较为广泛，如桥梁墩台基础、地下泵房、水池、油库、地铁、水底隧道、船坞坞首、矿井等工程。

（4）地下连续墙结构

首先建造两条连续墙，然后用挖槽设备沿墙体挖出沟槽，以泥浆等维持槽壁稳定，最后修筑底板、顶板和中间体。这种修建地下结构的方法适用于狭窄的施工场地，相比明挖法和沉井法有许多优点，如结构刚度大，整体性、抗渗性和耐久性好，作为永久性的挡土、挡水和承重结构，能适应各种复杂的施工环境和水文地质条件。

(5) 盾构隧道结构

盾构法是采用盾构机掘进，同步安装预制管片构筑隧道的施工法，适用于软弱土层、砂卵石地层，黄土、风化岩等软性地层甚至复合地层。盾构隧道结构以圆形为宜，也有少数的方形、双圆形等异形结构形式。

目前常用的盾构类型有土压盾构、泥水盾构和复合盾构。

(6) 沉管式地下结构

一般做成箱形结构，两端加设临时封墙，托运至预定水面处，沉放至设计位置。这种结构适用于城市地铁或者越江隧道。

(7) 地道式地下结构

这种结构采用暗挖法施工，断面往往设计成直墙或曲墙式拱形结构。

(8) 其他结构

除上述地下结构之外，还有顶管结构、箱涵结构和基坑支护结构等。

表 2-1 对土层地下结构的类型与修建方法等进行了总结。

表 2-1 土层地下结构分类

<table>
<tr><th>序号</th><th>名　称</th><th>修建方法</th><th colspan="2">结构特点与特征</th><th>备　注</th></tr>
<tr><td>1</td><td>浅埋式结构(又称单建式结构)</td><td>明挖法，暗挖法(不具备明挖条件时)</td><td colspan="2">直墙拱形结构、矩形闭合结构和梁板式结构，或者是上述形式的组合</td><td>不满足压力拱成拱条件或软土地层中覆盖层厚度小于结构尺寸</td></tr>
<tr><td rowspan="4">2</td><td rowspan="4">附建式结构(又称防空地下室)</td><td rowspan="4">明挖法</td><td>梁板结构</td><td>顶板为钢筋混凝土梁板结构</td><td rowspan="4"></td></tr>
<tr><td>板柱结构</td><td>顶板为无梁钢筋混凝土板式结构</td></tr>
<tr><td>箱形结构</td><td>钢筋混凝土空间结构</td></tr>
<tr><td>其他结构</td><td></td></tr>
<tr><td>3</td><td>沉井式地下结构</td><td>沉井法</td><td colspan="2">竖向的筒形结构物，通常用钢筋混凝土材料制成。沉井平面形式可分为圆形、椭圆形、正方形、矩形和多边形等，也可分为单孔和多孔沉井</td><td></td></tr>
<tr><td>4</td><td>地下连续墙结构</td><td>地下连续墙法</td><td colspan="2">钢筋混凝土结构</td><td></td></tr>
</table>

（续表）

序号	名　称	修建方法	结构特点与特征	备　注
5	盾构隧道结构	盾构法	拼装式预制管片结构	管片长 1.0～1.5 m
6	沉管式地下结构	沉管法	预制管段沉埋结构	管段长 80～120 m
7	地道式地下结构	明挖法	钢筋混凝土结构	
		盾构法	拼装式预制管片结构	
8	其他结构	顶管法	钢筋混凝土预制管道	
		箱涵法	钢筋混凝土结构	

2. **岩石地下结构**

在岩石地层中修建地下结构时，一般先用钻爆方法挖掘出隧洞，然后进行初期支护，敷设防水板，再以钢筋混凝土或素混凝土施作二次衬砌，总称为复合式衬砌，也称复合式支护结构。如果岩石强度高，也可采用喷锚支护结构或其他类型的衬砌结构。

岩石地层中的衬砌类型主要有三种。

（1）复合式衬砌

复合式衬砌由内、外两层衬砌组合而成，如图 2-2 所示，通常称第一层衬砌为初期支护，第二层衬砌为二次衬砌。为了提高防水等级，在初期支护与二次衬砌之间铺设不同类型的防水层。复合式衬砌是暗挖隧道、通道等的主要结构类型。

复合式衬砌断面一般为曲墙拱形结构，拱形结构的优点如本书“2.1.1 城市地下空间结构形式”中所述。

（2）喷锚衬砌

喷锚衬砌由喷射混凝土及锚杆组成，如图 2-3 所示，除此之外，也可以和钢筋网组成喷锚网支护，也可以在喷射混凝土中掺加钢纤维或聚酯纤维。

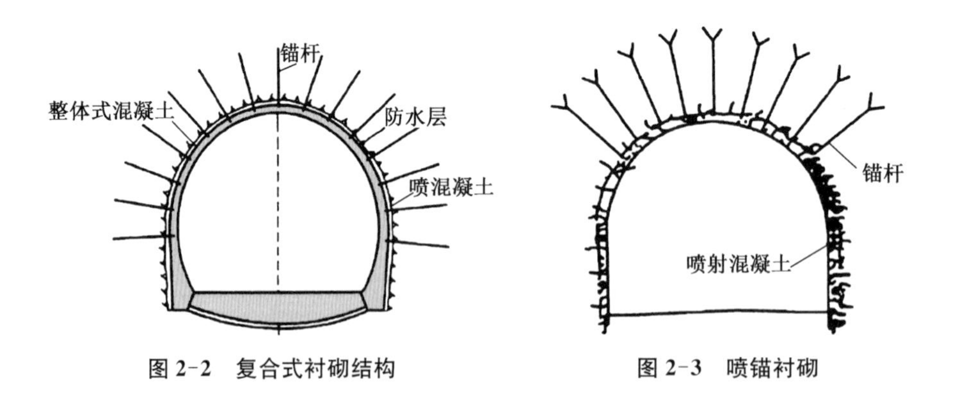

图 2-2　复合式衬砌结构　　　图 2-3　喷锚衬砌

（3）其他类型衬砌结构

以下三种衬砌结构在适合的条件下也有一些使用，但较少。

① 半衬砌结构。如果地下工程岩体硬度较高，整体性较好，具有良好的稳定性，往

往在设计衬砌结构时只做拱圈，不做边墙（拱侧竖直面做喷浆处理或者为落地拱），这种衬砌形式称为半衬砌。

② 贴壁式衬砌结构。这类衬砌往往与围岩一起作为整体受力，衬砌与围岩间的缝隙密实回填。贴壁衬砌根据具体工程的需要可以做成厚拱薄墙式、直墙拱顶式和曲墙拱顶式。

③ 离壁式衬砌结构。这类衬砌的拱圈和边墙与岩壁分离，其间缝隙不做回填。此类衬砌需要在围岩稳定时或者做稳定处理后才可使用。

这三种衬砌都具有拱圈，同属于拱形结构，多采用矿山法暗挖施工，在边墙和底板处理上各不相同。

此外，穹顶直墙结构采用半球形顶壳、圈梁、圆筒形边墙和弧形底板结构的组合，其受力性能好，适用于对围岩侧向承载力要求较高的情况，常用于地下停车场，但其施工较为复杂。

3. 其他类型的结构

需要说明的是，城市地下工程以浅埋为主，地层赋存类型复杂多变，除土层、岩层两大类型外，还存在着复合地层、砂卵石地层等其他类型。例如“上土、下岩”的复合地层就在珠三角地区的广州、深圳大量存在，在巴西圣保罗、美国波士顿、新加坡和我国的青岛、合肥、大连、沈阳等地也存在；而北京、成都、兰州等地则大量赋存着砂卵石地层。这些特殊地层的结构有些可以归结到土层地下结构或岩层地下结构中，有些则需要独立出来，而这有赖于工程积累和进一步的研究和总结工作。

2.2 地　铁

在城市地下修筑隧道、铺设轨道，以电动快速列车运送大量乘客的公共交通体系，称为地下铁道，简称地铁(Metro/Subway/Tube)，它是城市轨道交通的主要形式。地铁几乎不占用城市宝贵的地面空间，因此，成为大、中城市解决交通问题的主要途径，也是城市交通发展的主要方向。

2.2.1 组成与形态

地铁根据其功能、使用要求、设置位置的不同划分成车站、区间和车辆段三部分，这三部分用轨道连接，构成了一个完整的地铁线路运行系统。

1. 地铁车站

车站是地铁系统中的主要组成部分之一，是乘客进出、换乘地铁的节点，集中了运营中的技术设备和运营管理系统。通常，地铁车站由车站主体（站台、站厅、设备和管理用房）、出入口及通道、通风道及地面风亭三大部分组成。

地铁车站按运营性质可分为中间站（即一般站）、区域站（即折返站）、换乘站、枢纽站、联运站和终点站。

车站结构横断面形式主要根据车站埋深、工程地质及水文地质条件、施工方法、建筑艺术效果等因素确定。在选定结构横断面形式(图 2-4)时,应考虑结构的合理性、经济性、施工技术和设备条件。

(a)双跨框架侧式 (b)三跨框架岛式 (c)五跨框架一岛一侧式 (d)双层单跨框架侧式 (e)双层双跨框架相错侧式

(f)双层三跨框架重叠岛式 (g)单拱一岛二侧式 (h)双拱双岛式 (i)三拱立柱岛式 (j)三拱塔柱岛式

(k)单圆侧式 (l)椭圆岛式 (m)钟形式 (n)马蹄形式 (o)马蹄形式

图 2-4 车站结构横断面形式

矿山法施工的车站隧道最小覆土厚度不宜小于 6～8 m。

地铁车站还设有出入口,按建筑形式可分为独立出入口、合建出入口及接入型出入口。

2. 区间隧道

地铁区间隧道通常设计成上、下行分离,即区间隧道由两条单洞单线的隧道组成,上、下行之间间隔一定距离,采用联络通道连接,如图 2-5 所示。

地铁区间隧道为线形管状结构,平面上随线路走向变化,最小曲线半径随线路等级、限制速度而定。

矿山法施工的区间隧道最小覆土厚度不宜小于隧道开挖宽度的一倍;盾构法施工的区间隧道覆土厚度不宜小于隧道外轮廓直径,并行隧道间的净距不宜小于隧道外轮廓直径。

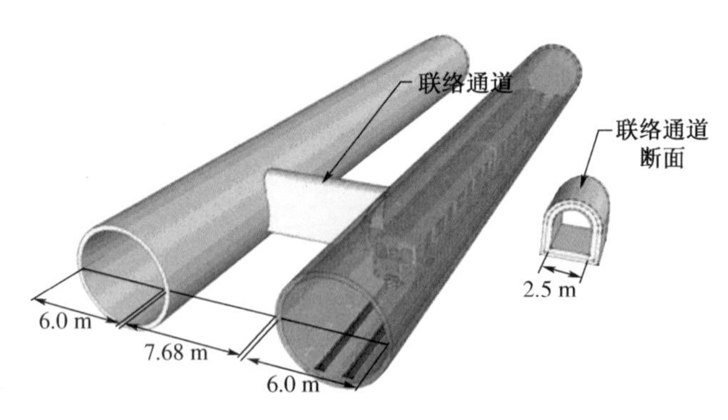

图 2-5 地铁区间隧道结构图

3. 车辆段

车辆段是地铁列车停放和进行日常检修、维修的场所,也是技术培训的基地。由各种生产、生活、辅助建筑及各专业的设备和设施组成。

为了保证地铁安全运行和为乘客、员工提供舒适的环境，车辆段不仅要建造安装通风、空调、采暖、给排水、供电、通信、防灾等设备的建筑物，还要建造可控制单条或多条地铁线路的运营控制中心。它们大部分和车站建在一起，也有单独修建的。

2.2.2 结构与构造

1. 地铁车站

(1) 明挖法施工的车站

明挖车站可采用矩形框架结构或拱形结构，应在满足运营和管理功能要求的前提下，兼顾经济性和美观性，力图创造出与交通建筑相协调的氛围。

① 矩形框架结构

矩形框架结构是明挖车站中采用最多的一种形式，根据功能要求，可设计成单层、双层、单跨、双跨或多层、多跨等形式。侧式车站一般采用多跨结构；岛式车站多采用三跨结构，站台宽度小于或等于 10 m 时，站台区宜采用双跨结构，有时也采用单跨结构；在道路狭窄的地段修建地铁车站，也可以采用上、下行线重叠的结构。图 2-6 为典型矩形框架车站的横断面。

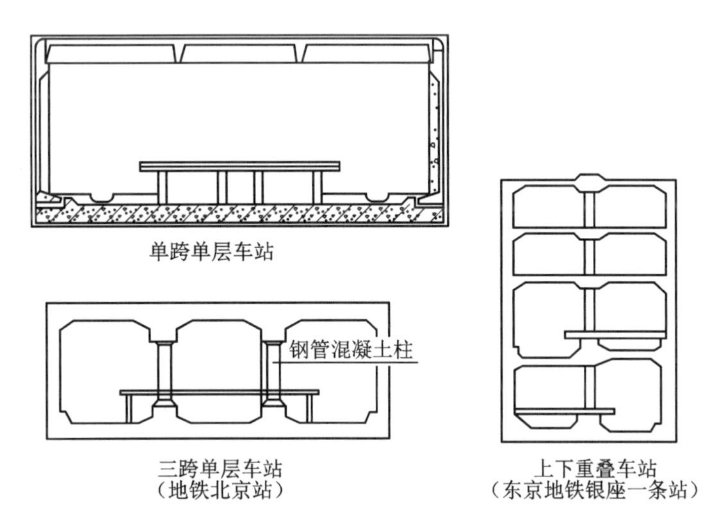

图 2-6 明挖法矩形框架车站

② 拱形结构

拱形结构一般用于站台宽度较窄的单跨单层或单跨双层车站，可以获得良好的建筑艺术效果，如图 2-7 所示。

(2) 盖挖法施工的车站

盖挖法是在先开挖修建的顶盖和边墙保护下开挖修建。按基坑开挖与结构浇筑顺序的不同，盖挖法分为盖挖顺作法、半逆作法和逆作法。图 2-8 所示为盖挖逆作法施工步骤。

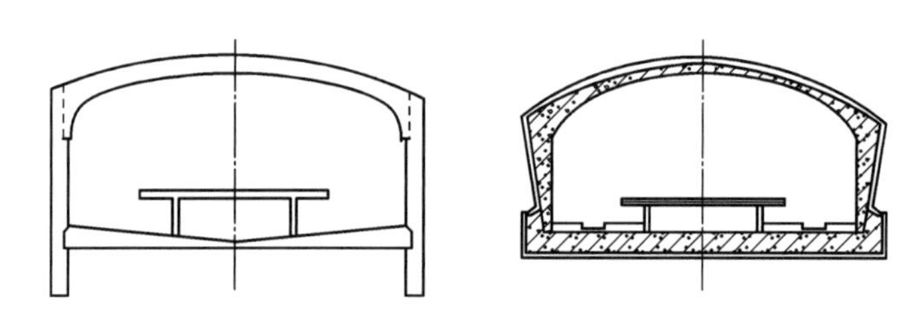

图 2-7　明挖法拱形车站

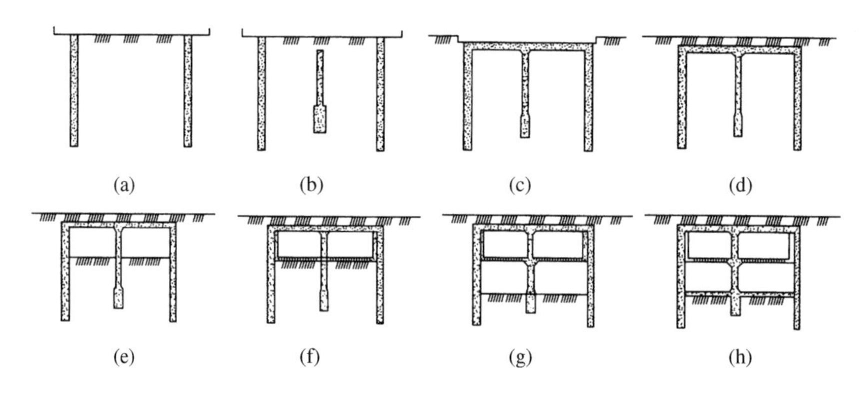

图 2-8　盖挖逆作法施工步骤

（3）矿山法施工的车站

矿山法施工的地铁车站，根据地层条件、施工方法等的不同，可采用单拱式、双拱式或三拱式车站，可设计成单层或双层。图 2-9 所示为重庆地铁单拱车站。矿山法施工的车站开挖断面达 150～250 m^2，甚至 300 m^2 以上，施工中需要比选开挖方法、支护方案、超前支护和加固技术，以保障围岩、上覆地层及其中可能存在的管线的稳定与安全。

（4）盾构法施工的车站

盾构车站的结构形式与所采用的盾构类型、施工方法和站台形式等密切相关。传统的盾构车站是采用“单圆盾构”或“单圆盾构与半盾构结合”或“单圆盾构与矿山法结合”修建的。图 2-10 所示为采用单圆盾构法修建的伦敦地铁车站。

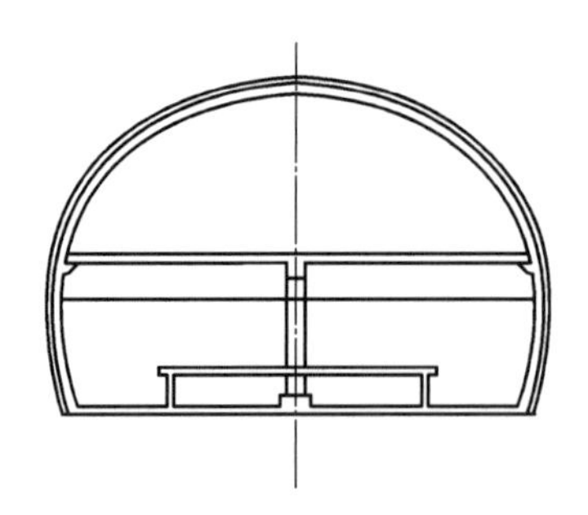

图 2-9　重庆地铁单拱车站

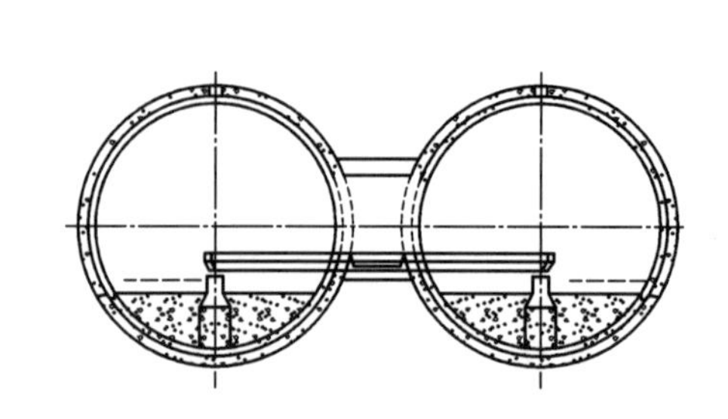

图 2-10　伦敦地铁盾构车站

将地铁车站结构的结构类型及其特点进行总结，如表 2-2 所列。

表 2-2　　地铁车站结构的结构类型及其特点

序号	修建方法	结构组成及其作用		结构类型	结构特点	病害易发部位
1	明挖法	单一墙	现浇地下连续墙围护＋内衬的双层结构	围护结构直接作为主体结构的侧墙，不另作参与结构受力的内衬墙	节点构造比较复杂，要在围护结构上预留接驳钢筋，防水尤其是节点防水需专门处理	
		叠合墙	围护结构（多采用现浇地下连续墙）＋内衬墙	围护结构作为主体结构侧墙的一部分，与内衬墙组成叠合式结构，叠合后二者视为整体墙		
		复合墙	围护结构（现浇地下连续墙、钻孔灌注桩或人工挖孔桩等）＋内衬墙	围护结构作为主体结构侧墙的一部分，与内衬墙组成复合式结构，墙面之间不能传递剪力和弯矩，只能传递法向压力		
2	盖挖法	围护结构：基坑围护 内衬钢筋混凝土		围护结构＋内衬的双层结构	现浇钢筋混凝土衬砌结构	
3	矿山法	单拱	初期支护：主要承载结构 防水层：防水 二次衬砌：主要承载结构	多层复合式衬砌	径向分层 纵向分段	施工缝、变形缝
		双拱	双拱塔柱式、双拱立柱式	多层复合式衬砌		
		三拱		多层复合式衬砌		
4	盾构法	预制钢筋混凝土管片：主要承载结构 止水带：防水 螺栓：拉紧管片，挤紧止水带		单层衬砌结构，少数有内衬	单层，密集环缝、纵缝	环缝、纵缝

2. 区间隧道

地铁区间隧道根据其修建方法主要可分为盾构隧道与矿山法隧道，二者结构性质差别显著，如表 2-3、图 2-11—图 2-13 所示。

表 2-3　　地铁区间隧道结构

项　目	矿山法	掘进机法	
		盾构	隧道掘进机(Tunnel Boring Machine, TBM)
断面形式	马蹄形	圆形	圆形
支护结构	复合式衬砌 (锚喷初期支护＋防水层＋混凝土二次衬砌)	钢筋混凝土预制管片	钢筋混凝土预制管片
防水结构	全断面防水层(初期支护与二次衬砌之间),二次衬砌施工缝止水带,变形缝、沉降缝止水带	管片接缝止水带	管片接缝止水带
结构特点	设计灵活,可根据地层、断面等的变化改变初期支护、二次衬砌设计参数,适应性好;复合多层结构,二次衬砌整体性好	一般为单层结构,接缝多;工厂化预制,整体刚度、强度高	一般为单层结构,接缝多;工厂化预制,整体刚度、强度高
结构薄弱部位或病害易发之处	施工缝,变形缝	环缝,纵缝	环缝,纵缝

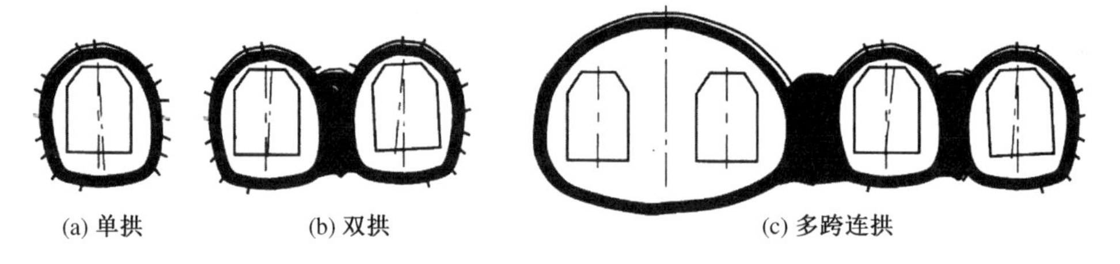

图 2-11　矿山法隧道衬砌结构

图 2-12　矿山法隧道结构

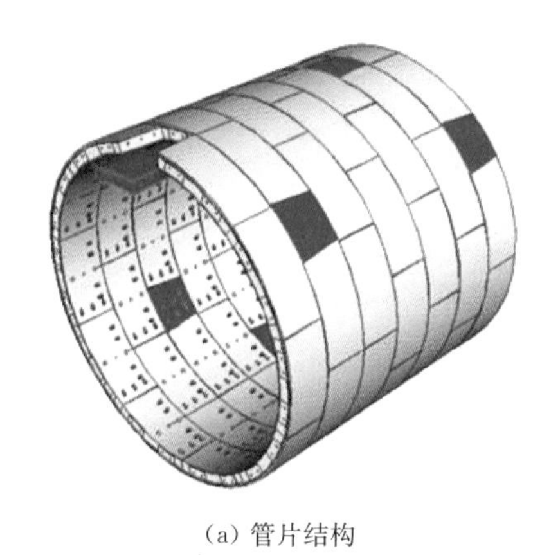

(a) 管片结构

(b) 盾构(或 TBM)隧道

图 2-13 地铁区间隧道结构

(1) 盾构管片结构

预制装配式衬砌是用工厂预制的构件(即管片),在盾构尾部拼装而成的。管片种类按材料可分为钢筋混凝土、钢、铸铁管片以及由几种材料组合而成的复合管片。

需要说明的是,凡是用盾构法或 TBM 法(岩石全断面掘进机法)建造的城市公路隧道、城市铁路隧道、电力隧道、引水隧道、通信隧道、煤气管隧道、城市市政公共管线廊道等,都是采用这种装配式圆形衬砌结构。

衬砌环内管片之间以及各衬砌环之间的连接方式目前主要采用柔性连接方式。

管片厚度:根据地层条件、隧道外径 D 大小、埋置深度、管片材料、隧道用途、施工工艺、受荷载情况以及衬砌所受的施工荷载(主要为盾构千斤顶顶力)等因素计算确定,一般取$(0.04\sim0.06)D$。地铁区间隧道钢筋混凝土管片厚度为 300~350 mm,为衬砌环外径的 5%~6%。

管片宽度:管片宽度目前为 1 000~1 500 mm。

衬砌环的分块:衬砌环的组成一般有两种方式:一种是由若干标准管片(A)、两块相邻管片(B)和一块封顶管片(K)组成;另一种是由若干块 A 型管片、一块 B 型管片和一块 K 型管片构成,相邻管片一端带坡面,封顶管片则两端或一端带坡面。从方便施工、提高衬砌环防水效果角度看,第一种方式较好。

衬砌环的拼装形式有错缝和通缝两种,如图 2-14 所示。错缝拼装可使接缝分布均匀,减少接缝及整个衬砌环的变形,整体刚度大,是一种较为普遍采用的拼装形式。但当管片制作精度不够高时,管片在盾构推进过程中容易被顶裂,甚至顶碎。在某些场合(如需要拆除管片修建旁通道)或有某些特殊需要时,衬砌环通常采用通缝拼装形式,以便于结构处理。

此外还有双层衬砌、挤压混凝土衬砌等衬砌类型。

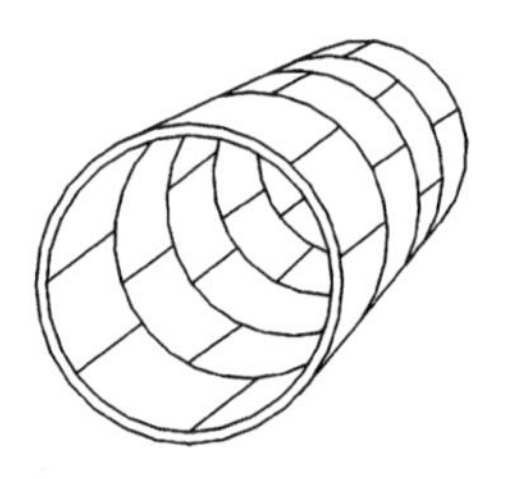

(a) 错缝拼装

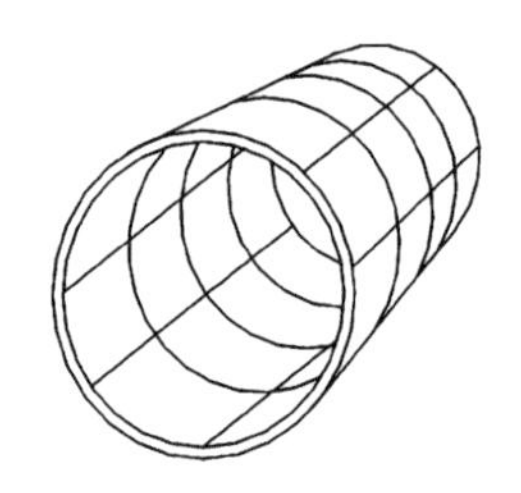

(b) 通缝拼装

图 2-14　管片拼装形式

双层衬砌。为防止隧道渗水和衬砌腐蚀，修正隧道施工误差，减少噪声和振动，以及作为内部装饰，可以在装配式衬砌内部再做一层整体式混凝土或钢筋混凝土内衬。根据需要还可以在衬砌与内层之间敷设防水隔离层。对于含地下水丰富和含有腐蚀性地下水的软土地层中的隧道，国内外大多选用双层衬砌，即在隧道衬砌的内侧再附加一层厚 250～300 mm 的现浇钢筋混凝土内衬，主要解决隧道防水和金属连接杆件防锈蚀问题，也可使隧道内壁光洁，减少空气流动阻力。

挤压混凝土衬砌(Extrude Concrete Lining, ECL)。随着盾构向前推进，用一套衬砌施工设备在盾尾同步灌注的混凝土或钢筋混凝土整体式衬砌，因其灌注后即承受盾构千斤顶推力的挤压作用，故称为挤压混凝土衬砌。挤压混凝土衬砌可以使用素混凝土或钢筋混凝土，但应用最多的是钢纤维混凝土。

(2) 复合式衬砌结构

矿山法修建的隧道应采用复合式衬砌，由初期支护、防水隔离层和二次衬砌组成，如图 2-15 所示。

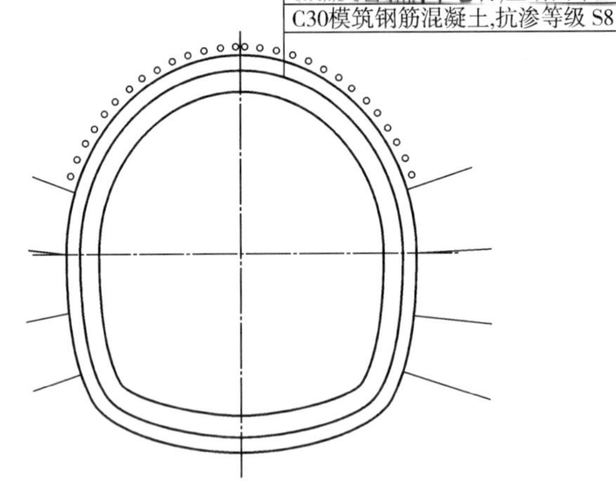

图 2-15　矿山法隧道复合式衬砌

外层为初期支护，其作用为加固围岩、控制围岩变形、防止围岩松动失稳，是衬砌结构中的主要承载单元。初期支护一般应在开挖后立即施作，并应与围岩密贴，所以最适宜采用喷锚支护。根据围岩条件，选用锚杆、喷混凝土、钢筋网和钢支撑等其中的一种或数种的组合。

内层为二次衬砌，通常在初期支护变形稳定后施作。因此，二次衬砌承受静水压力以及因围岩蠕变或围岩性质恶化和初期支护腐蚀引起的后期荷载，提供光滑的通风表面。复合式衬砌的二次衬砌应采用钢筋混凝土,在无水的Ⅰ,Ⅱ级围岩中可采用模注混凝土,也可采用喷射混凝土。在初期支护和二次衬砌之间一般需敷设不同类型的防水隔离层。防水隔离层的材料应选用抗渗性能好、化学性能稳定、抗腐蚀性及耐久性好并具有足够的柔性、延伸性、抗拉和抗剪强度的塑料或橡胶制品。

2.3 城市地下公路与道路

将城市地面上的各种交通系统部分甚至大部分转入地下,在地面上留出更多的空间供人们居住和休闲,是城市地下空间发展的理想目标。现阶段,在城市交通量较大的地段,建设适当规模的地下快速道路(也称城市地下公路)是非常必要的,这样能够有效缓解交通矛盾。此外,当城市间的高速道路通过市中心区,采用地下通过的方式可以实现与地面道路的立交。对地形起伏较大的山地城市来讲,隧道穿越山体的捷径——穿山公路使城市道路形成整体化的城市交通系统。

城市地下快速公路有以下几个优点:① 改善相邻的环境;② 有利于公路景观的保护;③ 实现快速公路地下空间的多功能用途(利用街道与快速公路之间的地下空间修建停车场和其他公共设施)。

2.3.1 组成与形态

1. 类型

地下快速交通主要是指城市中的地下公路,主要有越江(海)公路隧道、地下立交公路和半地下公路三种类型。

沿海地区城市如青岛、厦门、大连、东京、伦敦、奥斯陆等都修建了越海城市隧道,大大提升了城市道路通行能力,改善了城市道路布局。沿江、沿河、沿湖城市修建的下穿江河、湖泊隧道则成为这些城市地下交通体系的重要组成部分,如上海的多条穿越黄浦江的水下隧道将浦东、浦西连接成一体;长沙下穿湘江的营盘路隧道和南湖路隧道大大提高了湘江两岸的城市对接速度;南京下穿玄武湖隧道、杭州下穿西湖隧道都大大优化了城市道路网。

当公路与铁路相交,或当两条公路交叉而又都需要快速、大容量通行,或当其他任意不同的交通方式交叉而需避免平交(如机动车道与非机动车道、非机动车道与铁路)时,都可考虑通过使用地下立交公路来解决问题。

半地下公路的结构形式有堑壕构造和U形挡墙构造两种,它的最主要特点是:① 有利于减少噪声和排放废气;② 能得到充足的日照和上部的开敞空间;③ 在绿化带等自然气息较足的地区,能与周围环境较好地和谐共存;④ 排水、除雪不易;⑤ 造价介于全地下公路和地面公路之间。

近年来,修建城市地下公路网的意见逐渐得到重视,在有些城市已经付诸实施。随着人性化的城市发展，居住、就业、休闲区域一体化的统筹，人们对人居环境要求的提高，城市地下公路必将有广阔的发展前景。

2. 组成

城市地下道路主要由地下道路和出入口组成。城市道路的典型横断面由机动车道、路缘带等组成，特殊断面还可包括人行道、非机动车道、应急车道以及检修道等。城市地下道路根据横断面布置一般可分为单层式和双层式地下道路。城市地下道路不宜采用单洞双向的交通方式，避免双向交通引发交通事故。

3. 形态

(1) 平面设计

道路平面线形宜由直线、平曲线组成，平曲线宜由圆曲线、缓和曲线组成。应处理好直线与平曲线的衔接，合理设置缓和曲线、超高、加宽等。

由于洞内外行车环境差异，进、出洞口的亮度急剧变化，造成驾驶员明暗适应困难，产生视觉障碍，这些因素通常会使进、出洞口成为事故多发路段，因此，城市地下道路洞口内外各 3s 设计速度行程长度范围内的平面线形应保持一致，当条件困难时，应在洞口外设置线形诱导和光过渡等安全措施。

(2) 纵断面设计

城市地下道路纵坡度应小于或等于表 2-4 规定的推荐值，当受条件限制时，经技术经济论证后最大纵坡可适当加大，但应不大于表 2-4 规定的限制值。

城市地下道路最小纵坡不宜小于 0.3%，当条件受限，纵坡小于 0.3%时，应采取排水措施。

表 2-4　　地下道路机动车道最大纵坡

设计速度/($km \cdot h^{-1}$)	80	60	50	40	30	20
最大纵坡推荐值/%	3	4	4.5	5	7	8
最大纵坡限制值/%	5			6	8	

注：除快速路外，当受地形条件或其他特殊情况限制时，经技术经济论证后，最大纵坡限制值可增加 1%。

城市地下道路接地口处宜与接线道路设置反向纵坡，形成"驼峰"，防止地面道路的雨水等侵入地下道路，接地口高程应高于周边路面 20～50 cm。

(3) 出入口

城市地下道路的出入口位置、间距及形式，应满足主线车流稳定、分合流处行车安全的要求，还应根据围岩等级及稳定性、地质条件等综合确定。城市地下道路的出入口应设置在主线车行道右侧，采用"右进右出"的模式，以符合驾驶员的行驶习惯，方便进出。当条件受限时，入口可设置在主线左侧，并应设置辅助车道。

城市地下道路的出入口间距应能保证主路交通不受分合流交通的干扰，并应为分合流交通加减速及转换车道提供安全可靠的条件。

2.3.2 结构与构造

1. 建筑限界

城市地下道路隧道的最小建筑限界应为道路净高线和两侧侧向净宽边线组成的空间界线，如图 2-16 所示。建筑限界顶角宽度(E)不应大于机动车道或非机动车道的侧向净宽度。建筑限界组成最小值应符合表 2-5 的规定。

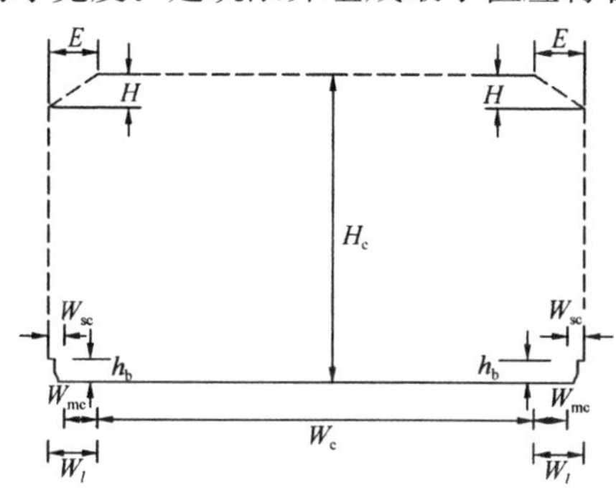

(a) 不含人行道或检修道

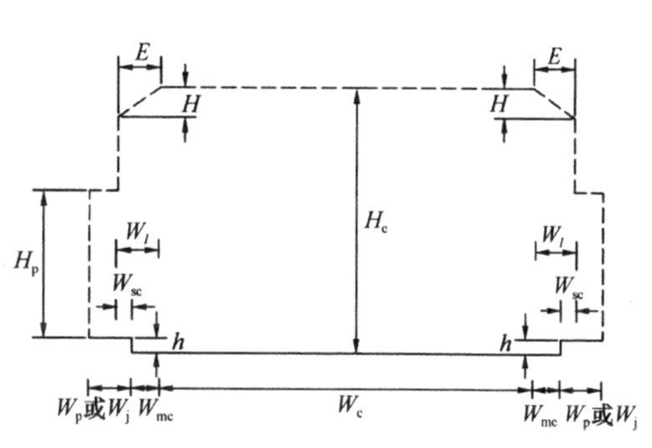

(b) 含有人行道或检修道

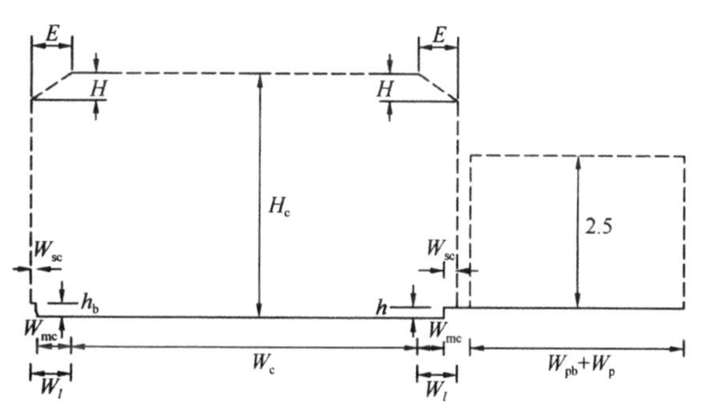

(c) 含有非机动车道和人行道(情况一)

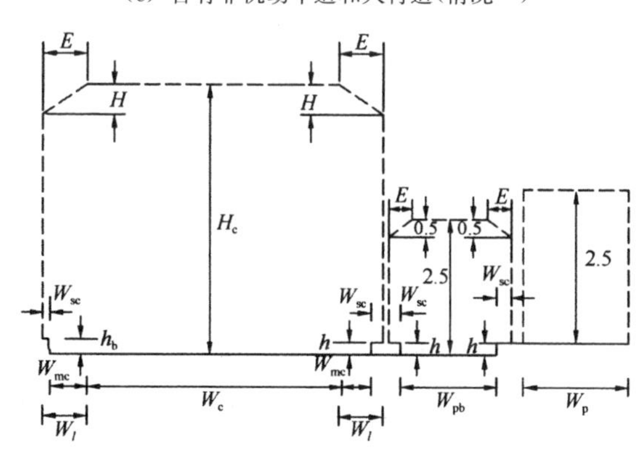

(d) 含有非机动车道和人行道(情况二)

E—建筑限界顶角宽度； h—缘石外露高度； h_b—防撞设施高度； H—建筑限界顶角高度；
H_c—机动车车行道最小净高； H_p—检修道或人行道最小净高； W_c—机动车道的车行道宽度；
W_j—检修道宽度； W_l—侧向净宽； W_{mc}—路缘带宽度； W_p—人行道宽度；
W_{pb}—非机动车道的路面宽度； W_{pc}—机动车道路面宽度； W_{sc}—安全带宽度

图 2-16 城市地下道路建筑限界

表 2-5　　城市地下道路建筑限界组成最小值

建筑限界组成	路缘带宽度(W_{mc})		安全带宽度(W_{sc})	检修带宽度(W_j)	缘石外露高度(h)	建筑限界顶角高度(H)	
	设计速度≥60 km/h	设计速度＜60 km/h				$H_c<3.5$ m	$H_c\geq3.5$ m
取值/m	0.50	0.25	0.25	0.75	0.25～0.40	0.20	0.50

城市地下道路隧道最小净高应符合表 2-6 的规定。小客车专用道最小净高应采用一般值，条件限制时可采用最小值。

表 2-6　　城市地下道路隧道最小净高

道路种类	行驶交通类型	净高/m	
机动车道	小客车	一般值	3.5
		最小值	3.2
	各种机动车	4.5	
非机动车道	非机动车	2.5	
人行或检修道	人	2.5	

2. **横断面**

城市地下道路的横断面布置应综合考虑道路功能定位、设计速度、交通量、交通组成、交通设施、地形等因素；还应综合考虑通风、给排水、消防、监控通信、安全疏散设施及其他附属设施的布置需要。在满足建筑限界条件下，合理利用地下道路空间布置运营设备和安全疏散设施，设施布置应充分利用空间，不得侵入建筑限界，同时还要便于运营维护。

城市道路的典型横断面由机动车道、路缘带等组成，根据需要可设置人行道及非机动车道，特殊断面还应包括紧急停车带以及检修道等。

地下道路的横断面形式还受施工方法影响，例如，对于盾构开挖的隧道，盾构机的直径就决定了地下道路横断面的最大尺寸。根据国内外工程实例，城市地下道路横断面总体上有单层和双层两种布置方式。

单层式地下道路内部空间利用率相对较低，通过双洞实现双向交通，占用城市地下空间较多。双层式在同一断面布置双层车道板实现上、下行双向交通，空间利用紧凑，占用城市地下空间较少。可见，从空间利用角度来看，双层式优于单层式，尤其在城市地下空间极其有限的情况下，应紧凑布局，尽量减少占用地下资源。上海延安东路隧道、大连路隧道、南京长江公路隧道、武汉长江隧道、钱塘江隧道等为单层形式；法国 A86 隧道、马来西亚 SMART 隧道、上海外滩隧道等采用双层形式；上海复兴东路隧道为双孔双层隧道，双层布置同向交通，上层为两条小车专用道，下层为一条大车道和一条应急车道。

根据空间是否封闭,城市地下道路横断面可分为敞开式和封闭式两种形式。敞开式的地下道路是指交通通行限界全部位于地表以下,顶部打开的形式。其中,顶部打开包括两种形式:一种是顶部全部敞开;另外一种是顶部局部敞开。对于单层式地下道路,敞开式和封闭式示意图分别如图 2-17 和图 2-18 所示。

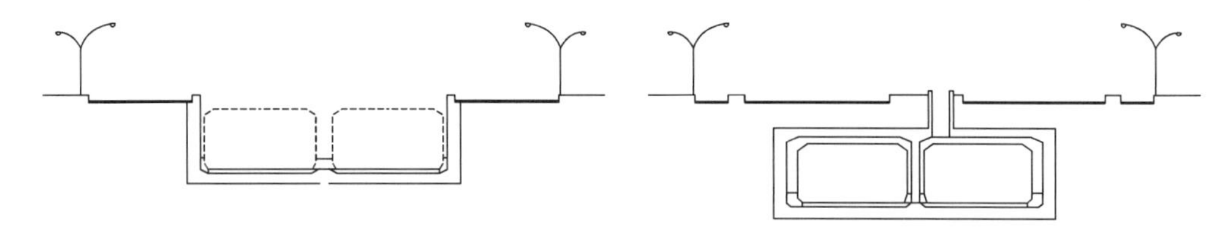

图 2-17 敞开式地下道路

敞开式和封闭式地下道路在通风、照明等方面设计存在较大差异。对于顶部局部敞开的地下道路,可利用敞开口作为自然通风口,利用地下道路外风压、内外热压差、交通通风压力进行通风换气,火灾时结合机械系统排烟。合理设置开口的位置和面积,正常运营情况下能够满足污染物稀释、分散排放的需要。

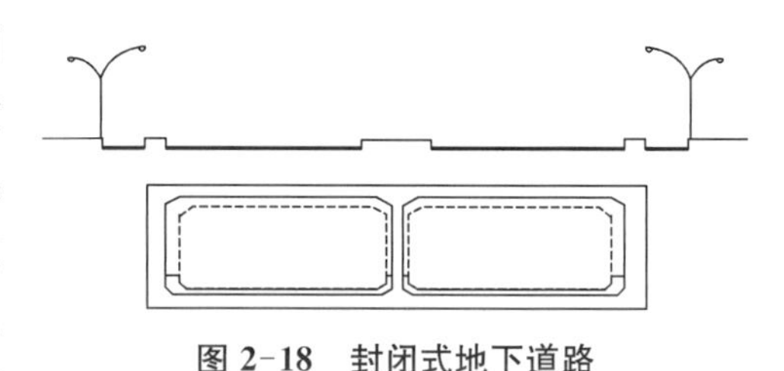

图 2-18 封闭式地下道路

城市地下道路不宜在同一通行孔布置双向交通,对于设计速度大于或等于 50 m/h 的短距离城市地下道路,可在同一地道布置双向交通,但必须采用中央防撞设施进行隔离;对于设计速度小于 50 m/h 的城市地下道路,当在同一地道布置双向交通时,应采用中央安全隔离措施。此外,应满足运营管理安全可靠的要求。

3. 结构

城市地下道路的修建方法有明挖法、盾构法、矿山法、沉管法等,其结构类型可参考本书“2.2.2 结构与构造”。

2.4 地下街

修建在大城市繁华的商业街下或客流集散量较大的车站广场下,内设由许多商店、人行通道和广场等组成的综合性地下建筑称为地下街。

随着地下街建设规模的不断扩大,将地下街与各种地下设施综合考虑,如将地铁、市政管线廊道、城市地下高速路、停车场、娱乐及休闲广场结合,形成具有城市功能的地下大型综合体,是地下城(Underground City)的雏形。

地下街的主要作用是缓解由城市建设和发展所造成的土地资源紧缺、交通拥挤、服务设施缺乏的矛盾。

2.4.1 组成

地下街主要由以下几个部分组成。

(1) 地下步行道系统,包括出入口、连接通道(地下室、地铁车站)、广场、步行通道、垂直交通设施、步行街等。

(2) 地下营业系统,如商业步行街、文化娱乐步行街、美食步行街等。

(3) 地下机动车运行及存放系统,地下街常配置地下停车场及地下快速路,地面车辆由通道转快速路后可通过,也可停放在车库。

(4) 地下街的内部设备系统,包括通风、空调、变配电、供水、排水等设备用房和中央防灾控制室、备用水源、电源用房。

(5) 辅助用房,包括管理、办公、仓库、卫生间、休息、接待等房间。

2.4.2 构造

1. 平面组合方式

地下街平面组合方式有以下三种。

(1) 步道式组合,即通过步行道并在其两侧组织房间。常采用三连跨式,中间跨为步行道,两边跨为组合房间。这种组合能够保证步行人流畅通,且与其他人流交叉少,方便使用;方向单一,不易迷路;购物集中,与通行人流不相互干扰。这种组合方式适合设在不太宽的街道下面。

(2) 厅式组合,即没有特别明确的步行道。其特点是组合灵活,可以在内部划分出人流空间。内部空间组织很重要,如果空间较大,很容易迷失方向,应注意人流交通组织,避免交叉干扰,在应急状态下能够安全疏散。

(3) 混合式组合,即把厅式与步道式组合为一体。这种组合是地下街组合的普遍方式。

2. 竖向组合方式

地下街的竖向组合比平面组合功能复杂,这是由于地下街要解决人流、车流混杂与市政设施缺乏的矛盾。

随着城市的发展,要考虑地下街扩建的可能性,必要时应做预留(如综合管廊等)。对于不同规模的地下街,其组合内容也有差别。

(1) 单一功能的竖向组合。单一功能指地下街无论几层均为同一功能,如上、下两层均可为地下商业街。

(2) 两种功能的竖向组合。主要为步行商业街与停车场的组合或步行商业街与其他性质功能(如地铁站)的组合。

(3) 多种功能的竖向组合。主要为步行街、地下高速路、地铁线路与车站、停车库及路面高架、桥梁等共同组合在一起。通常机动车及地铁设在最底层,并设公共设施廊道,以解决水、电的敷设问题。

3. 断面形式

地下街结构方案与地面建筑有差别，常做成现浇顶板、墙体、柱承重，没有外观效果，只有室内效果。

地下街横断面形状主要有三种，如图 2-19 所示。

拱形断面是地下工程中最常见的横断面形状，其优点是具有拱效应而工程结构受力好，起拱高度较低，拱中空间可充分利用，能充分利用地下空间的特点，如图 2-19(a)所示。

平顶断面由拱形结构加吊顶组成，也可直接将结构的顶板做成平的，如图 2-19(b)所示。

拱、平顶结合断面在中央大厅做成拱形断面，而在两边做成平顶，如图 2-19(c)所示。

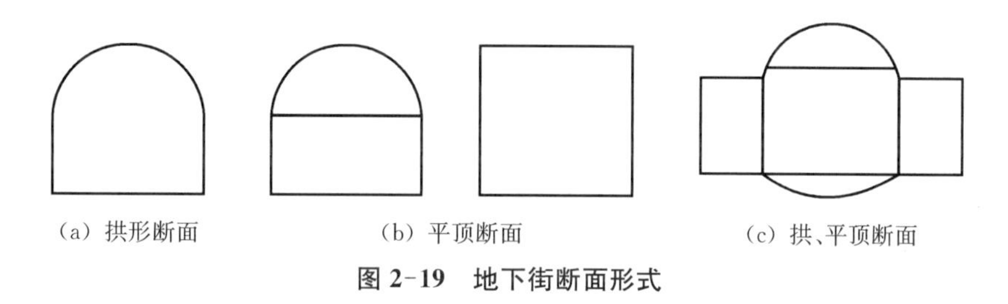

(a) 拱形断面　(b) 平顶断面　(c) 拱、平顶断面

图 2-19　地下街断面形式

2.4.3　结构

地下街一般埋深较浅，跨度又大，因此常采用明挖法施工。结构形式一般有直墙拱顶、矩形框架、梁板式结构三种，或者是这三种的组合。

直墙拱顶，即墙体为砖或块石砌筑，拱顶为钢筋混凝土。拱形有半圆形、圆弧形、抛物线形等多种形式。这种形式适合单层地下街。

矩形框架采用较多。由于结构承受的弯矩大，一般采用钢筋混凝土结构，其特点是跨度大，可做成多跨、多层形式，中间可用梁柱代替，方便使用，节约材料。

梁板式结构顶、底板为现浇钢筋混凝土结构，围墙为砖石砌筑。

具体采用何种结构类型应根据土质及地下水位状况，建筑功能及层数、埋深、施工方案来确定。

2.5　地下停车场

地下停车场(Underground Parking)是指建筑在地下用来停放各种大、小机动车辆的建筑物，也称地下(停)车库，在国外一般称为停车场(Parking)。在我国，为了区别于露天停车场，多称为停车库。目前，大规模地下空间的开发均有停车场的规划，主要原因是城市汽车总量在不断增加，而市区停车位不足、城市汽车“行车难，停车难”的现象十分普遍，市区停车成为普遍的社会问题。因此，充分利用地下空间建设停车场，对于缓解城市道路拥挤具有重要作用。

2.5.1 组成

按照地下停车库的使用性质、建造方式、存在介质和库内运输方式等的不同，地下停车库有以下几种类型：①地下公共停车库和专用停车库；②单建式和附建式地下停车库；③建在土层中和建在岩层中的地下停车库；④自走式和机械式地下停车库。

地下停车库主要由停车间、坡道和出入口组成。

1. 停车间

停车间是停车库的主体部分，其面积和空间在整个停车库中均占有相当大的比重，例如公共停车库中占75%～85%，在专用车库中为65%～75%。

2. 坡道

对于自走式地下停车库，坡道是主要的垂直运输设施，也是通往地面的唯一通道。坡道不但在停车库的面积、空间、造价等方面都占有相当的比重，而且技术要求比较高，对停车库的使用效率和安全运行都有较大的影响。

坡道的类型很多，常用的有直线形和曲线形坡道。地下停车库采用直线形长坡道较多，进、出车方便，结构简单。

3. 出入口

地下停车库车辆出入口的数量和位置，一般与通向地面的坡道是一致的。从地面上的情况来看，出入口可以布置在空地、广场或街道上，也可以设在一些公共建筑的底层，但至少应有一个出入口直接通向室外空地，以防建筑物倒塌时被堵塞。出入口在车库内和在地面上的位置均应明显易找，使进、出车方便、安全。

2.5.2 结构与构造

地下停车库结构形式主要有两种，即矩形结构和拱形结构。

1. 矩形结构

矩形结构分为梁板结构、无梁楼盖和幕式楼盖。其特点是：侧墙通常为钢筋混凝土墙，大多为浅埋，适合地下连续墙、大开挖建筑等施工方法。矩形结构地下停车场形式如图2-20所示。

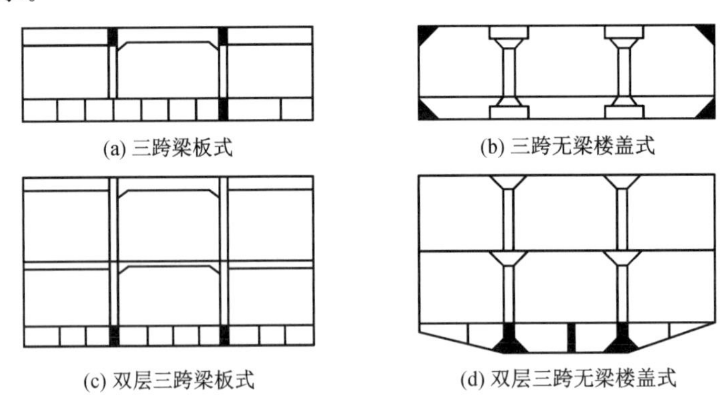

图2-20 矩形结构地下停车场

2. 拱形结构

拱形结构分单跨、多跨、幕式及抛物线拱、预制拱板等多种类型。其特点是占用空间大、节省材料、受力好、施工开挖土方量大、适合浅埋，但是相对于矩形结构来说，使用不够广泛。拱形结构地下停车场形式如图 2-21 所示。

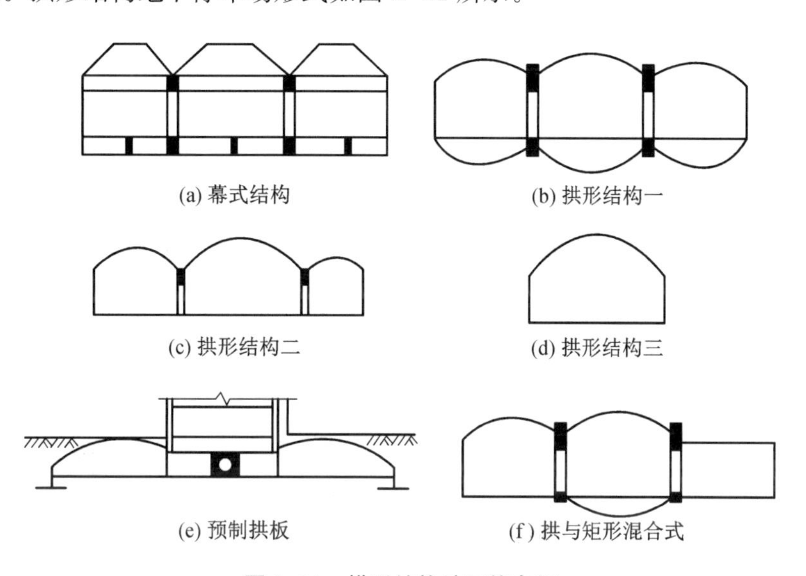

图 2-21　拱形结构地下停车场

停车场的柱网尺寸受两方面的影响，一是停车技术要求，二是结构设计要求。柱网尺寸由跨度和柱距两个方向上的尺寸所组成，柱距尺寸取决于两柱之间所停放的车型尺寸和车辆数目、必要的安全距离，两柱间可停 1～3 辆车。跨度指车位所在跨度(简称车位跨)和行车通道所在跨度(简称通道跨)，这两个跨度的尺寸不宜统一。

坡道是地下停车场与地面或层间连接的通道，一般分为斜道坡道和螺旋坡道两种。车道坡度一般规定在 17%以下，特殊情况下可适当加大。当斜道坡道与出入口直接相连时，应尽可能采取缓坡。为了行驶平缓，最好在斜道两端 3.6 m 范围内设置缓和曲线。螺旋坡道平面面积小、布置灵活，得到广泛应用。

2.6　地下综合管廊

地下综合管廊是指在城市道路、厂区等地下建造的用于敷设电力、通信、燃气、积水、热力、排水等各种市政公用管线的地下构筑物，它通过设置专门的投料口、通风口、检修口和监测系统保证其正常运行，以做到城市地下空间的综合开发利用和市政公用管线的集约化建设与管理。地下综合管廊也被称为共同沟、共同管道、综合管沟等。

地下综合管廊的主要优点是容易维修和便于更换，因而能延长公用设施系统的使用寿命，同时保持道路免遭经常性的破坏，如图 2-22 所示。地下综合管廊对城市的现代化建设以及合理利用城市地下空间有着重要意义，有很大发展潜力。

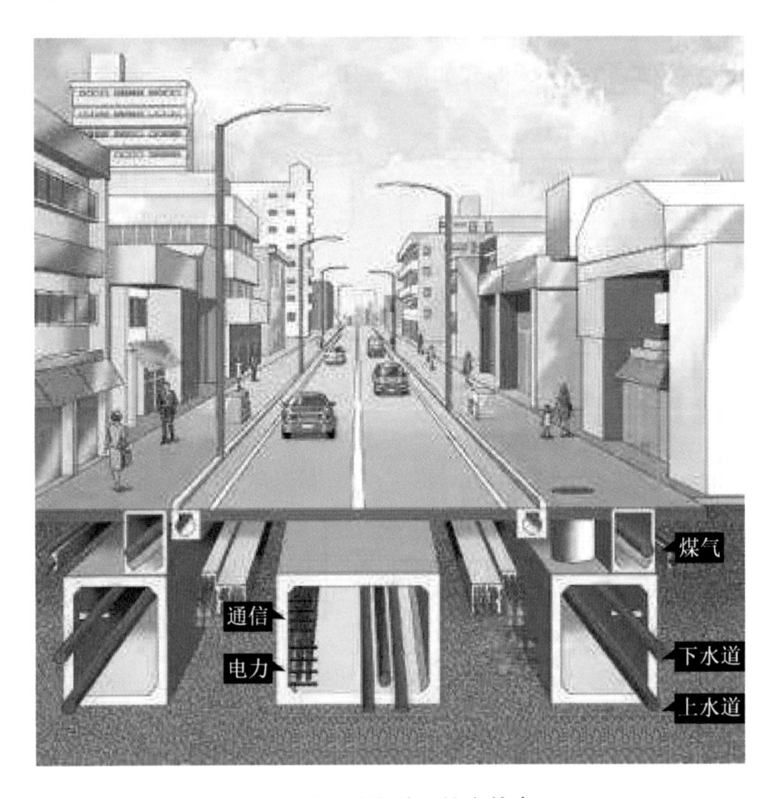

图 2-22　城市地下综合管廊

2.6.1　类型与组成

地下综合管廊可分为干线综合管廊、支线综合管廊及缆线管廊三种主要类型（图 2-23）。

图 2-23　地下综合管廊类型示意图

1. 干线综合管廊

干线综合管廊一般设置于机动车道或道路中央的下方，主要连接原站（如自来水厂、发电厂、热力厂等）与支线综合管廊，一般不直接服务于沿线地区。干线综合管廊内主要容纳的管线为高压电力电缆、信息主干电缆或光缆、给水主干管道、热力主干管道等，有时结合地形也将排水管道容纳在内。在干线综合管廊内，电力电缆主要从超高压变电站输送至一、二次变电站，信息电缆或光缆主要用于转接局之间的信息传输，热力管道主要用于热力厂至调压站之间的输送。

干线综合管廊的断面通常为圆形或多格箱形，如图 2-24 所示。综合管廊内一般要求设置工作通道及照明、通风等设备。干线综合管廊的特点主要为：①稳定、大流量的运输；②高度的安全性；③紧凑的内部结构；④可直接供给到稳定使用的大型用户；⑤一般需要专用的设备；⑥管理及运营比较简单。

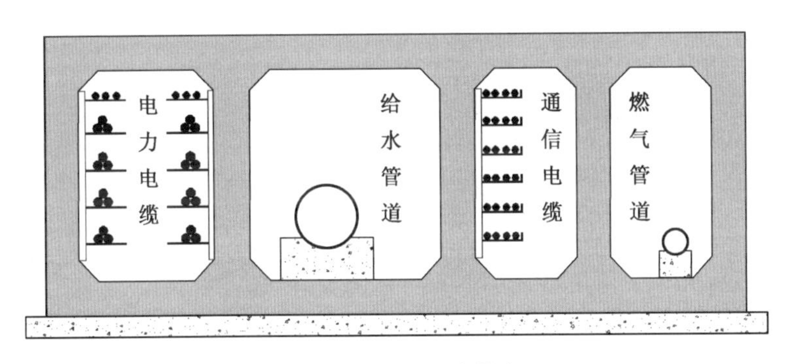

图 2-24 干线综合管廊

2. 支线综合管廊

支线综合管廊主要用于将各种管线从干线综合管廊分配、输送至各直接用户，一般设置在道路的两旁，容纳直接服务于沿线地区的各种管线。

支线综合管廊的截面以矩形较为常见，一般为单舱或双舱箱形结构，如图 2-25 所示。综合管廊内一般要求设置工作通道及照明、通风等设备。支线综合管廊的特点主要为：①有效（内部空间）截面较小；②结构简单，施工方便；③设备多为常用定型设备；④一般不直接服务于大型用户。

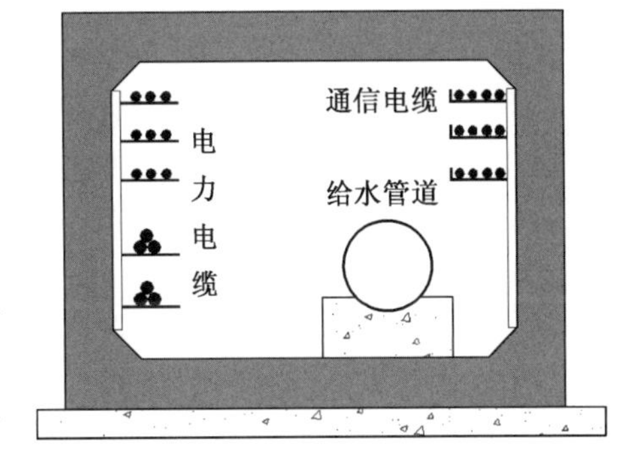

图 2-25 支线综合管廊

3. 缆线管廊

缆线管廊一般设置在道路的人行道下面，埋深较浅。

缆线管廊的断面以矩形较为常见，如图 2-26 所示。一般工作通道不要求通行，管廊内不要求设置照明、通风等设备，仅设置供维护时可开启的盖板或工作手孔即可。

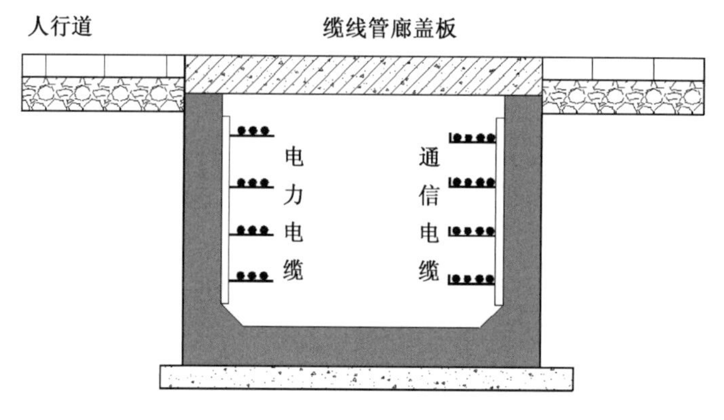

图 2-26　缆线综合管廊

2.6.2 设计与施工及其构造

1. 平面设计

综合管廊平面中心线宜与道路、铁路、轨道交通、公路中心线平行。

综合管廊穿越城市快速路、主干路、铁路、轨道交通、公路时，宜垂直穿越；受条件限制时可斜向穿越，最小交叉角不宜小于 60°，如图 2-27 所示。

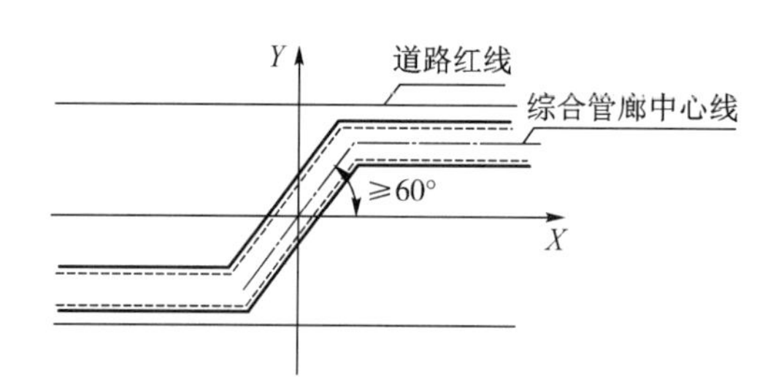

图 2-27　综合管廊最小交叉角示意图

2. 断面设计

综合管廊的断面形式及尺寸应根据施工方法及容纳的管线种类、数量、分支等综合确定。

综合管廊常用的断面有圆形断面和矩形断面。一般情况下，采用“明挖法”时宜采用矩形断面，这种设计的断面利用率高；采用“明挖预制装配”时宜采用矩形断面或圆形断面；采用“非开挖技术”时宜采用圆形断面或马蹄形断面。管廊的断面设计要素包括断面布置形式、支架长度、检修通道宽度、管道间相互间距及高侧墙和底板的间距等。具体如表 2-7 所列。

表 2-7 断面施工方式比较

施工方式	特点	断面示意图
明挖现浇施工	内部空间使用方面比较高效	
明挖预制装配施工	施工的标准化、模块化比较易于实现	
非开挖施工	受力性能好,易于施工	

综合管廊标准断面内部净高应根据容纳管线的种类、规格、数量、安装要求等综合确定,不宜小于 2.4 m。

综合管廊通道净宽,应满足管道、配件及设备运输的要求,并应符合下列规定:

(1) 综合管廊内两侧设置支架或管道时,检修通道净宽不宜小于 1.0 m;单侧设置支架或管道时,检修通道净宽不宜小于 0.9 m。

(2) 配备检修车的综合管廊检修通道宽度不宜小于 2.2 m。

3. 施工及其结构

综合管廊的断面形式与其修建方式有关。矩形断面的空间利用效率高于其他断面,因而一般具备明挖施工条件时往往优先采用矩形断面。但是当施工条件受到制约必须采用非开挖技术如顶管法、盾构法施工综合管廊时,一般需要采用圆形断面。当采用明挖预制拼装法施工时,综合考虑断面利用、构件加工、现场拼装等因素,可采用矩形、圆形或马蹄形断面。

结合地下综合管廊施工的明挖现浇法和预制拼装法对其结构特征做进一步说明。

(1) 明挖现浇法

明挖现浇法是自上而下开挖管廊至设计标高,然后从基底自下而上浇筑管廊支护结构,完成隧道主体结构,最后回填基坑或恢复地面的施工方法。明挖法的主要工序有降水、基坑开挖、基坑支护和隧道结构浇筑等。

(2) 预制拼装法

明挖预制拼装法在工期、质量和环境保护等方面比明挖现浇法有显著的优势,是国家推广的施工方法,该方法有着更为广阔的应用前景,如图 2-28 所示。预制拼装法的主要工序有降水、基坑开挖、基坑支护和管节拼装等。

图 2-28　预制拼装综合管廊

图片来源：厦门千秋业水泥制品有限公司网站

预制拼装法综合管廊的断面形式多样，按舱室数量分为单舱、双舱和三舱；按断面形式分为圆形、矩形和异形。

3　地下工程结构病害

地下工程结构处于岩土体天然介质环境中，结构在运营过程中会出现水害、裂损、冻害、结构腐蚀和空气污染等病害，有时还受到震害和火灾的威胁。这些病害和危害对地下工程结构的安全和正常运营具有不良影响甚至会产生威胁。因此，在地下工程结构运营过程中要经常对结构潜在的病害或危害进行检查，若发现病害，须查清病害成因，采取合理的方法进行整治，以保证地下工程结构的安全和畅通运营。

3.1 地下工程结构水害

在岩土层中开挖修建地下工程结构，当地下结构穿过或靠近含水层时，将时刻受到地下水的影响。若地下结构防排水设施不完善，地下水就会浸入地下结构内部，发生渗漏水病害。据不完全统计，仅隧道工程，有水害的隧道占运营隧道的60%～70%。水害对地下工程结构的稳定、内部设施、地面建筑和周围水环境产生诸多不良影响，甚至威胁。它将影响内部结构及附属设施的使用寿命，严重时将威胁地下工程结构的运营安全。特别是在20世纪80年代以前，由于人们对水害问题认识不足，加上施工技术和防水材料的影响，为此付出了沉重代价。因此，研究分析地下工程结构水害类型、成因机理，进行合理的防排水设计，采用正确的方法和工艺进行整治，成为地下工程结构设计、施工和运营维护的重要内容。

3.1.1 水害的种类及其危害

水害主要指地下工程结构在运营和使用过程中遇到水的干扰和危害，即地下结构围岩的地下水和地表水直接或间接地以渗漏或涌出的形式进入地下结构内部造成的危害。地下结构水害种类通常有以下几种。

1. 渗漏水

渗漏按其发生的部位和流量可分为：地下结构顶部或拱部有渗水、滴水、漏水成线和成股射流四种；边墙有渗水、淌水两种，少数有涌水病害。它受漏水、涌水规模以及地下结构、地质条件等因素的影响。渗漏水病害如图3-1所示。

渗漏按水源补给情况又分为地下水补给和地表水补给两种。地下水补给有稳定的地下水源补给，其流量四季变化不大；地表水补给，其流量随地表水季节性变化而变化。同一渗漏水处也可能有两种补给水源。渗漏水会引起的危害有：

(1) 渗漏水促使地下结构混凝土衬砌粉化、剥蚀，造成衬砌结构破坏；还会软化围岩，引起围岩变形；有些地下结构渗水中含有侵蚀性介质，造成一般的衬砌混凝土腐蚀损坏，降低衬砌承载力。

(2) 渗漏水加快地下结构内部设备(通信、照明等)锈蚀，影响设备的正常使用，缩短设备的使用寿命，增加维修费用。如图3-2所示。

(a) 隧道边墙衬砌淌水

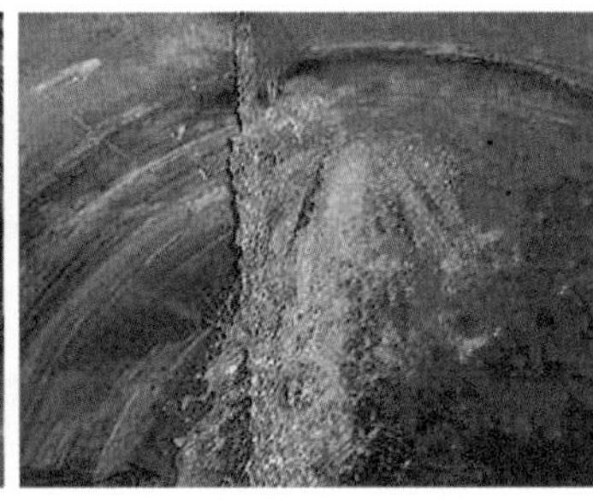

(b) 隧道拱部冒水

(c) 地铁旁通道渗漏水

(d) 地铁车站机房渗漏水

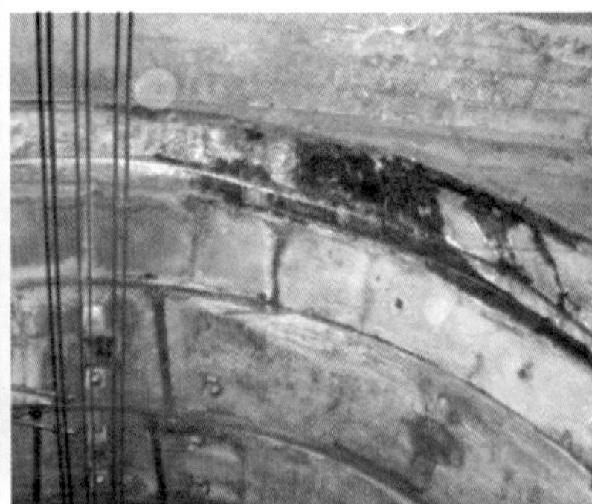

(e) 地铁盾构隧道顶部渗漏水

(f) 地铁盾构隧道边墙渗水

图 3-1　地下结构渗漏水病害

图 3-2　地铁隧道道床渗漏水与轨道结构腐蚀破坏

(3) 严重渗漏水引发地表和地面建筑物的不均匀沉降和破坏。

(4) 地下结构渗漏造成地表水和含水层水大量流失，破坏周围水环境，造成环境灾害。

2. 周围积水

周围积水是指地下结构运营中地表水或地下水向地下结构周围渗流汇集，如不能迅速排走，会引起的危害有：

(1) 水压较大时导致地下结构衬砌破裂。

(2) 围岩浸水软化,承载力降低,对地下结构衬砌压力加大,导致衬砌破裂。

(3) 膨胀性围岩体积膨胀,导致衬砌破裂。

(4) 寒冷地区引发地下结构冻胀病害。

3. 潜流冲刷

潜流冲刷是指由于地下水渗流和流动而产生的冲刷、溶蚀和涌泥流沙现象,如图3-3所示。其危害有:

(1) 地下结构基础下沉,边墙脱空开裂,底板或仰拱下沉开裂,阻塞排水沟。

(2) 围岩滑移错动,导致地下结构衬砌变形开裂。

(3) 超挖围岩回填不实或未全部回填,引起围岩坍塌,导致衬砌结构破坏。

(a) 衬砌管片渗泥沙

(b) 排水沟渗泥沙阻塞

图 3-3 地铁隧道渗泥沙

3.1.2 水害的成因

地下结构水害的成因主要在于,修建地下结构时,破坏了岩土体原始的水系统平衡,地下结构成为所穿越岩土体附近地下水聚集的通道。当岩土体与含水层连通,而地下结构的防水和排水设施、方法不完善时,就必然要发生水害。地下工程结构水害可归结为客观和主观两方面的原因。

1. 地下结构穿越含水的地层

(1) 砂类土和漂卵石类土含水地层。

(2) 节理、裂隙发育含裂隙水的岩层。

(3) 石灰岩、白云岩等可溶性地层,当有充水的溶槽、溶洞或暗河等与地下结构相连通时。

(4) 浅埋地段,地表水可沿覆盖层的裂隙或空洞渗透到地下结构内部。

2. 地下结构防排水设施和方法不完善

(1) 原建地下结构防水及排水设施不全。

（2）地下结构混凝土衬砌施工质量差，蜂窝、裂缝、孔隙多，自身防水能力差。

（3）防水层（内贴式、外贴式或中间夹层）施工质量不好或材料耐久性差，使用数年后失效。

（4）混凝土的工作缝、伸缩缝、沉降缝等未做好防水处理。

（5）衬砌变形后，产生的裂缝渗透水。

（6）既有排水设施，如地下结构背后的暗沟、盲沟，无衬砌的辅助坑道、排水孔、暗槽等，年久失修阻塞。

地下工程结构建设是一个系统、完整的过程，分为勘测、设计、施工、验收等阶段，在每个阶段或材料供应等关键环节出现问题，都可能引发水害。例如，施工过程中经常出现的附加防水层接缝处理不好导致漏水，防水材料品质不过关导致防水失效，防水材料与基面黏结不良或不适应，等等。

3.1.3 地下工程防水设计

1. 防水设计原则

《地下工程防水技术规范》（GB 50108—2008）中规定：地下工程防水的设计和施工应遵循“防、排、截、堵”相结合，刚柔相济，因地制宜，综合治理的原则；应符合环境保护的要求，并应采取相应的措施；应积极采用经过试验、检验和鉴定并经实践检验的质量可靠的新材料、新技术、新工艺。

“防”即要求地下结构具有一定的防水能力，能防止地下水渗入，如采用防水混凝土、塑料防水板等。

“排”即要求地下结构应有排水设施并加以充分利用，以减少渗水压力和渗水量，但必须注意大量排水后引起的后果，如围岩颗粒流失，围岩稳定性降低等。要求设计时应事先了解当地的环境要求，以“限量排放”为原则，制订设计方案与措施，妥善处理排水问题。

“截”即地下结构顶部如有地表水易于渗漏处或有坑洼积水，应设置截、排水沟和采取消除积水的措施。

“堵”即在地下结构施工过程中有渗漏水时，可采用注浆、喷涂等方法堵住；运营后渗漏水地段处也可采用注浆、喷涂或嵌填材料、防水抹面等方法堵水。

地下结构防排水工作应结合水文地质条件、施工技术水平、工程防水等级、材料来源和成本等，因地制宜选择合适的方法，以达到防水可靠、排水通畅、经济合理的目的，最终保障结构物和设备的正常使用及运营安全。

2. 防水等级与标准

地下工程的防水等级分为四级，各级的标准应符合表 3-1 的规定。地下工程不同防水等级的适用范围，应根据工程的重要性和使用中对防水的要求按表 3-2 选定。

表 3-1　地下工程防水等级标准

防水等级	标准
一级	不允许渗水,结构表面无湿渍
二级	(1) 不允许漏水,结构表面可有少量湿渍。 (2) 工业与民用建筑:总湿渍面积不应大于总防水面积(包括顶板、墙面、地面)的1/1 000;任意 100 m^2 防水面积上的湿渍不超过 2 处,单个湿渍的最大面积不大于 0.1 m^2。 (3) 其他地下工程:总湿渍面积不应大于总防水面积的 2/1 000;任意 100 m^2 防水面积上的湿渍不超过 3 处,单个湿渍的最大面积不大于 0.2 m^2。其中,隧道工程还要求平均渗水量不大于 0.05 L/(m^2·d),任意 100 m^2 防水面积上的渗水量不大于 0.15 L/(m^2·d)
三级	(1) 有少量漏水点,不得有线流和漏泥沙。 (2) 任意 100 m^2 防水面积上的漏水或湿渍点数不超过 7 处,单个漏水点的最大漏水量不大于2.5 L/d,单个湿渍的最大面积不大于 0.3 m^2
四级	(1) 有漏水点,不得有线流和漏泥沙。 (2) 整个工程平均漏水量不大于 2.0 L/(m^2·d);任意 100 m^2 防水面积上的平均漏水量不大于 4 L/(m^2·d)

表 3-2　不同防水等级的适用范围

防水等级	适用范围
一级	人员长期停留的场所;因有少量湿渍会使物品变质、失效的储物场所及严重影响设备正常运转和危及工程安全运营的部位;极重要的战备工程、地铁车站
二级	人员经常活动的场所;在有少量湿渍的情况下不会使物品变质、失效的储物场所及基本不影响设备正常运转和工程安全运营的部位;重要的战备工程
三级	人员临时活动的场所;一般战备工程
四级	对渗漏水无严格要求的工程

3. **防水设计要求**

(1) 防水设计应定级准确、方案可靠、施工简便、经济合理。

(2) 地下工程的防水必须从工程规划、结构设计、材料选择、施工工艺等方面统筹考虑。

(3) 地下工程的钢筋混凝土结构应采用防水混凝土。

(4) 地下工程的变形缝、施工缝、诱导缝、后浇带、穿墙管(盒)、预埋件、预留通道接头、桩头等细部构造应加强防水措施。

(5) 地下工程的排水管沟、地漏、出入口、窗井、风井等,应有防倒灌措施,寒冷及严寒地区的排水沟应有防冻措施。

地下工程防水设计,应根据工程的特点,需要搜集下列材料:

(1) 最高地下水位的高程及出现的年代,近几年的实际水位高程及随季节变化情况;

(2) 地下水类型、补给来源、水质、流量、流向、压力;

(3) 工程地质构造,包括岩层走向、倾角、节理及裂隙,含水地层的特性、分布情况和渗透系数,溶洞及陷穴、填土区、湿陷性土及膨胀土层等情况;

(4) 历年气温变化情况、降水量、地层冻结深度;

(5) 区域地形、地貌、天然水流、水库、废弃坑井及地表水、洪水和给排水系统资料;

(6) 工程所在区域的地震烈度、地热、含瓦斯等有害物质的资料;

(7) 施工技术水平和材料来源。

地下工程防水设计应包括以下五方面内容:

(1) 防水等级和设防要求;

(2) 防水混凝土的抗渗等级和其他技术指标、质量保证措施;

(3) 柔性防水层选用的材料及其技术指标,质量保证措施;

(4) 工程细部构造的防水措施,选用的材料及其技术指标、质量保证措施;

(5) 工程的防排水系统,地面挡水、截水系统及工程各种洞口的防倒灌措施。

3.1.4 地下工程结构水害防治

地下工程结构渗漏水的防治,应在周密调查、弄清水源和既有地下结构防排水设备现状的基础上,根据地下工程的具体情况,因地制宜地贯彻"防、排、截、堵"相结合,综合整治的原则,力求达到建立完善的防排水系统、使用的材料安全和耐久、工艺先进、质量可靠、方便维修、经济合理的目的。

地下工程结构水害常用的防治方法有以下五种。

1. 采用防水混凝土

混凝土是一种微孔结构材料,其中部分开放式毛细孔、各种缝隙以及混凝土自身收缩形成的开裂是造成地下结构渗漏水的主要原因。

防水混凝土是通过加入少量外加剂或高分子聚合物材料并通过调整混凝土的配合比,抑制混凝土的孔隙率,改善孔隙结构,提高自身密实度和抗渗性,以达到防水的目的。防水混凝土除用于防水外,更主要的是防渗(其抗渗等级不得小于P6)。

防水混凝土按提高混凝土密实度的不同途径分为:①普通防水混凝土:调整配合比;②外加剂防水混凝土:掺少量有机或无机物外加剂;③膨胀性防水混凝土:以膨胀剂、减水剂或膨胀剂水泥胶结料配制。根据施工工艺又可分为普通工艺防水混凝土和泵送工艺防水混凝土,目前重点大型工程常采取外加剂防水混凝土泵送工艺。

2. 设置附加防水层

附加防水层适用于需增强其防水能力、受侵蚀性介质作用或受振动作用的地下工程。附加防水层是附加在围护结构上的防水层,既可作外防水层,也可作内防水层或夹层防水层,在工程上可以单独使用,也可以复合使用。附加防水层按材料可划分为塑料防水板防水层、水泥砂浆防水层、卷材防水层、涂料防水层、金属防水层和膨润土防水材料防水层。

新建地下结构防水一般采用防水混凝土或外贴式防水层，如图 3-4 所示。然而运营隧道若发生水害，增设外贴式防水层几乎不可能，因此通常增设内防水层。内防水层虽然不能阻止水流进入衬砌结构内，但可阻止水流进入隧道内。

增设内防水层的方式有三种：一是刷涂，二是刮压，三是喷涂。

（1）刷涂内防水层。用于刷涂内防水层的材料主要有橡胶沥青或橡胶水泥、焦油聚氯酯、优止水（优防水）、赛柏斯等。

（2）刮压内防水层。采用刮压法的内防水层主要材料为 R 料（改性确保时），R 料是以耐候性好的丙烯酸高分子乳液为基料，配以体料剂及填料剂组成的新型防水材料。

（3）喷涂内防水层。常用材料为普通水泥砂浆（必须掺增凝剂、减水剂）、特种水泥砂浆、阳离子乳化沥青等。

（a）地铁隧道铺设附加防水层　　（b）地铁车站铺设附加防水层

图 3-4　地下结构附加防水层

3. **细部构造防水**

地下工程结构中的细部构造，包括桩头、施工缝、变形缝（包括诱导缝）、后浇带等部位的渗漏水占所有渗漏部位的 90%以上。这些细部构造一旦出现渗漏水，后期堵漏维修就比较困难，且容易出现反复渗漏问题，因此要特别重视。

桩头部位由于无法形成柔性全包防水层，因此大多采取刚柔过渡并在过渡部位用密封胶密封处理的方法加强防水。由于桩身与现浇混凝土结构底板之间的差异沉降较小，因此应重点做好桩头的刚性防水处理与柔性防水层之间的过渡密封处理。

地下工程结构中的施工缝防水措施主要采用中埋式钢边橡胶止水带、中埋式钢板止水带、遇水膨胀腻子带、遇水膨胀止水橡胶、预埋注浆管、水泥基渗透结晶型材料等防水材料。按照工程部位或防水等级的要求，采取单道设防或组合双道或三道设防。制订施工缝防水措施时，应综合考虑土建工法和施工缝设置部位，否则会增加施工难度，且难以保证防水质量。施工缝防水基本构造如图 3-5 所示。

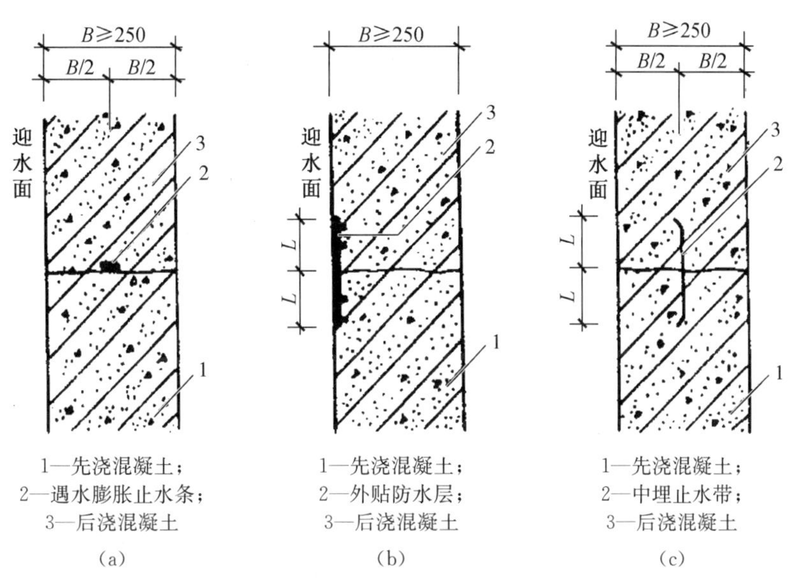

1—先浇混凝土；
2—遇水膨胀止水条；
3—后浇混凝土
(a)

1—先浇混凝土；
2—外贴防水层；
3—后浇混凝土
(b)

1—先浇混凝土；
2—中埋止水带；
3—后浇混凝土
(c)

图 3-5 施工缝防水基本构造(单位:mm)

变形缝和诱导缝的防水方案比较统一，也无太多的方案可供考虑。目前多选用中孔型中埋式钢边橡胶止水带、外贴式橡胶止水带、密封胶、防水加强层等材料进行组合加强防水，也有采用中孔型中埋式注浆止水带代替钢边橡胶止水带的。变形缝防水基本构造如图 3-6 所示。

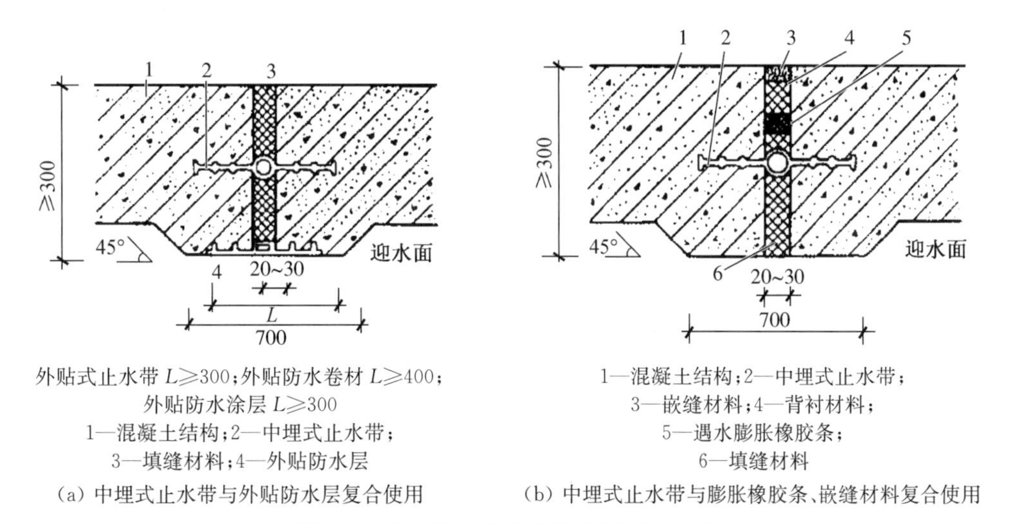

外贴式止水带 $L\geqslant300$；外贴防水卷材 $L\geqslant400$；
外贴防水涂层 $L\geqslant300$
1—混凝土结构；2—中埋式止水带；
3—填缝材料；4—外贴防水层
(a) 中埋式止水带与外贴防水层复合使用

1—混凝土结构；2—中埋式止水带；
3—嵌缝材料；4—背衬材料；
5—遇水膨胀橡胶条；
6—填缝材料
(b) 中埋式止水带与膨胀橡胶条、嵌缝材料复合使用

图 3-6 变形缝防水基本构造(单位:mm)

混凝土后浇带是一种刚性接缝，适用于不允许留设柔性变形缝的工程。后浇带应设在受力和变形较小的部位，间距一般为 30～60 m，宽度为 700～1 000 mm。可做平直缝或阶梯缝，结构主筋不宜在缝中断开。后浇带防水构造如图 3-7 所示。

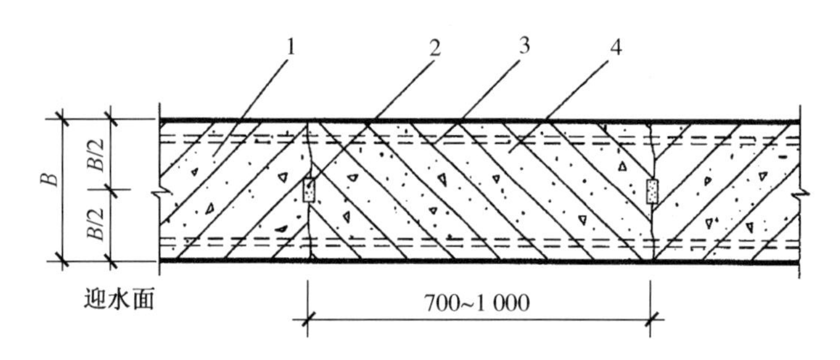

1—先浇混凝土；2—遇水膨胀止水条(胶)；3—结构主筋；4—后浇补偿收缩混凝土

(a) 后浇带防水构造一

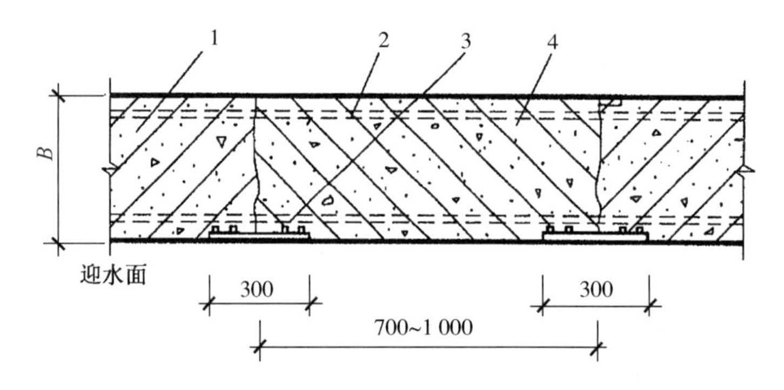

1—先浇混凝土；2—结构主筋；3—外贴式止水带；4—后浇补偿收缩混凝土

(b) 后浇带防水构造二

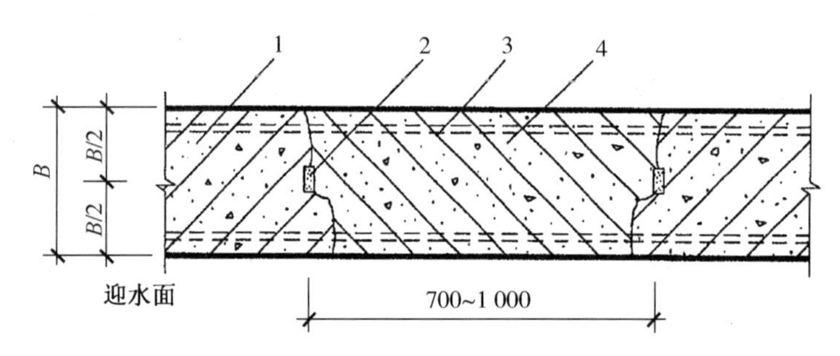

1—先浇混凝土；2—遇水膨胀止水条(胶)；3—结构主筋；4—后浇补偿收缩混凝土

(c) 后浇带防水构造三

图 3-7　后浇带防水构造(单位:mm)

4. 引排治水

(1) 地下结构背后为Ⅱ—Ⅲ级围岩，属含水地层且含水量丰富，结构内渗漏水呈涌水、流淌现象较普遍时，宜对围岩采用钻孔集水，将汇集的地下水经竖向排水槽、管道或盲管(沟)引入水沟排除，如图 3-8 所示。

(2) 地下结构施工缝、变形缝、蜂窝、洞穴、孔眼等处漏水，宜在出水处适当部位设置泄水孔或导水管引排。排水通道(V 形槽、U 形槽或圆形带孔滤水管等)应与泄水孔或导水管相通，表面应用防水材料封闭并与衬砌壁面齐平。

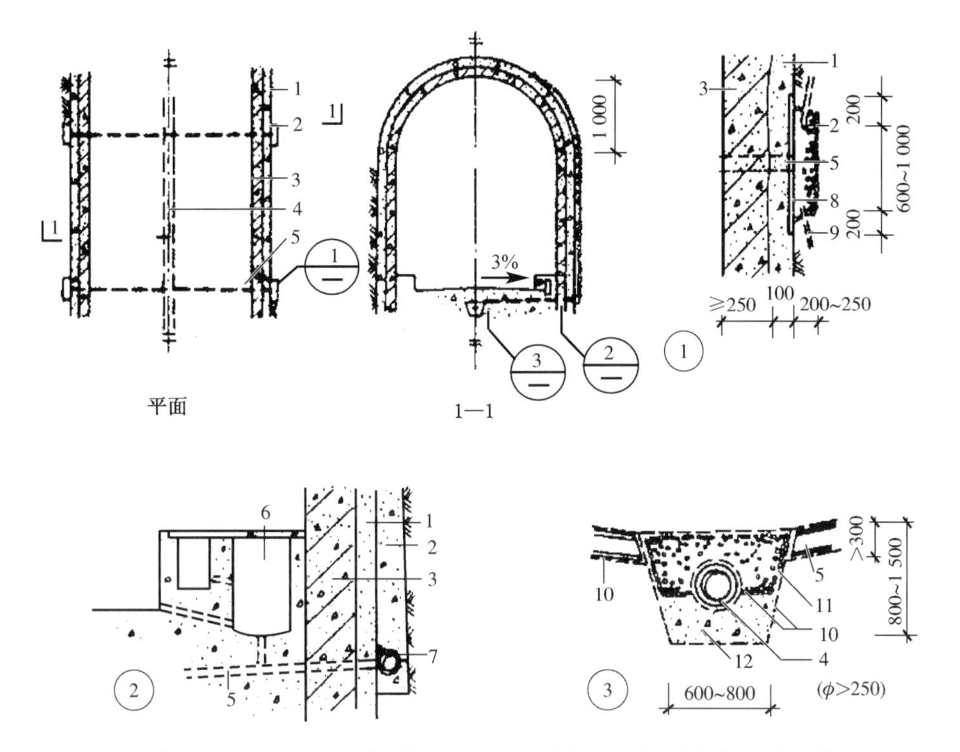

1—初期支护；2—盲沟；3—主体结构；4—中心排水盲沟；5—横向排水管；6—排水明沟；7—纵向集水盲沟；8—隔浆层；9—引液孔；10—无纺布；11—无砂混凝土；12—管座混凝土

图 3-8　隧道衬砌排水构造(单位:mm)

(3) 当局部地段衬砌因裂损、变形、地下水侵蚀或其他病害影响结构安全使用而采用喷锚、增设套拱等措施时，宜对漏水部位先行整治，可在施工基面凿槽埋设导水管并用铁丝包矿渣棉(或人造透水材料)的引水通路引排，如图 3-9 所示。

图 3-9　隧道引排治水示意图

(4) 当结构渗漏水病害严重，经查明与地表径流或地下潜流有明显联系或有其他复杂情况时，应采用泄水洞或相应的工程措施进行处理。

5. 注浆治水

地下工程结构采用注浆止水时，对注浆材料总的要求是：可灌性好；凝结时间可控制，固化最好是突变的；固化体强度高、抗渗性好、黏结力强、微膨胀、耐久性好；材料来源广，价格便宜；施工工艺简便，对环境无污染。选择注浆方法时要考虑以下因素：

(1) 隧道衬砌结构背后岩体裂隙水发育，根据岩性、节理裂隙、构造、漏水量、水压

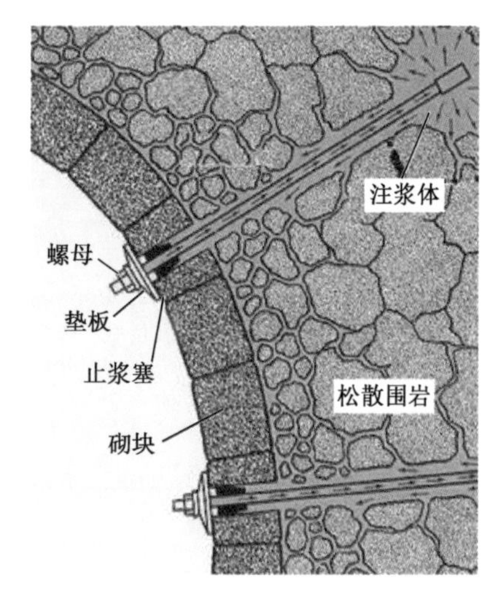

图 3-10 注浆治水

等条件，宜采用衬砌背后围岩注浆的方法，浆液可采用水泥浆、水泥砂浆或其他耐久性浆液等。注浆治水方法如图 3-10 所示。

(2) 隧道衬砌结构背后因空隙引起的积水或漏水病害，应根据穴陷大小、塌方部位及处理情况、既有引排水设施现状等，结合拱背回填加固要求，采用回填注浆的方法，减少渗漏。

(3) 局部衬砌结构不密实、裂损、孔洞或施工缝等处漏水，可采用衬砌内注浆的方法，以提高衬砌抗渗能力。注浆材料宜选用水泥浆液或其他耐久性浆液。

(4) 对衬砌结构或围岩采取注浆措施时，在注浆前，应对注浆压力影响范围内各种缝隙进行嵌缝，防止漏浆，对滴水、冒水处缝隙应进行堵漏。

地下工程结构水害整治技术的关键在于以下几方面：

(1) 摸准病根，对症整治

水是导致地下工程结构发生水害的基本因素，但不是说有水就必然有水害。关键是要抓住水的规律，根据实际情况，抓准病根，采取针对性措施，对症整治。

(2) 合理选用防水材料

随着科学的进步，地下工程水害防治材料有了很大的发展。20 世纪 50～60 年代主要采用普通水泥净浆或砂浆抹面或喷涂；70～80 年代有了特种水泥、橡胶沥青、橡胶水泥、焦油聚氯酯等；90 年代引进了 R 料(改性确保时)、优止水(优防水)、赛柏斯等新型防水材料。防水材料种类的增多，使水害防治材料的选择有了更大的余地。根据地下工程水害的特点，合理地选择防水材料，可做到施工简便、质量可靠、牢固耐久、造价低廉。

(3) 严格施工工艺

不论采用哪种材料，不论增设内防水层还是注浆堵水都应严格按施工工艺进行，否则将严重影响整治效果。正所谓“三分材料，七分工艺”，例如：

① 增设内防水层必须在经过注浆堵漏的基础上进行，在衬砌有明显水流的情况下，不论用何种材料施作内防水层，都不可能与基底黏结牢固。也就是说，增设内防水层只能在没有明水的基面上进行，如图 3-11 所示。

图 3-11 隧道增设内防水层

② 堵漏必须与引排相结合；

③ 注浆堵水应按施工工艺进行;

④ 重视内防水层或保护层的养护。

3.2 地下工程结构裂损

地下工程结构裂损主要是衬砌结构的裂损,衬砌是承受地层压力、防止围岩变形塌落的工程主体建筑物。地层压力的大小,主要取决于工程地质、水文地质条件和围岩的物理力学特性,同时与施工方法、支护结构是否及时和工程质量的好坏等因素有关。作用在支护结构上的地层压力,主要有形变压力、松动压力,在膨胀性地层还有膨胀压力,在有冻害影响的地层中还存在冻胀性压力。

由于形变压力、松动压力作用,地层沿地下结构纵向分布及力学性态的不均匀作用,温度和收缩应力作用,围岩膨胀性或冻胀性压力作用,腐蚀性介质作用,施工中人为因素、运营车辆的循环荷载作用等,使地下结构物产生裂缝和变形,影响正常使用,统称为地下结构裂损病害。

地下结构裂损是地下工程病害的主要形式,衬砌裂损破坏了地下结构的稳定性,降低了地下结构的安全可靠性。地下结构裂损病害的主要危害有:

(1) 降低衬砌结构对围岩的承载能力;

(2) 使净空变小,侵入建筑限界;

(3) 衬砌结构掉块(图 3-12),影响行车和人身安全;

(a) 管片衬砌裂损掉块

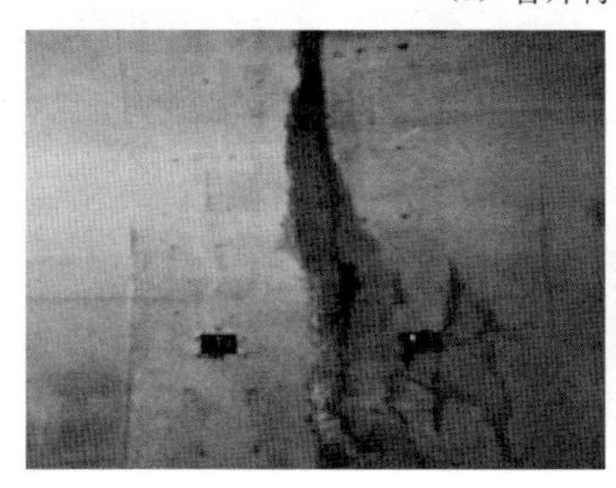
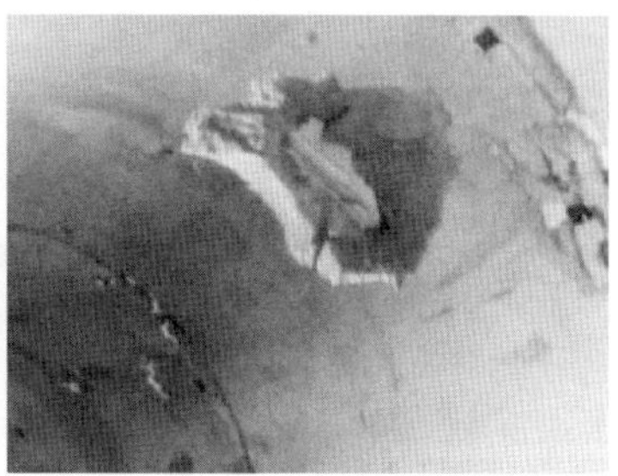

(b) 隧道二次衬砌开裂掉块

图 3-12 地下结构衬砌裂损掉块

（4）裂缝漏水，造成结构内设施锈蚀，严寒和寒冷地区产生冻害；

（5）铺底和仰拱破损，基床翻浆、线路变形，危及行车安全，被迫降低车辆运行速度，大量增加养护维修工作量；

（6）在运营工况下对裂损衬砌进行大修整治，施工与运输互相干扰，费用增大。

3.2.1 地下结构裂损类型

目前，地下结构裂损类型主要包括以下几种：

1. 衬砌变形

衬砌变形是指衬砌一部分或整体出现移动的现象，可以根据移动的方向将衬砌变形分为横向和纵向两种。

混凝土衬砌发生收敛变形，造成净空不够，或侵占预留加固的空间（图3-13），因此需定期进行限界测量，作为加固的依据。

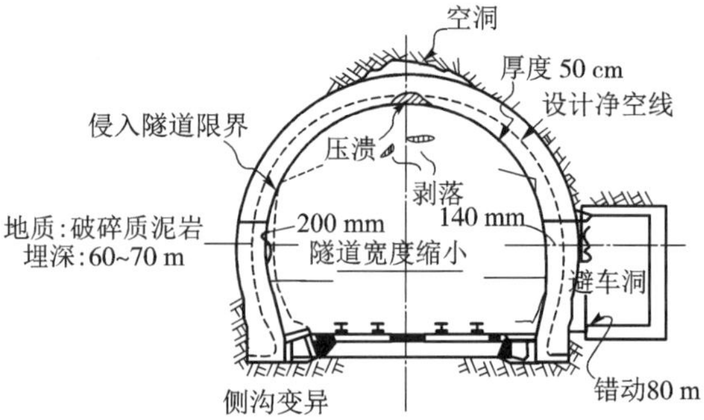

图 3-13　隧道衬砌发生收敛变形侵入限界

2. 衬砌开裂

衬砌裂缝根据裂缝走向及其与地下工程结构长度方向的相互关系，分为纵向裂缝、环向裂缝和斜向裂缝三种。环向裂缝，一般对于衬砌结构正常承载影响不大；拱部和边墙的纵向裂缝和斜向裂缝，破坏结构的整体性，危害较大。

（1）纵向裂缝

纵向裂缝（图3-14）平行于隧道轴线，其危害性最大，裂缝发展可引起掉拱、边墙断裂甚至整个隧道塌方。

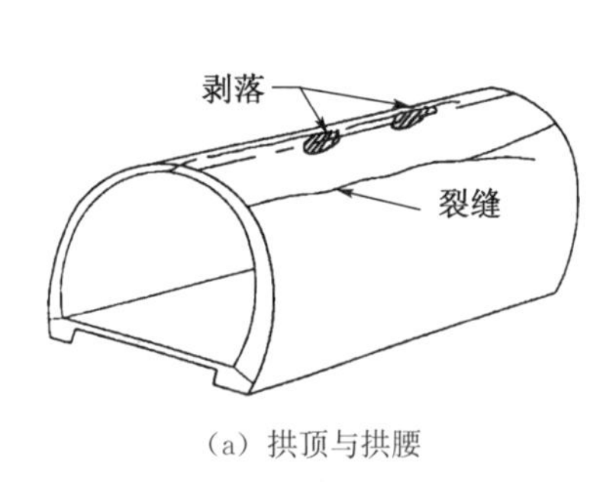

（a）拱顶与拱腰

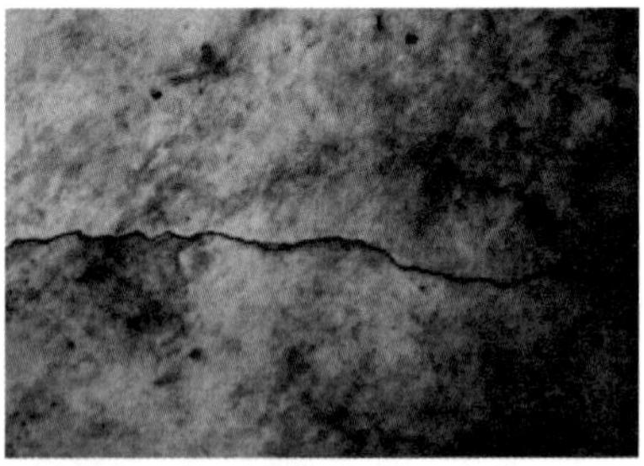

（b）边墙

图 3-14　隧道纵向裂缝

纵向裂缝一般分布规律是拱腰部分比拱顶多，双线隧道主要产生在拱腰，单线隧道主要产生在边墙。从受力分析来看，拱顶混凝土衬砌一般是内缘受压形成内侧挤压，衬砌开裂、剥落掉块；拱腰部位主要是混凝土衬砌内缘受拉张开，拱脚部位裂缝则会产生衬砌错动，边墙裂缝常因混凝土衬砌内缘受拉张开而错位，会使整个结构失稳。

(2) 环向裂缝

环向裂缝(图 3-15)主要由纵向不均匀荷载、围岩地质变化、沉降缝等处理不当所引起,多发生在地下工程洞口或不良地质地带与完整岩石地层交接处。

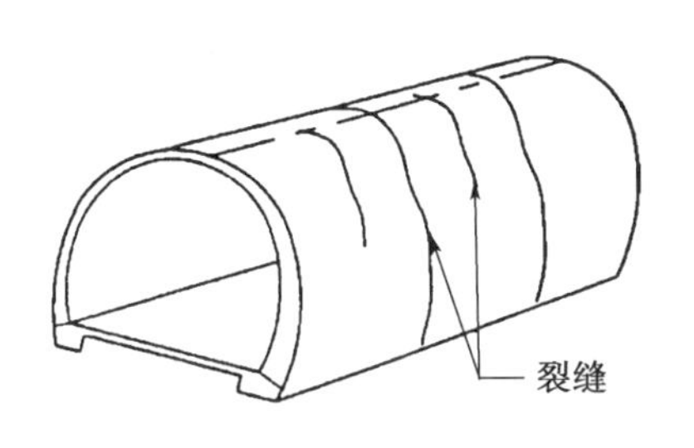

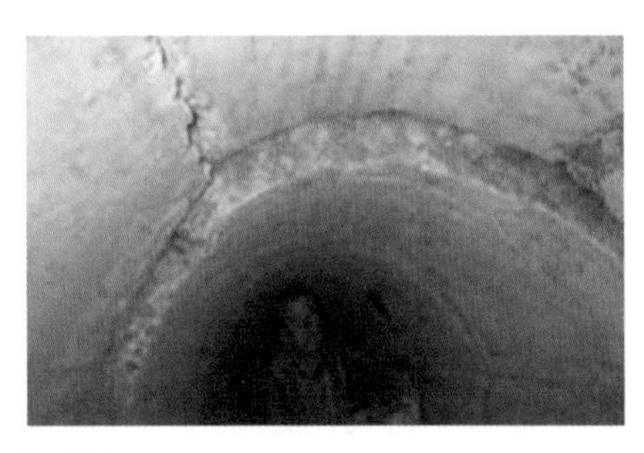

(a) 隧道环向裂缝

(b) 地铁车站衬砌墙面横向开裂　　(c) 地下车库墙体环向裂缝

图 3-15　地下结构环向裂缝

(3) 斜向裂缝

斜向裂缝(图 3-16)一般与地下结构纵轴呈 45°左右,也常因混凝土衬砌的环向应力和纵向受力组合而成的拉应力造成,其危害性仅次于纵向裂缝,也需认真加固。

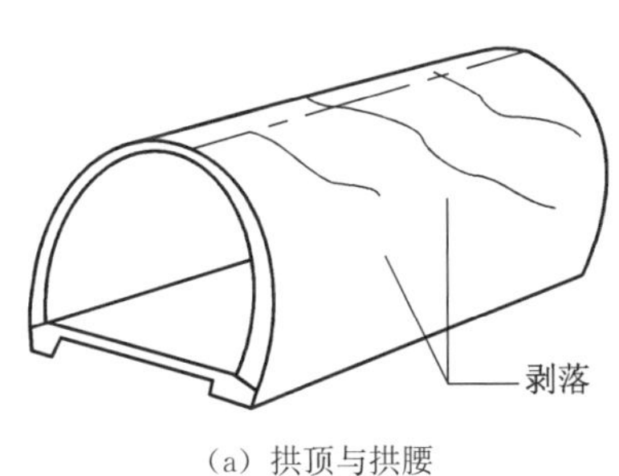

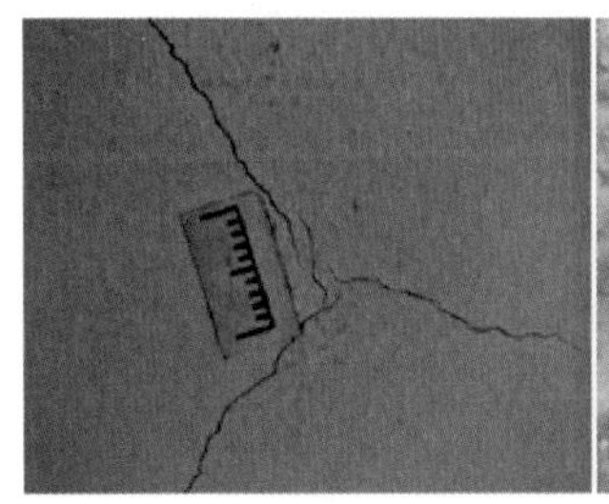

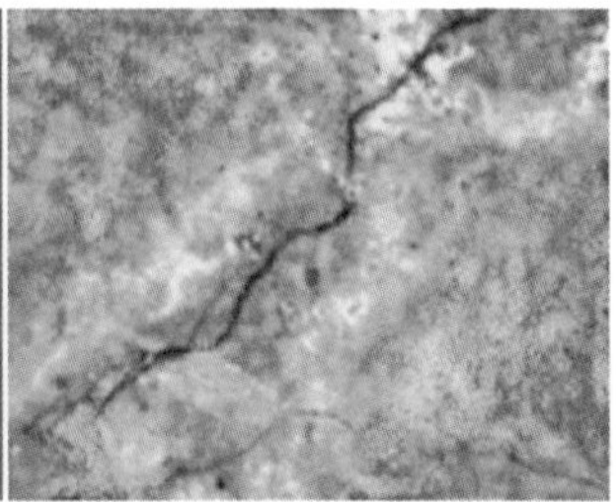

(a) 拱顶与拱腰　　(b) 边墙

图 3-16　隧道斜向裂缝

按衬砌受力变形形态和裂口特征分类，主要分为衬砌受弯张口型裂纹、内缘受挤压闭口型裂纹、衬砌受剪错台型裂纹、收缩性环向裂纹等四种。其中，以拱腰受弯张口型裂纹较为常见，衬砌向内位移；相应拱顶部位发生内缘受挤压闭口型裂纹，向上位移。纵向和斜向裂纹会使衬砌环向节段的整体性遭到破坏。当拱腰和边墙中部出现两条以上的粗大的张裂、错台，并与斜向、环向裂纹配合，衬砌被切割成小块状时，容易造成结构失稳、发生坍落，对运营安全威胁很大。

3. 衬砌腐蚀破坏

我国西南地区不少隧道衬砌被酸性地下水所腐蚀。这些地区的地下水，硫酸根在水中的含量高达 600 mg/L，因而造成混凝土衬砌和道床被腐蚀成豆腐渣状，强度降低 30%。这种混凝土衬砌的处理和加固难度较大。

4. 衬砌背后空洞

衬砌与围岩之间没有回填密实，出现脱空，空洞从 0.3～1.5 m 不等，一般加固较困难，如图 3-17 所示。

5. 仰拱破碎、道床下沉、轨道板裂损

仰拱破碎、道床下沉、轨道板裂损直接影响行车安全，加固修衬又受行车时间限制，因此施工时必须及时处理，如图 3-18 所示。

图 3-17　隧道衬砌背后空洞

图 3-18　地铁隧道轨道板损坏

3.2.2　地下结构裂损的成因

1. 混凝土自身因素

水泥品种、水灰比及混凝土干缩、碳化等，均可能引起衬砌裂损，因此选择适宜的水泥、级配以及适当的外加剂，对预防和减少衬砌裂损有积极作用。

2. 地质因素

在两种围岩交界处，如果围岩性质发生较大变化，使地下结构受力发生突变，则可能引起衬砌结构开裂。地层下沉、地压偏压、地震、膨胀性土压等也会引起衬砌结构裂损。图 3-19 为隧道偏压引起衬砌裂损的示意图。

3. 设计因素

如果在地下工程设计前未充分掌握围岩情况，且在工程建设过程中未根据围岩实际情况调整设计方案，导致衬砌结构局部强度不够，则会引起衬砌局部开裂。在复合式衬砌设计中，衬砌与围岩共同承担开挖围岩而产生的围岩压力，若设计的衬砌承担围岩压力偏大，超出其强度，则可能引起衬砌开裂。

4. 施工因素

施工时，受技术条件限制、方法不当、管理不善等因素影响，会引起地下结构裂损，如：

(1) 施工质量管理不善，混凝土材料不合格，施工配合比控制不严，水灰比过大，混凝土捣实质量不佳等。

(2) 开挖过的围岩还未基本稳定就过早施工衬砌，会引起衬砌损伤。因为此时围岩正在变化，应力还在调整，开挖后新的平衡还未形成就开始施作混凝土衬砌，这无疑会加大衬砌的负荷。当负荷过大时，就会引起衬砌开裂。

(3) 若模板台车脱模过早，混凝土强度未满足脱模要求，则可能导致衬砌开裂。

(4) 施工过程中，拱背背后形成了局部空洞，由于围岩变形，可能使衬砌局部受力过大而开裂，如图 3-20 所示。

(5) 结构基底浮渣清理不彻底造成衬砌不均匀沉降等，均会引起衬砌开裂。

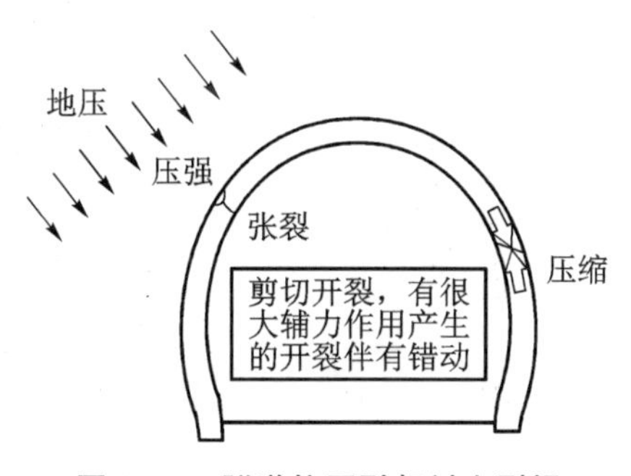

图 3-19 隧道偏压引起衬砌裂损

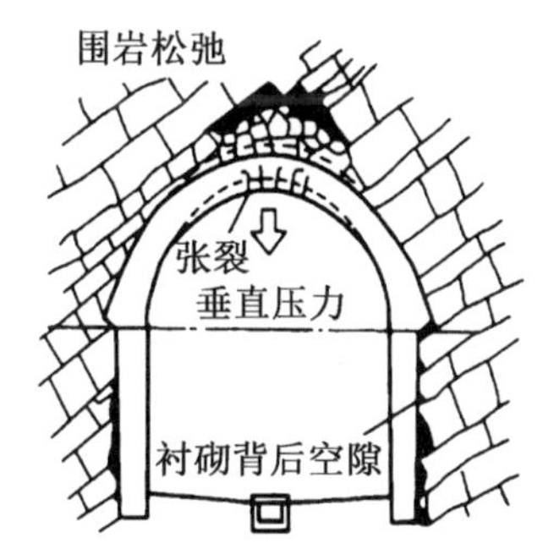

图 3-20 隧道衬砌局部受力过大而开裂

3.2.3 地下结构裂损的防治

1. 裂损预防措施

(1) 加强地质勘探，为地下工程结构设计提供准确的工程地质与水文地质资料；

(2) 采用地质雷达探测、开挖面超前钻探方法进行超前地质预报；

(3) 加强施工中的地质复查核实，正确选择施工方法和衬砌断面；

(4) 采用先进的施工技术设备，尽量减少施工对围岩的扰动，提高衬砌质量，提高混凝土永久性衬砌的抗裂、抗渗性，提高混凝土衬砌与围岩之间的密实性。

2. 裂损整治原则

(1) 加强观测,掌握裂缝变形情况和地质资料,查清病因,对不同裂损地段,采取不同的工程措施;

(2) 对渗漏水、腐蚀等病害,一并进行综合整治,贯彻彻底整治的原则;

(3) 合理安排施工封锁时间计划,尽量减少对正常运营的干扰;

(4) 精心测量,保证加固后的净空满足限界要求,确保锚喷加固衬砌、拱背压浆等项整治措施的施工质量。

3. 裂损整治措施

(1) 裂缝整修

小裂缝,无渗水,可用水泥浆嵌补,或先凿槽再用 1∶1 水泥砂浆或环氧树脂砂浆涂抹。为防止砂浆固结收缩,可在制备时加 10%~17%微膨胀剂。

裂损严重,拱圈有多道裂缝,部分失去承载能力,原则上拆除重建,一般用锚网喷或喷射早强钢纤维混凝土。

开裂严重,但拱圈基本形状无较大变形时,可采用素喷或网喷混凝土整治。隧道衬砌裂缝修补如图 3-21 和图 3-22 所示。

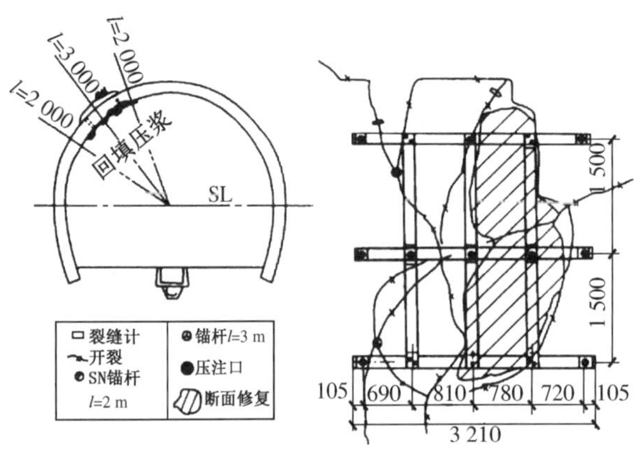

图 3-21 隧道衬砌多裂缝锚网喷注浆修补(单位:mm)

图 3-22 地铁隧道衬砌裂缝防水碳纤维加固修补

对严重裂损变形的隧道衬砌,以往作为临时加固措施和施工安全防护措施,常使用钢拱架支护,当隧道净空足够时,可在衬砌内边架设,净空不富余时,采用凿槽的方法嵌入衬砌内。作为永久性加固措施,在净空富余时,常采用在隧道内增设钢筋混凝土套拱的方法加固。当衬砌严重裂损变形侵入隧道建筑限界地段时,则采用更换衬砌的办法整治。套拱与更换衬砌的方法都具有施工进度慢、劳动强度大、工程费用高、行车干扰大等缺点,特别是爆破拆除旧衬砌时,不可避免地要对围岩产生再一次扰动,导致地层压力进一步增大,塌方断道事故时有发生,不仅增加工程处理难度,而且严重干扰正常运营。

（2）衬砌背后空洞压浆

压浆可以填充拱背(墙背)空隙,约束衬砌变形,固结稳定衬砌背后松散的围岩,填充衬砌裂缝孔隙,因此,对衬砌背后空洞进行压浆是惯用的方法,如图 3-23 所示。

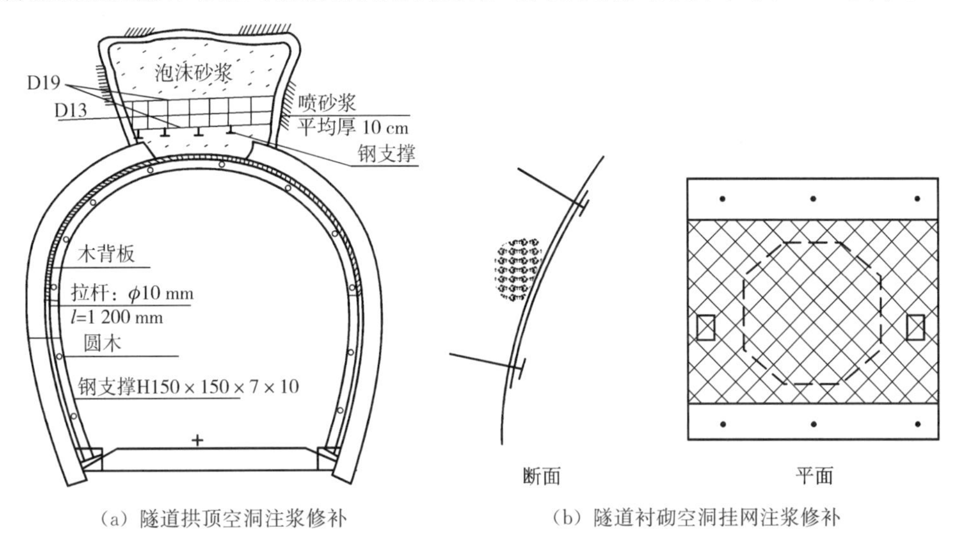

（a）隧道拱顶空洞注浆修补　（b）隧道衬砌空洞挂网注浆修补

图 3-23　隧道衬砌背后空洞修补方法

压浆填充拱背空隙,是改善衬砌受力状态,提高衬砌承载能力的一项必要措施。隧道压浆耗费水泥量较大,为了节省水泥和投资,可选用水泥粉煤灰砂浆、水泥沸石粉砂浆、水泥黏土砂浆等可灌性好、抗渗性及耐腐蚀性较好的廉价材料。

（3）底板的稳定处理

底板既是传力结构又是受力结构,底板稳定性直接影响仰拱的稳定性。易风化泥化的泥质岩类隧底,排水不良,铺底容易损坏,产生翻浆冒泥病害,是运营线较常见的一种病害,一般采用改建加深侧沟或增建侧沟、更换铺底的方法整治。当为黏土质泥岩或有膨胀特性的页岩时,宜增设仰拱,以防止边墙下沉、内移和隧底隆起。

此外,还应加深排水沟,疏干地下水,消除底板软化。对已软化的底板可采取置换或注浆加固。

（4）换拱、换边墙

隧道承载力模型试验证明,开裂的衬砌依然具有一定的承载能力。即便是严重裂损错台,并局部侵限的衬砌,在钢拱架的临时支护下,可采用凿除衬砌侵限部分,加强网喷的办法来恢复和提高承载力。所以,换拱、换边墙,一般情况下不宜使用。只有在衬砌严重变形、其断面大部分侵入建筑限界,必须拆除扩大限界的情况下,才采用更换衬砌的整治方法,如图 3-24 所示。

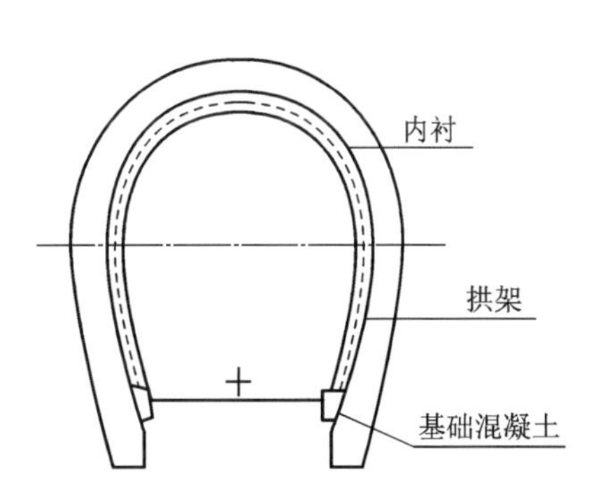

图 3-24　隧道衬砌换拱与换边墙加固

3.3 地下工程结构冻害

地下结构冻害是指寒冷地区和严寒地区的地下结构内水流和围岩积水冻结，引起结构拱部挂冰、边墙结冰、洞内网线设备挂冰、围岩冻胀、衬砌胀裂、底部冰椎、水沟冰塞、线路冻起等，影响结构安全运营和建筑物正常使用的各种病害。

地下结构冻害会导致衬砌冻胀开裂，甚至疏松剥落，造成衬砌结构的失稳破坏，降低衬砌结构的安全可靠性，严重影响运输的安全和正常运行。

3.3.1 地下结构常见的冻害种类

1. 拱部挂冰、边墙结冰

隧道漏水冻结，在拱部形成挂冰，不断增长变粗；在边墙形成冰柱，多条相近的冰柱连成冰侧墙。如不及时清除，挂冰、冰柱和冰侧墙侵入限界，将对行车安全造成严重威胁，如图 3-25 所示。

(a) 拱部衬砌挂冰

(b) 边墙渗水结冰

图 3-25 隧道拱部挂冰与边墙结冰

2. 围岩冻胀破坏

Ⅳ～Ⅵ级围岩和风化破碎、裂隙发育的Ⅲ级围岩，在地下结构冻结圈范围内含水量达到起始冻胀含水量以上(表 3-3)，并具有水分迁移和聚冰作用条件时，围岩产生强烈的冻胀，抗冻胀能力差的直墙式衬砌产生变形，限界缩小，衬砌裂损；洞门墙和翼墙前倾裂损；洞口仰拱坍塌。

表 3-3 各类土的起始冻胀含水量

土的类别	黏土、砂黏土		砂黏土		粉砂 细砂	中砂、粗砂、砾砂、卵石、砾石	
	一般的	粉质的	一般的	粉质的		一般的	含粉黏粒
起始冻胀含水量 W_0/%	18～25	15～20	13～18	11～15	10～15	5～8	5～15

（1）拱部发生变形与开裂

地下隧道结构拱部受冻害影响，拱顶下沉，内层开裂，严重时有错牙发生，拱脚变形移动。冻融时又有回复，产生残余裂缝，多次循环，危及结构安全，如图 3-26 所示。

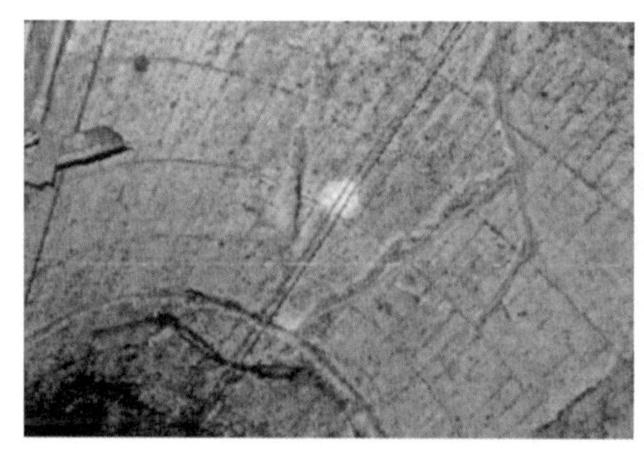

（a）纵向裂缝

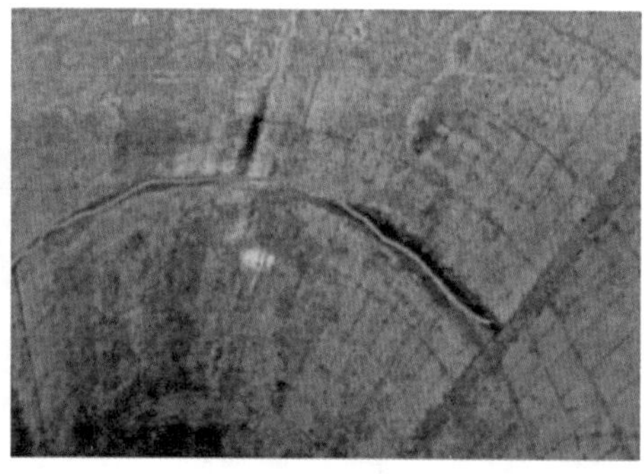

（b）横向裂缝

图 3-26　隧道衬砌冻胀产生的纵、横向裂缝

（2）边墙变形严重

隧道结构的边墙壁后排水不畅，积水成冰，产生冻胀压力，造成拱脚不动，墙顶内移，有的是墙顶不动，墙中发生内鼓，也有墙顶内移致使隧道断裂成多段，如图 3-27 所示。

（3）隧道内线路冻害

在地下水丰富地区，水在冬季就冻结，道床隆起，在水沟处因保温不好，与线路一样有冻结，这样水沟全长也会高低不平。冻融使线路和道床翻浆冒泥、水沟断裂破坏。水沟破坏后排水困难，渗入线路又加大了线路冻害范围。

（4）隧底冻胀和融沉

对于多年冻土区的地下隧道，隧底季节融化层内围岩若有冻胀性，而底部没有排水设备，每年会出现冻胀融沉交替，无铺底的线路很难维持正常状态，有时铺底和仰拱也会发生隆起或下沉开裂，如图 3-28 所示。

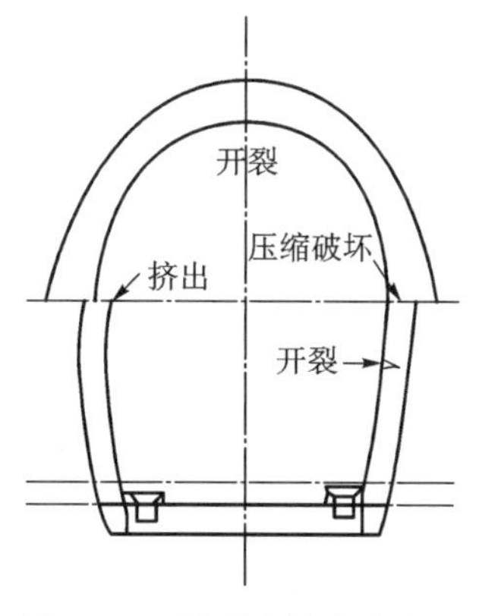

图 3-27　隧道边墙冻胀变形

图 3-28　隧道底板冻胀

(5) 材料冻融破坏

地下结构混凝土设计标号较低，抗渗性差，在富水区域，水渗入混凝土内部。冬季混凝土结构冻胀，经多年冻融循环使结构变酥、强度降低，造成冻融破坏，如图 3-29 所示。洞口段冻融变化较大，衬砌除结构内因含水受冻害外，岩体冻胀压力传递等破坏使衬砌发生纵向裂纹和环向裂纹。

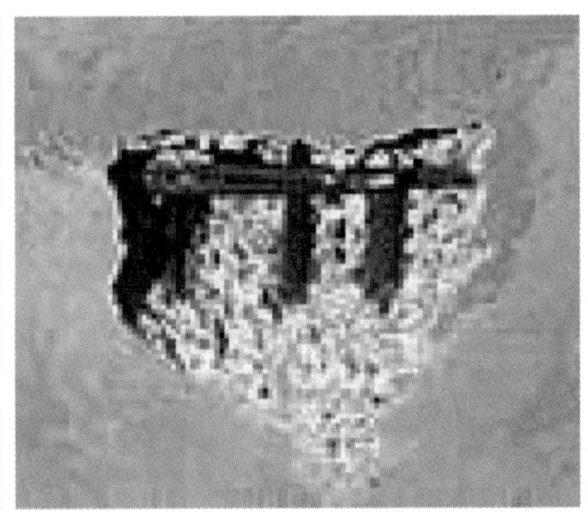

(a) 冻融导致衬砌钢筋劣化

(b) 冻融导致混凝土变酥破坏

图 3-29 地下结构材料冻融破坏

3. 衬砌发生冰楔

(1) 硬质围岩衬砌背后积水冻胀，产生冰冻压力(称为冰劈作用)，传递给衬砌，经缓慢发展，常年积累的冰冻压力像楔子作用，使衬砌发生破碎、断裂、掉块等现象。已裂解为小块状的拱部衬砌混凝土块，在冰劈作用下，可能发生错动掉块。

(2) 衬砌的工作缝和变形缝充水冻胀，经多次冻融循环，使裂缝不断扩大，引起衬砌裂开、疏松、剥落等病害。

4. 洞内网线挂冰

地下隧道漏水落在铁路电力牵引区段的接触网和电力、通信、信号线上结冰。如不及时除掉，会坠断网线，使接触网短路、放电、跳闸，中断通信、信号，危及行车和人身安全。

3.3.2 冻害的成因

1. 寒冷气温的作用

地下工程结构的冻害与所在地区气温直接相关，气温变化导致冻融交替是主因。

2. 季节冻结圈的形成

季节性冻害隧道中，衬砌周围冬季冻结、夏季融化范围的围岩，沿衬砌周围各最大冻结深度连成的圈叫季节冻结圈。由于衬砌周围超挖尺寸不等、超挖回填用料不当及回填密实度不够产生积水，形成冻结圈。

在严寒冬季，较长隧道的两端各有一段会形成冻结圈，称为季节冻结段。中部的一段，不会形成季节冻结圈，成为不冻结段。隧道两端冻结段长度不一定相等。同一座隧道内，季节冻结段的长度恒小于洞内季节负温段的长度。隧道的排水设备如埋在冻结圈内，冬季易发生冰塞。

3. 围岩的岩性对冻胀的影响

在隧道的季节冻结圈内如果是非冻胀性土，就不会发生冻胀性病害。因此，如果季节冻结圈内是冻胀性土，则更换为非冻胀性土是有效的整治措施。

4. 地下结构设计和施工的影响

地下结构在设计和施工时，对防冻问题没有考虑或考虑不周，会造成结构防水能力不足。洞内排水设施埋深不够、治水措施不当、施工有缺陷，都会造成或加重运营阶段地下工程的冻害。

3.3.3 冻害的预防与整治

1. 冻害预防措施

寒冷地区地下结构冻害发生的原因可总结为两个基本因素，即低温和适量的水。因此，从这两个因素出发，提出寒冷地区地下结构冻害预防技术。

（1）提高地下结构混凝土的抗渗和抗冻能力

① 寒冷地区地下结构宜采用引气剂防水混凝土

在混凝土拌合物中加入引气剂后，将产生大量密闭、稳定和均匀的微小气泡，从而使毛细管变得细小、曲折、分散，减少渗水通道。由于引气剂防水混凝土中适宜的气泡组织提高了混凝土的抗渗能力，使水不易渗入，从而降低混凝土冻胀破坏的可能。

② 减小混凝土结构背后的积水量和水压

减小混凝土结构背后的积水量和水压是一种间接提高混凝土抗渗抗冻能力的技术，具体做法如下：

在围岩地下水丰富区段，采用局部注浆的方法，浆液将凝固成为固体材料填满节理，从而防止水在裂隙中的流通，可使大量地下水保持在免于冻结的岩石深处。

寒区隧道结构渗漏与冻害往往发生在春融期，其主要原因之一是地下排水系统排水不畅导致结构背后水压增大造成的。因此，寒区地下结构如果不采取保温或供热技术，那么应根据热传导理论计算出围岩的最大冻深，并将中心排水管置于最大冻深线以下，纵向排水管也应设置在免于冻结的范围之内或选择适当的位置使之与上部衬砌壁后同步冻融。

③ 提高混凝土施工质量

采取各种措施，尽量避免意外中断混凝土的浇筑，防止出现混凝土浇筑过程中的局部漏浆现象，不留振捣死角。

(2) 采取保温或供热技术

① 在地下结构表面或背后设置保温层

目前，我国在严寒地区的公路隧道中采用在衬砌表面设置保温层的技术(图 3-30)。保温层由 5 cm 厚 PU 硬质聚氨酯泡沫塑料层和 3 cm 厚 FBT 防火保温层组成。PU 保温层的施工采用了两种方法：一是直接在二次衬砌表面喷洒发泡剂发泡成型，该方法优点是工序少、速度快，适用于夏季在隧道进出口段施工；二是型材安装，此方法工序多、速度较慢，宜用于洞内通风条件差或混凝土表面水汽较多的区段。

② 采用供热防冻技术

在采用供热防冻方案的前提下，应从春融期防水层两侧的排水问题入手，采用某种加热方式直接向防水层局部供热或向环向排水管供热。这种供热方式的优点在于仅在春融期供热，能耗小，管理也比较方便。

此外，要防止寒区地下结构冻害，首先应采取各种技术保证地下结构不渗不漏，这也有助于提高防冻抗冻的效果。

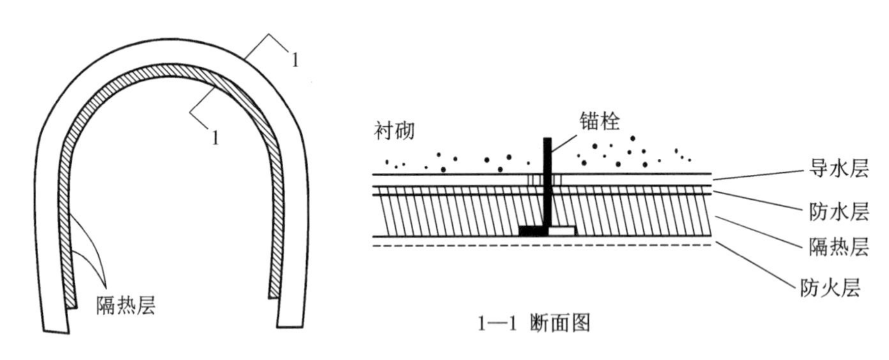

图 3-30 隧道衬砌表面设置保温层

2. 冻害整治措施

严寒和寒冷地区地下结构冻害的防治，其基本措施是综合治水、更换土壤、保温防冻、结构加强、防止融坍等，可根据实际情况综合运用。

(1) 综合治水

地下结构冻害的根本原因就是围岩地下水的冻结，如果能将水排除在冻结圈以外，杜绝水进入冻结圈，就能达到防止冻害的目的，因此，综合治水是防治冻害的最基本措施。

综合治水要在查明冻害地段地下结构渗漏水及围岩含水情况的基础上，采取“防、排、堵、截”综合治水措施，消除地下结构漏水和背后积水，具体措施包括：

① 加强接缝防水，防水材料要有一定抗冻性，以消除接缝漏水。

② 完善冻害地段地下结构的防排水系统，消除地下结构背后积水，并防止冻结圈外的地下水向冻结圈内迁移。

新建和改建排水设备时，要求实测地下结构的最大冻结深度，合理确定水沟埋深；严寒地区宜把主排水沟(渗水沟、泄水洞)设在冻结圈以下，并最大限度地降低冻结圈内围岩的含水量。

深埋渗水沟(图 3-31)适用于严寒地区，最冷月平均气温低于－15℃，当地黏性土冻深在 1.5～2.5 m，且水量小的条件。

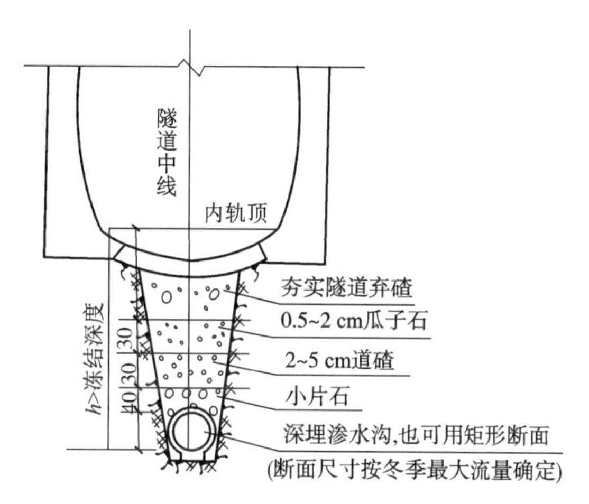

图 3-31 深埋防寒渗水沟示意图(单位:cm)

防寒泄水洞(图 3-32)适用于严寒地区，最冷月平均气温低于－25℃，当地黏性土冻深大于 2.5 m，且水量较大的条件。

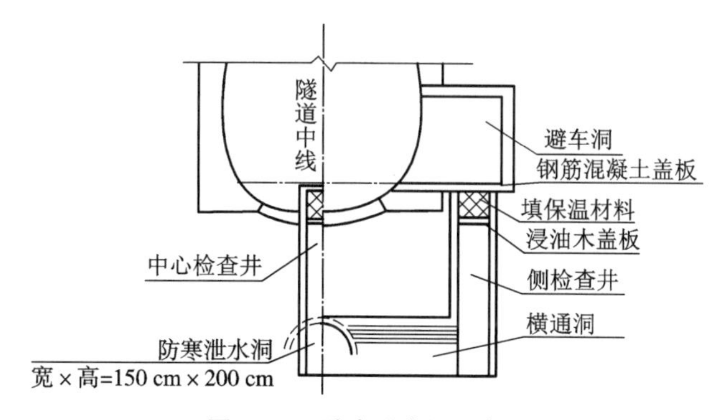

图 3-32 防寒泄水洞示意图

寒冷地区，当设浅埋侧沟时，必须采取可靠的保温防冻措施。图 3-33 为浅埋保温侧沟示意图，适用于寒冷地区，最冷月平均气温低于－10℃，当地黏性土冻深在 1.0～1.5 m范围内，冬季有水的条件。此外，还要按实际需要修筑盲沟、泄水孔、横向沟(洞)、保温出水口等配套排水设备。地下结构背后空隙用砂浆回填密实，排水设施或泄水沟应保证不冻结。

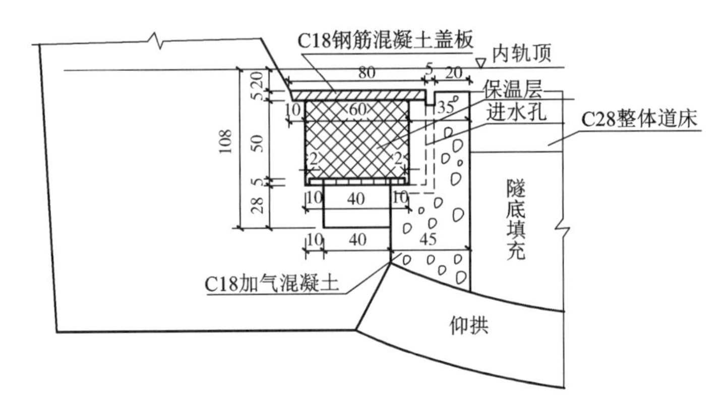

图 3-33　浅埋保温侧沟示意图(单位:mm)

(2) 更换或改造土壤

将冻结圈内的围岩更换或改造,将冻胀土变为非冻胀土、透水性强的粗粒土或保温隔热材料,从而达到防治冻害的目的。

更换土壤一般是将砂黏土、粉砂、细砂更换为碎石、卵石或炉渣,换土厚度为冻深的0.85～1.0倍,同时加强排水,防止换土区积水。

改造土壤就是采用压浆固结方法,在砂类土及砾卵石等容易压浆的岩土中注入水泥-水玻璃或其他化学浆液固结冻结圈内岩土,消除冻胀性。

改造土壤的另一种方法是在冻结圈内注入憎水性填充材料,使之堵塞所有孔隙、裂隙,阻止土中水分迁移和聚冰作用。

(3) 保温防冻

保温防冻是通过控制温度,使围岩中水分达不到冰点,从而达到防冻目的。方法主要有保温、供热、降低水的冰点。

① 设置保温衬层

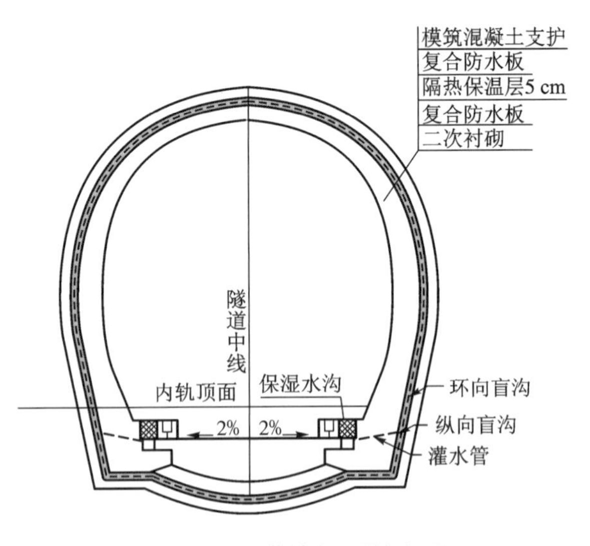

图 3-34　隧道衬砌设置保温层

在消除隧道结构渗漏水的基础上,可在隧道衬砌加筑一层保温层(图3-34),净空富余地段修建在原衬砌的内侧,改建衬砌段可设在衬砌外侧。适用于隧道内衬的保温材料有加气混凝土、膨胀珍珠岩混凝土和多孔烧黏土陶粒混凝土,可制成预制块砌筑,以便施工和更换,也可喷射混凝土。

② 降低水的冰点

向地下结构围岩中注入丙二醇、氯化钙、氯化钠，使水的冰点降低，从而降低围岩的起始冻结温度，达到防冻目的。

③ 采暖防冻

在浅埋侧沟洞口段上下层水沟间铺设暖气管道，冬季以锅炉供热汽，保持气温在＋3～＋4℃，不发生冰塞，或夏季白天机械送热风融化泄水洞内结冰。

(4) 结构加强

① 防水混凝土曲墙加仰拱衬砌

冻结圈或融化圈内的岩土，经受强烈频繁的冻融破坏，岩土性质改变，冻胀性由弱变强，冻害逐步发展，需要加强衬砌结构，一般宜采用半圆形拱圈、曲边墙加仰拱衬砌形式。这种方法适用于Ⅳ～Ⅵ级围岩和风化破碎、裂隙发育的Ⅲ级围岩地段。

② 防水钢筋混凝土衬砌

为了减少开挖和衬砌圬工，可采用加设单层或双层钢筋网的防水钢筋混凝土衬砌，适用于Ⅲ级以上局部冻胀性围岩地段。

③ 喷锚加固

有锚固条件的Ⅳ级以上围岩，局部冻胀性硬岩地段，对既有冻胀裂损衬砌，可应用喷锚加固技术，但需满足限界要求。

(5) 防止融坍

隧道洞内要防止基础融沉，可采用加深边墙至冻土上限以下或冻而不胀层；防止道床春融翻浆可采用加强底部排水，疏干底部围岩含水或采用换土法。

也可采用以下措施：①加大侧向拱度，使拱轴线能更好地抵抗侧向冻胀；②拱部衬砌厚度增加，一般加厚 10 cm 左右；③提高衬砌混凝土标号或采用钢筋混凝土；④隧底增设混凝土支撑。

3.4 地下工程结构腐蚀

有些地区富含腐蚀性介质，地下结构背后的腐蚀性环境水容易沿结构的毛细孔、工作缝、变形缝及其他孔洞渗流到结构内侧，成为渗漏水，对地下结构混凝土和砌石、灰缝产生物理性或化学性的侵蚀作用，造成地下结构腐蚀。

地下结构腐蚀分为物理性腐蚀和化学性腐蚀两类。腐蚀的主要影响因素有：地下结构混凝土的质量和水泥的品种，渗流到地下结构内部的环境水含侵蚀性介质的种类和浓度，环境的温度和湿度等自然条件。

地下结构腐蚀使混凝土变酥松，钢筋锈蚀，强度下降，结构的承载能力降低，还会导致内部构件腐蚀，缩短使用寿命。为确保地下建筑物的安全使用，应对结构腐蚀病害进行积极防治，研究分析产生腐蚀的原因及作用机理，掌握腐蚀的预防和整治方法。地下结构常见腐蚀病害如图 3-35 所示。

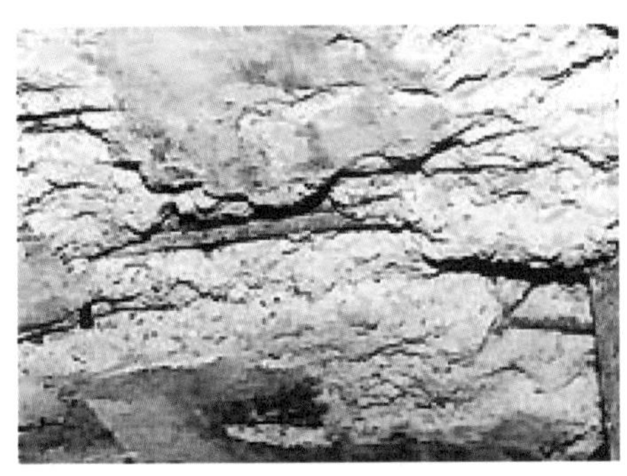

(a) 隧道衬砌钢筋锈蚀

(b) 隧道衬砌混凝土酥松剥落掉块

(c) 地铁立柱腐蚀破坏

(d) 地铁隧道混凝土道床和钢轨腐蚀

图 3-35 地下结构腐蚀病害

3.4.1 地下结构物理性腐蚀

地下结构受到物理性侵蚀的种类主要有冻融交替部位的冻胀性裂损和干湿交替部位的盐类结晶性胀裂损坏两种。

1. 冻融交替冻胀性裂损

(1) 产生条件

地下工程在寒冷和严寒地区结构混凝土充水部位。

(2) 侵蚀机理

普通混凝土是一种非均质的多孔性材料,其毛细孔、施工孔隙和工作缝等,易被环境水渗透。充水的混凝土结构部位,受到反复的冻融交替冻胀破坏作用,产生和发展冻胀性裂损病害,造成混凝土裂损。

2. 干湿交替盐类结晶性胀裂损坏

(1) 产生条件

地下工程周围有含石膏、芒硝和岩盐的环境水。

（2）侵蚀机理

渗透到混凝土结构表面毛细孔和其他缝隙的盐类溶液，在干湿交替条件下，由于低温蒸发浓缩析出白毛状或梭柱状结晶，产生胀压作用，使混凝土由表及里，逐层破裂、疏松脱落。

干湿交替盐类结晶性胀裂损坏会造成地下结构或不密实的砂石衬砌和灰缝起白斑、长白毛，逐层疏松剥落，沿渗水的裂缝和局部麻面处呈条带状和蜂窝状腐蚀成凹槽和孔洞，如图 3-36 所示。

（a）管片干湿交替盐类结晶性腐蚀

（b）衬砌干湿交替盐类结晶性胀裂

图 3-36　隧道衬砌物理性腐蚀

3.4.2　地下结构化学性腐蚀

地下结构混凝土腐蚀是一个很复杂的过程。综合国内外目前研究成果，根据主要物质因素和腐蚀破坏机理，分为硫酸盐侵蚀、镁盐侵蚀、软水溶出性侵蚀、碳酸盐侵蚀和一般酸性侵蚀 5 种。

1. 硫酸盐侵蚀

腐蚀机理：主要原因是水中的SO_4^{2-}浓度过高。

（1）当SO_4^{2-}浓度高于 1 000 mg/L 时，能与水泥石中的 $Ca(OH)_2$起反应，生成石膏。

$$Ca^{2+}+SO_4^{2-}=\!=\!=CaSO_4$$

石膏体积膨胀 1.24 倍，形成混凝土物理性的破坏。

（2）当SO_4^{2-}浓度低于 1 000 mg/L 时，铝酸三钙与 $Ca(OH)_2$，SO_4^{2-}共同作用，生成硫铝酸盐晶体。

$$3CaO\cdot Al_2O_3\cdot 6H_2O+3CaSO_4+25H_2O=\!=\!=3CaO\cdot Al_2O_3\cdot 3CaSO_4\cdot 31H_2O$$

体积较原来增大 2.5 倍，产生巨大的内应力，破坏混凝土。某隧道衬砌硫酸盐腐蚀破坏如图 3-37 所示。

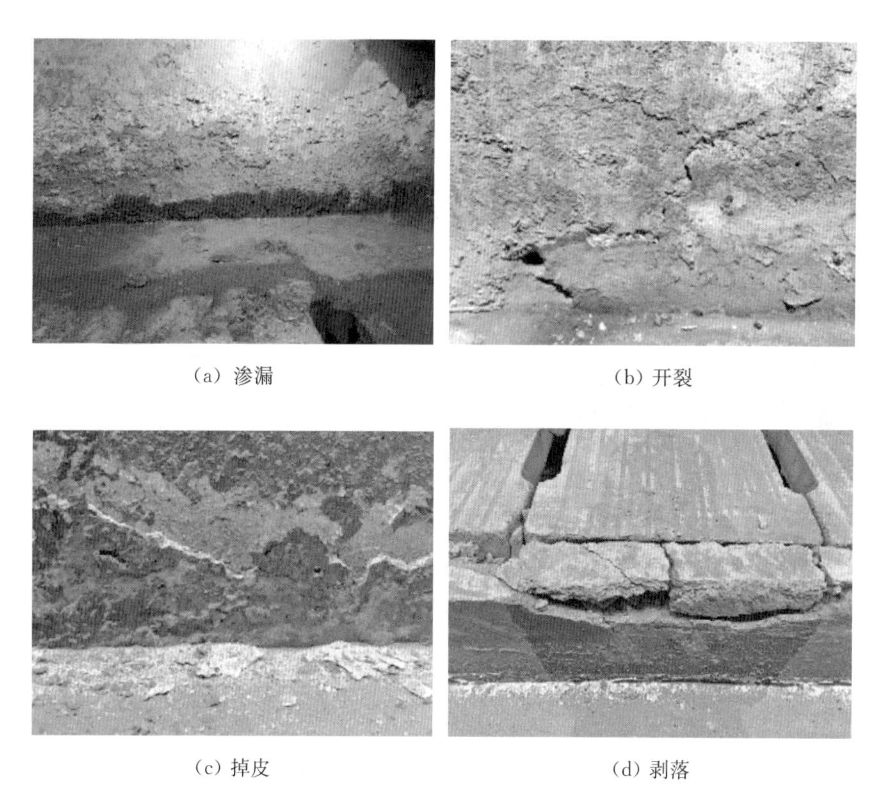

(a) 渗漏　　(b) 开裂

(c) 掉皮　　(d) 剥落

图 3-37　隧道衬砌硫酸盐腐蚀破坏

2. **镁盐侵蚀**

镁盐腐蚀机理:主要原因是水中含有$MgSO_4$和$MgCl_2$,镁盐与水泥石中的$Ca(OH)_2$发生下列反应。

$$MgSO_4+Ca(OH)_2+2H_2O = CaSO_4 \cdot 2H_2O+Mg(OH)_2$$

$$MgCl_2+Ca(OH)_2 = CaCl_2+Mg(OH)_2$$

$CaSO_4$产生硫酸盐侵蚀,$CaCl_2$溶于水而流失,$Mg(OH)_2$胶结力很弱,易被渗透水带走。

3. **溶出性侵蚀(软水侵蚀)**

腐蚀机理:主要原因是水中的HCO_3^-含量过少,在渗透水的作用下,混凝土中的$Ca(OH)_2$随水陆续流失,使得溶液中的CaO_2浓度降低,当浓度低于 1.3 g/L 时,混凝土中的$Ca(OH)_2$晶体将溶入水中流失,C_3S和C_3A中的CaO_2也陆续分解溶于水中,使混凝土结构变得松散,强度渐渐降低。

4. **碳酸盐侵蚀**

腐蚀机理:主要原因是水中的CO_2含量过高,超过了与$Ca(HCO_3)_2$平衡所需的CO_2数量。

在侵蚀性CO_2的作用下，混凝土表层的$CaCO_3$溶于水中。

$$CaCO_3 + CO_2 + H_2O = Ca^{2+} + 2HCO_3^-$$

混凝土内部的 $Ca(OH)_2$继续与HCO_3^-作用或直接与CO_2作用。

$$Ca(OH)_2 + Ca(HCO_3)_2 = 2CaCO_3 + 2H_2O$$
$$Ca(OH)_2 + CO_2 = CaCO_3 + H_2O$$

如CO_2含量较多，这种作用将继续下去，水泥石因 $Ca(OH)_2$流失而结构松散。

5. 一般酸性侵蚀

腐蚀机理：主要原因是水中含有大量的H^+，各种酸与 $Ca(OH)_2$作用后，生成相应的钙盐。

$$Ca(OH)_2 + H_2SO_4 = CaSO_4 + 2H_2O$$
$$Ca(OH)_2 + 2HNO_3 = Ca(HNO_3)_2 + 2H_2O$$
$$Ca(OH)_2 + 2HCl = CaCl_2 + 2H_2O$$

由于生成物溶于水的程度不同，侵蚀影响也不同，$CaCl_2$，$Ca(NO_3)_2$，$Ca(HCO_3)_2$等易溶于水，随水流失，$CaSO_4$则产生硫酸盐侵蚀。某地铁衬砌遭到碳酸盐和硫酸盐腐蚀如图 3-38 所示。

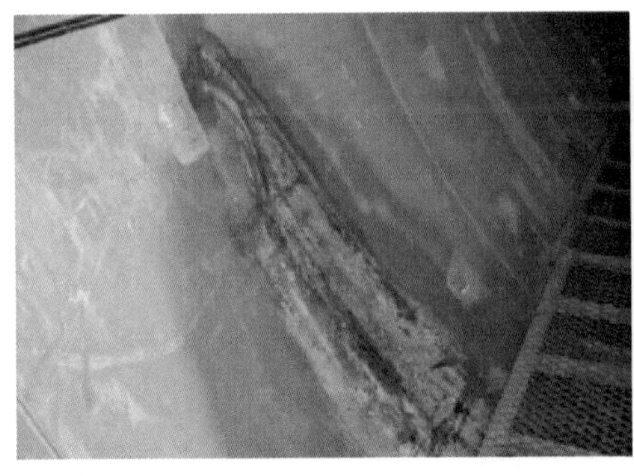
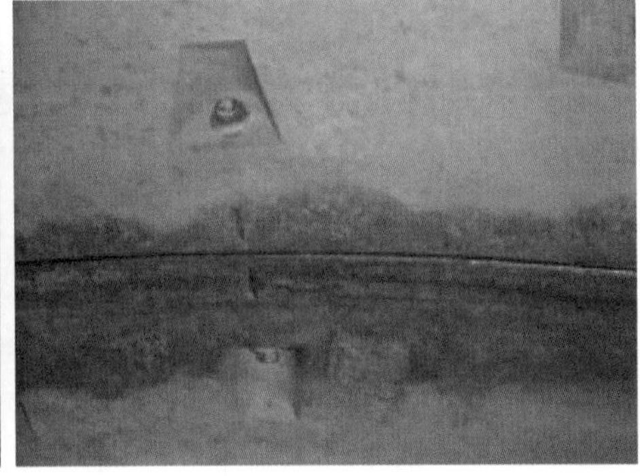

图 3-38 地铁管片预留孔处与拼装缝处的渗漏酸盐类腐蚀

以上几种腐蚀有时是同时发生的。

3.4.3 地下结构腐蚀的防治措施

地下结构防腐蚀措施，应首先从做好勘测设计着手，掌握工程地质和水文地质资料，查明环境水含侵蚀性介质的来源和成分，在正确判断环境水对地下结构混凝土侵蚀程度的基础上，因地制宜地采取防治措施。

产生腐蚀的三个要素是：第一，腐蚀介质的存在；第二，易腐蚀物质的存在；第三，地下水的存在且具有活动性。针对腐蚀产生的原因和条件，目前对地下结构侵蚀采取的防治措施主要有以下几种：

1. 提高地下结构的密实度和整体性

这是提高混凝土抗侵蚀性能最主要的，也是最重要的措施。因为不管是混凝土或砌块、砂浆遭受化学侵蚀，还是冻融交替或是干湿交替作用，甚至几种情况同时存在的最不利情况，共同的必要条件是地下结构的透水性。由于水及其中侵蚀介质能渗透到结构内部，才会发生一系列物理化学变化，致使地下结构混凝土或砌块、灰缝产生腐蚀损坏。如果在修建地下工程衬砌时，采用了防水混凝土(或防水砂浆砌不受侵蚀的石料)作衬砌，就能提高地下结构的密实度和整体性，外界侵蚀性水就不易渗入混凝土内部，从而减缓了环境水的侵蚀速度，就可以提高地下结构的耐久性，降低侵蚀的影响。

一般采用集料级配法和掺外加剂法配制防水混凝土，来提高地下结构的密实性和防水性，由于地下结构是现场浇筑，在有地下水活动的地段，往往很难保证防水混凝土的质量，从而影响防水性，因此须采取相应的措施。

2. 外掺加料法

由于腐蚀主要是由于混凝土中游离的 $Ca(OH)_2$ 等引起的，可以采取降低混凝土中 $Ca(OH)_2$ 浓度的措施来达到抗侵蚀目的。比如，掺入粉煤灰可以除去游离的 $Ca(OH)_2$，也可以掺加硅粉，但由于硅粉颗粒细，施工时污染严重，对环境有害，故影响了硅粉的使用。

3. 采用耐腐蚀水泥

合理选择水泥品种，尽量改善混凝土受侵蚀的内因，例如，对抗硫酸盐侵蚀的水泥要限制 C_3A 含量 $\leqslant 5\%$，在严寒地区不宜选用火山灰质水泥等，但目前尚没有完全可以消除腐蚀的水泥品种。针对环境水侵蚀性介质的不同，选用相应抗侵蚀性能较好的水泥品种，通过调整配合比、掺减水剂、引气剂，并采用机械拌合、振捣，生产一种密实性和整体性较高的抗腐蚀的防水混凝土，最大限度地提高衬砌的抗腐蚀性和密实度。

4. 加强地下结构外排水措施

将侵蚀性环境水排离地下工程周围，减少侵蚀性地下水与地下结构的接触。目前，在地下水丰富地区，可设置泄水洞以引排地下水，减少地下水对主体结构的影响。地下水不发育地区，在地下结构背后做盲沟，将地下水排入盲沟，以使地下水流走而不是进入、通过或渗入结构内部，从而减少对地下结构的腐蚀。

5. 使用密实的与混凝土不起化学作用的材料

在地下结构外表面做隔离防水层，国内常用的防水卷材有 EVA，ECB，PE，PVC 等，这些材料的耐酸碱性能稳定，作为隔离防水层是较理想的材料。

6. 向地下结构背后压注防蚀浆液

这种方法只适用于一般地下结构。常用的材料有阳离子乳化沥青、沥青水泥浆液等沥青类乳液，高抗硫酸盐、抗硫酸盐水泥类浆液。在地下结构表面涂抹防蚀涂料

(图 3-39)，常用的有阳离子乳化沥青乳胶涂料、编织乙烯共聚涂料，近几年又出现了焦油聚氨酯涂料、RG 防水涂料等。

图 3-39　地下结构墙体表面涂抹防蚀涂料

3.5　地下工程结构震害

长期以来，与地面建(构)筑物相比，地下工程结构的震害并未引起人们足够的重视。究其原因，一方面是地下工程结构振动幅度相对较小，同时，受到周围地层的约束，较难发生地震破坏；另一方面是地下工程结构的大规模建设历史尚浅，且多建于大中型城市，而在这期间大都市没有发生大的地震。因此，大多数地下结构并未受到强震的考验，这也常使人们误以为地下空间结构的抗震能力都很好。

这一观念在 1995 年的阪神地震之后发生了改变。在阪神地震中，除了地下管道外，地下铁道、地下停车场、地下商业街等大量地下结构也发生了破坏，有的甚至是严重破坏。在 2008 年汶川地震中，四川灾区有多条公路隧道和地铁隧道出现了不同程度的破损，这进一步使人们认识到，地震对隧道与地下空间结构造成损害是客观存在的，潜在的地震灾害对地下结构的安全使用有可能构成严重威胁，设计和施工时应有必要的对策。

3.5.1　地下结构震害的类型

通过对地下结构震害表现形式及具体发生条件的研究，可将因地震造成的地下结构破坏分为两种类型：

(1) 由于围岩变位而在地下结构中产生强制变形所引起的破坏，如结构的剪切移位，如图 3-40 所示。

(2) 结构在地震惯性力作用下而产生的破坏。

第一种类型的破坏多数发生在岩性变化较大、断层破碎带、浅埋地段或地下结构刚度远大于地层刚度的围岩中；第二种类型的破坏多数发生在洞口附近，这时地震惯性力的作用表现得比较明显。

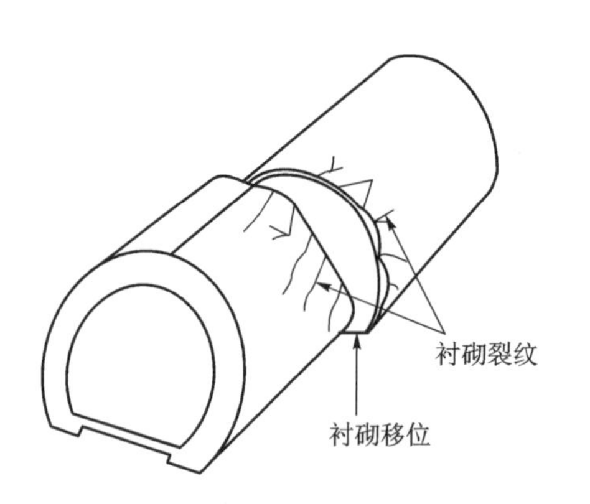

图 3-40　隧道衬砌剪切移位

有时，在地下结构的洞口附近和浅埋地段可能还会受到上述双重类型的破坏作用。神户大开地铁车站的破坏即属于双重破坏，由于竖向地震作用比较大，车站中部呈 A 字形向上顶起，随之的反作用力将车站顶板向下压，形成 V 形沉陷，结果中柱承受不了由此而产生的荷载，同时又由于地震时地层产生水平振动，地铁车站随之振动，而车站顶、底板处的地层水平位移不一致，在车站的顶、底板处产生相对位移，使中柱在剪切力和弯矩的作用下发生剪切破坏，两方面的综合作用使柱子丧失承载力，导致顶板塌陷，如图 3-41 所示。

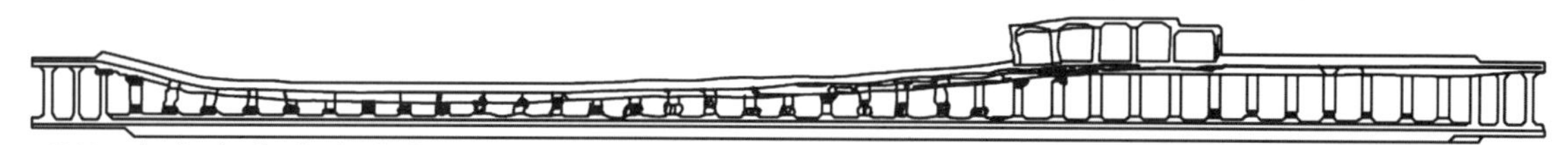

(a) 车站纵向破坏形式

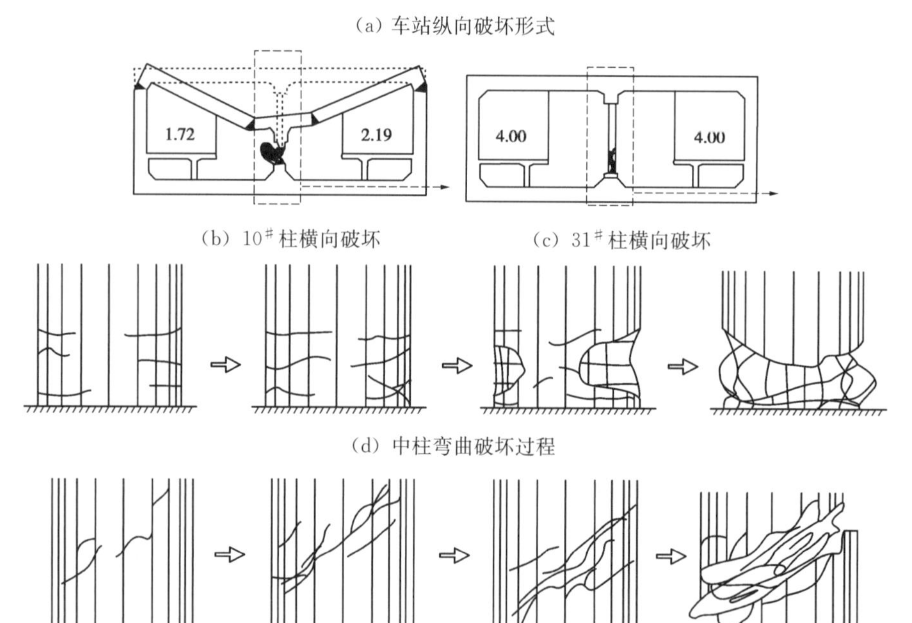

(b) 10# 柱横向破坏　　(c) 31# 柱横向破坏

(d) 中柱弯曲破坏过程

(e) 中柱剪切破坏过程

图 3-41　地铁车站地震破坏示意图

3.5.2 地下结构震害的表现形式

通过对地下结构的震害进行调查分析，归纳出地下结构震害的主要表现形式有地下管道的破坏、隧道的破坏、地下车站和厂房结构的破坏。

1. 地下管道的破坏形式

地下管道主要由管段和管道附件(弯头、三通和闸门等)组成，地震时一般有3种基本破坏类型：① 管道接口破坏；② 管段破坏；③ 管道附件以及管道与其他地下结构连接处破坏。

其中，以管道接口(或接头)破坏居多。与管段本身强度相比，接口是抗震薄弱环节。管道接口通常分刚性接口和柔性接口两种。刚性接口有焊接、丝扣连接等，采用橡胶圈的承插式接口和法兰连接接口属于柔性接口。震害表明，柔性接口的震害率明显低于刚性接口，其原因是柔性接口可以产生较大的变形，具有良好的延性。接口破坏形式有接头拉开(或拔脱)、松动、剪裂、坍塌等。管段的破坏形式有管段开裂(纵向裂缝、环向裂缝和剪切裂缝等)、折断、拉断、弯曲、爆裂，管体结构坍塌，管道侧壁内缩，管壁起皱等。管道破坏率及破坏形式因管道材料、接头形式等管道本身特点的不同而有差异，并与周围场地土壤条件有关。地下管道破坏如图3-42所示。

(a) DN500 铸铁管接口破裂

(b) DN100 铸铁管断裂

(c) DE100 PE 管断裂

(e) 玻璃钢温泉供水管道断裂

图3-42 城市地下供水管道地震破坏示意图

2. 隧道的破坏形式

地震造成的隧道破坏形式有以下几种：

(1) 隧道洞口边坡破坏造成的隧道坍塌，封堵洞门。

（2）洞口段浅埋地层横向剪切运动，导致隧道横向错位。

（3）衬砌的剪切移位，当隧道建在断层破碎带上时，常常会发生这种形式的破坏。在我国台湾“9·21”集集地震中，位于断层带上的一条输水隧道就发生了这种破坏。由于断层的移位，该输水隧道在进水口下游 180 m 处发生了剪切滑移，隧道在竖直方向分开 4 m，在水平方向分开 3 m，整个隧道发生严重破坏。

（4）边墙变形，这种变形可以造成边墙衬砌的大量开裂，甚至导致边沟的倒塌。

（5）衬砌开裂，在地震中，衬砌开裂是最常发生的现象，这种形式的衬砌破坏又可分为纵向裂损、横向裂损和斜向裂损，斜向裂损会进一步发展为环向裂损、底板裂损以及沿着孔口如电缆槽、避车洞发生的裂损，严重时会导致衬砌剥落。隧道震害如图 3-43 所示。

(a) 隧道洞口段边坡塌方

(b) 隧道洞口段沉降缝开裂

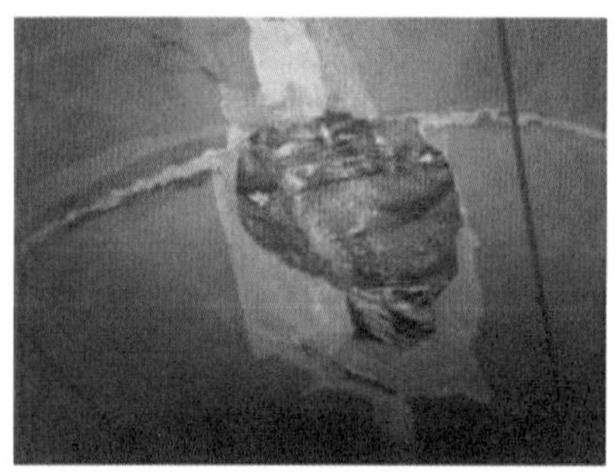

(c) 隧道拱顶衬砌冒落

(d) 隧道初期衬砌开裂

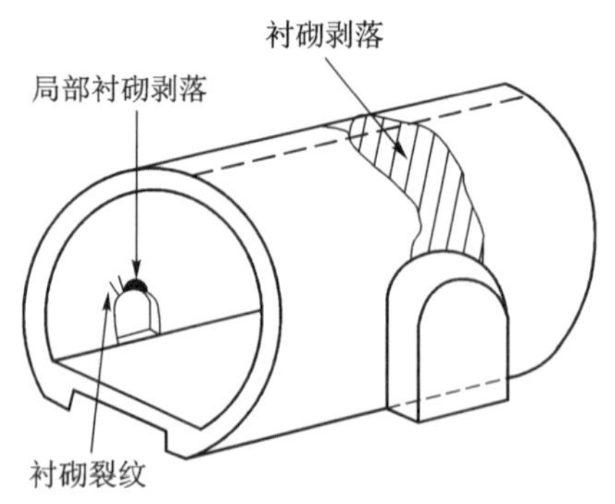

(e) 隧道避车洞附近衬砌开裂剥落

图 3-43　隧道常见震害类型

3. 地下车站和厂房结构的破坏形式

（1）中柱破坏。车站或地下厂房结构的破坏主要发生在中柱上。柱身出现大量裂缝，有斜向裂缝，也有竖向裂缝，裂缝的位置有位于上下端的，也有位于中间的；柱表层混凝土发生不同程度的脱落，钢筋暴露，有的发生严重屈曲，有单向屈曲，也有对称屈曲；大开站有一大半中柱因断裂而倒塌。有横墙处，中柱破坏较轻。如图 3-44(a)，(b)所示。

（2）墙体开裂。车站或地下厂房结构的纵墙和横墙均出现大量的斜向裂纹，特别是在角点部位；顶板、侧墙也受到不同程度的损害，且其破坏程度与中柱密切相关；当结构柱破坏较为严重时，顶板和侧墙就会出现很多裂缝，以至坍塌、断裂等。如图 3-44(c)，(d)所示。

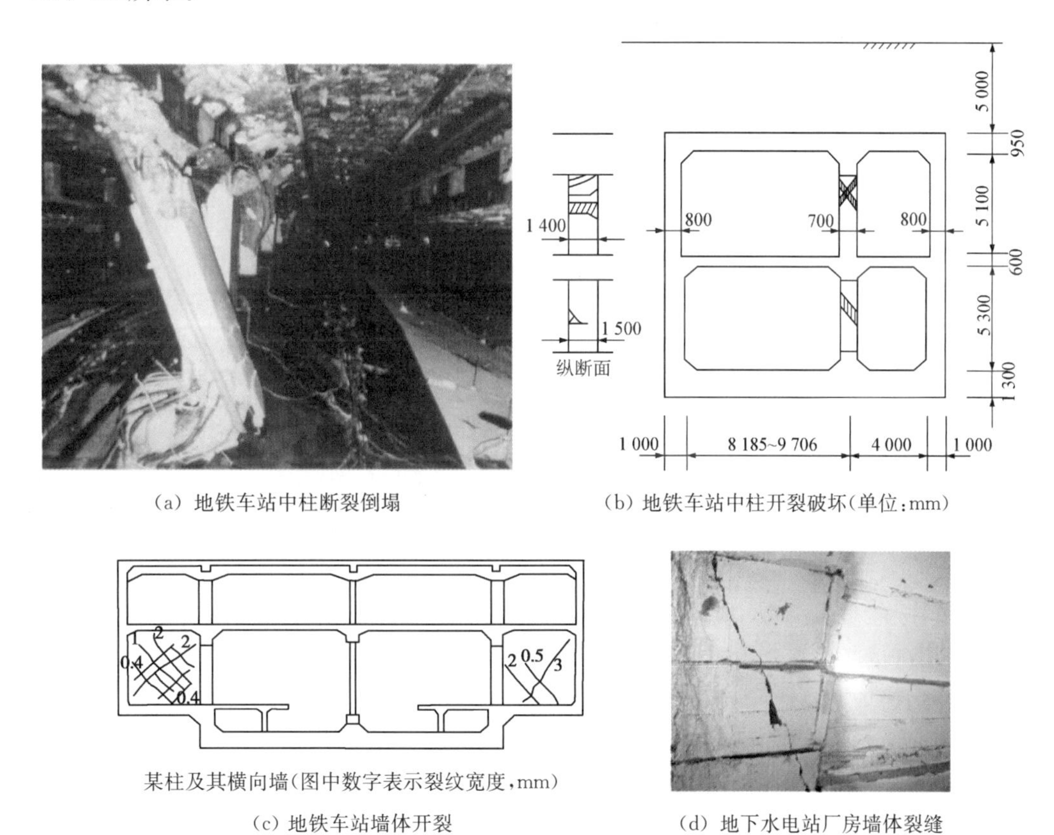

（a）地铁车站中柱断裂倒塌　（b）地铁车站中柱开裂破坏(单位：mm)

（c）地铁车站墙体开裂　（d）地下水电站厂房墙体裂缝

图 3-44　地下车站和厂房震害

3.5.3　地下结构震害设防与整治

1. 地下结构抗震设计措施

地下结构震害主要是由于岩土体的地震变形作用于地下结构，从而使结构产生应力和位移，最终导致地下结构破坏。要把地下结构设计成能抵抗地震时周围地层介质产生的运动和变形是不可能的。因此，必须使地下结构具有延性，能承受周围地层介质的变形，且不丧失承载能力，而不应是使地下结构抵御惯性力。根据地下结构震害特点和动态反应分析，应从以下几个方面采取措施以减轻震害。

（1）地质选线。考虑将地下结构置于均匀、稳定的地层中，远离断层、风化带及液化区。

（2）地下结构埋深设计。条件许可时尽量增加洞室埋深，以减轻震害。

（3）地下结构设计。一般应采用对称结构，避免截面尺寸变化过大；尽量使结构形状圆顺，避免尖角；应沿地下洞室纵向间隔一定距离设置抗震缝，以减轻变形的累加，减轻震害；结构中的节点应尽量采用弹性节点，结构转弯处交角不应过大，加强地下结构出口处的抗震设防；利用柔性接头和采用钢筋混凝土材料等措施，增加地下结构的延性和阻尼。

对于地铁车站或地下厂房结构，设计时在结构中柱和梁或顶板的节点处应尽量采用弹性节点，而不采用刚性节点，这样可以减小中柱承受的外力。

（4）在施工方法上，尽量不采用明挖法施工，若必须采用明挖法施工，须注意回填土要密实，回填土的性质与地基土类型相似。

2. 地下结构减震系统

（1）盾构隧道的减震

地下结构的减震研究最早始于盾构隧道减震。日本学者铃木猛康较早对盾构隧道的减震进行了研究，其基本思想是在隧道衬砌与地层之间设置减震层，隔断周围地层对隧道的约束力，并用减震层吸收隧道结构与地层之间的应变和相对位移。由于减震层吸收的是动应变，因此，减震层的材料必须具有一定的弹性，使其在地震中不被塑性化，以便在下次地震中仍可以继续发挥作用。考虑到施工后的地表下沉，减震层材料的泊松比要接近于 0.5，或采用在隧道径向具有一定刚性的各向异性材料。减震材料可采用压注方式注入衬砌与围岩之间的孔隙内，从而形成减震层。在隧道和竖井周围填充缓冲材料，可吸收破坏荷载引起的位移和变形，在第一和第二内衬之间注入加气砂浆作为缓冲材料，可以减小第二衬砌的震害。

（2）一般地下结构的减震

一般地下结构减震是在保证结构刚度的情况下，在地下结构与围岩之间设置减震装置，减震装置刚度可以调节，具有一定的阻尼。地震时，减震装置大量消耗地震能量，使地震传向地下结构的能量减小，从而使得地下结构的地震反应也大大减小。

3. 地下结构震害整治措施

（1）隧道洞口

对于表面有岩石滑下或有泥石流危害的隧道洞口，应治理山坡，延长隧道，重新衬砌，进行边坡加固防护。

（2）衬砌或墙体

隧道衬砌或墙体在地震后出现小的裂缝，且不影响结构承载能力时，可采用水泥浆嵌补，或先凿槽再用水泥砂浆或环氧树脂砂浆涂抹。

隧道衬砌或墙体在地震后出现大的裂缝、有掉块现象时，一般采用锚网喷或喷射早强钢纤维混凝土加固。如图 3-45 所示。

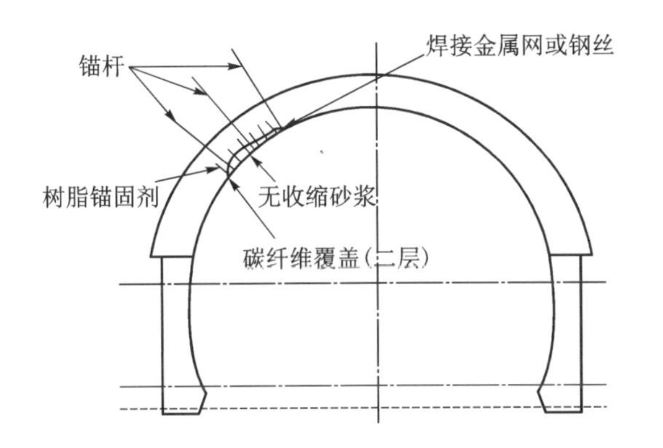

图 3-45　地震隧道衬砌破坏挂网喷锚修补

隧道衬砌震后开裂严重、丧失承载力时，可使用钢拱架支护。当隧道净空足够时，可在衬砌内边架设；净空不富余时，采用凿槽的方法嵌入衬砌内。

隧道衬砌或墙体背后有空洞或出现渗漏水时，需进行回填和注浆加固。如图 3-46 所示。

图 3-46　地震隧道开裂渗漏水注浆加固

(3) 地下结构中柱

① 对于轻微裂缝的中柱，注入环氧树脂进行加固。

② 若中柱外表混凝土层脱落，但内部核心混凝土完好，箍筋和纵向钢筋没有弯曲损坏，先除去外表破坏的混凝土，用钢板围护加固。

③ 中柱破坏较为严重，混凝土层剥落，钢筋弯曲外凸，对这种破坏，先除去破碎混凝土，向钢筋笼内填加 H 型钢，然后用钢板围护加固修复。

④ 对箍筋脱落，纵向钢筋断裂，丧失了承载能力的中柱，可采用钢管混凝土复合中柱替代原有中柱。

(4) 盾构隧道

对于盾构隧道，有严重损伤的混凝土扇形管片，在损坏部位的内侧可考虑安装特制钢环管片来加固修复，但这种做法会使隧道内径变小，为管理和维护留有隐患。

3.6 地下空间环境与有害气体

城市地下空间的开发利用涉及许多方面，其中，空间环境的设计就是一个重要环节。与地面环境相比，地下空间环境有着明显的不同之处，主要表现在地下空间位于地下、封闭、自然光线缺乏、空气流通较差等，对人的生理和心理都有一定的影响，加上认识上的局限性和物质上的限制，要达到城市地下空间所要求的环境标准是比较困难的。长期以来，人们形成了"地下空间环境不如地面空间环境"的社会心理，所以，地下空间环境的好坏，在很大程度上决定了地下空间利用的成败。

3.6.1 地下空间内部环境特点

地下空间内部环境主要包括建筑环境、生理环境与心理环境三大部分，这三部分相互作用、相互影响。以往在地下空间的室内环境设计中，大多注重建筑环境的设计，往往忽视了对生理及心理环境的设计与构筑。实践证明，建筑环境只能保证地下空间功能的实现，而生理环境是使用者对生活和工作环境提出的客观需要，包括适应地下空间的各种舒适条件和卫生指标。心理环境是由于地下环境和地面环境的反差，以至于当人进入地下空间时，在心理方面容易产生压抑、闭塞、阴暗等感觉，产生方向不明、情绪不安、烦躁和恐惧等不良反应。

1. 生理环境

(1) 空气环境

空气与阳光和水一样，对于人的生存、生活和从事各种活动是必不可少的。衡量和评价地下建筑物的空气环境有两类指标，即舒适度和清洁度。每一类中包含若干具体内容，如温度、湿度、二氧化碳浓度等。

空气环境的舒适度表现在适当的温度和相对湿度，界面的热、湿辐射强度，室内气流速度以及空气的电化学性能。空气的清洁度衡量标准是含氧气、一氧化碳、二氧化碳的浓度，含尘量和含细菌量，以及空气中氡及其气体的浓度等。

(2) 视觉环境

衡量视觉环境的指标有照度、均匀度和色彩的适宜度等。天然光线的摄取程度，从室内可看到室外环境和景观的程度，也在一定程度上影响到室内视觉环境的质量，地下空间在这两方面存在一些缺陷，可以利用人工控制的有利条件，创造一种稳定、符合人视觉特点的光照环境。

(3) 听觉环境

人在室内活动对听觉环境的要求有三个方面：一是声信号能顺利传递，在一定距离内保持良好的清晰度；二是背景噪声水平低，适合工作或休息；三是由室内声源引起的噪声强度能控制在允许噪声级以下。例如，由于通风机的连续转动所产生的连续低频噪声，虽不如地面车辆所引起的噪声大，却是持久的、内在的。地下空间的封闭性使声音难以扩散，若处理不妥，这种噪声会产生很大影响。

2. **心理环境**

地面建筑与室外自然环境联系紧密，人们可以通过日光变化、气候变迁以及对周围环境的观察和经验把握时空关系。地下空间被完全封闭或大部分封闭于地下，建筑物与外界空间的联系只能利用通道。由于与熟悉环境的隔离，所以人进入地下空间后，很自然地会产生心理上的闭塞感和压抑感，而这种闭塞感和压抑感并非来自生理，而是来自心理。为减轻这种心理反应，创造良好的视觉环境至关重要。

3.6.2 地下空间内部有害气体

地下空间结构在施工和运营过程中，地质条件、交通车辆、电气设备、人类活动等会产生多种有害气体，这些有害气体浓度积累过高时会影响地下空间内部人员的身体健康。地下空间内的有害气体主要包括以下几种。

1. CO_2

CO_2是一种无色略带酸味的气体，不助燃，不能供给呼吸，易溶于水。

空气中CO_2的浓度达到5%～10%时，对眼、喉、鼻的黏膜有刺激作用。CO_2能刺激人的呼吸，当氧气不足时，CO_2就形成窒息的气体，而产生缺氧症状。

2. NO_x

氮氧化合物(NO_x)主要为NO和NO_2等，它们进入人体的呼吸道，缓慢地溶于肺泡中，与水化合形成硝酸和亚硝酸，对肺组织产生强烈的刺激与腐蚀，使肺毛细血管通透性增加，导致肺水肿。

当NO_x中以NO_2为主时，对肺的损坏明显；当NO_x中以NO为主时，产生高铁血红蛋白症并对中枢神经损坏明显。

3. N_2

N_2是一种无色、无味、无臭的气体，略溶于水，不具有毒性，对人体无害。但空气中N_2含量增加，会使O_2含量相对减少，会致使人窒息死亡。在高温下能与氧气化合成有毒的氮氧化合物。

4. CO

CO是一种无色、无味、无臭的气体，燃烧时火焰呈黄色，相对密度为0.967。由于与空气重量相近，易均匀散布在空气中，微溶于水，CO是一种性质极毒的气体。一旦人体吸入CO过多，O_2在血液中的输送量就不足，使人出现缺氧症状，若血液中CO达到饱和时，就会引起死亡。

5. SO_2

SO_2是一种无色、具有强烈硫酸味的气体，并有强烈的刺激性，不助燃也不自燃，易溶于水。由于SO_2与呼吸道潮湿的表皮接触后形成硫酸，对呼吸道器官有腐蚀作用，使喉咙及支气管发炎，呼吸麻痹，甚至引起肺气肿。

6. 瓦斯（CH_4等）

瓦斯的主要成分是沼气，即甲烷（CH_4），其他还有CO_2和N_2，有时还有微量的H_2，C_2H_6，H_2S，CO等。

瓦斯无色、无味、本身无毒性，但有窒息性，当空气中瓦斯含量增大到43%～57%时，含氧量就会降低到9%～12%，从而使人窒息。瓦斯比重为0.554，易存在于地下结构顶部。瓦斯扩散速度比空气大1.6倍，故很容易透过缝隙。瓦斯不能自燃，但极易燃烧。

7. 多环芳烃（PAH）

多环芳烃类化合物中，证明对动物有致癌性的物质是苯并(α)芘和苯比(α)蒽，其中苯并(α)芘分布广泛，性质稳定，致癌性强，常作为多环芳烃的致癌指示物。

机车车辆排放的苯并(α)芘主要吸附在飘尘、烟灰等微粒上，然后通过呼吸道进入肺组织。

3.6.3 地下空间空气卫生标准

地下空间内的有害气体是否危害到人们的身心健康，不同类型的地下结构有不同的空气卫生标准，下面主要介绍铁路隧道、公路隧道和地铁隧道的空气卫生标准。

1. 铁路隧道内的空气卫生标准

对于铁路隧道，污染物主要源于三方面：①机车（内燃机、蒸汽机、电力机车）和车辆；②瓦斯（瓦斯隧道）；③抛弃的废弃物、排泄物、牲畜与禽车通过时散发的臭气等。

根据国家行业标准《铁路隧道运营通风设计规范》（TB 10068—2010）和《铁路运营隧道空气中机车废气容许浓度和测试方法》（TB/T 1912—2005），铁路隧道内空气卫生标准如下：

（1）内燃机车牵引运营隧道内空气污染，以CO和氮氧化物为代表性指标，列车通过隧道后15 min以内，空气中CO和氮氧化物（换算成NO_2）的容许浓度分别为100 mg/m^3和20 mg/m^3，日平均CO和氮氧化物的容许浓度分别为30 mg/m^3和10 mg/m^3。

（2）电力机车牵引运营隧道内空气污染，以臭氧为代表性指标，臭氧浓度应小于0.3 mg/m^3。

（3）隧道内空气含有10%以下游离SiO_2的粉尘浓度应小于8 mg/m^3，含有10%以上游离SiO_2的粉尘浓度应小于2 mg/m^3。温度应低于28℃，湿度应小于80%。

（4）瓦斯隧道运营期间，必须进行瓦斯检测，隧道内瓦斯浓度在任何时间、任何地点不得大于0.5%。

2. 公路隧道内的空气卫生标准

公路隧道内的有害污染物主要是CO、NO_2、烟尘和空气中的异味。通风的目的是：对CO和NO_2进行稀释，保证卫生条件；对烟尘进行稀释，保证行车安全；对异味进行稀释,保证隧道内行车的舒适性。根据国家行业标准《公路隧道通风设计细则》(JTG/T D70/2-02—2014),污染空气的稀释标准如下。

(1) CO 和 NO_2 设计浓度

正常交通时,隧道内 CO 设计浓度按表 3-4 取值。

交通阻滞时,阻滞段的平均 CO 设计浓度可取 150 cm^3/m^3,经历时间不超过 20 min。

隧道内 20 min 内的平均 NO_2 设计浓度可取 1.0 cm^3/m^3。

对于人车混合通行的隧道,隧道内 CO 设计浓度不应大于 70 cm^3/m^3,隧道内 60 min 内 NO_2 设计浓度不应大于 0.2 cm^3/m^3。

隧道养护维修时,隧道作业段空气的 CO 允许浓度不应大于 30 cm^3/m^3, NO_2 允许浓度不应大于 0.12 cm^3/m^3。

表 3-4　CO 设计浓度 δ

隧道长度/m	≤1 000	>3 000
$\delta/(cm^3 \cdot m^{-3})$	150	100

注:隧道长度为 1 000 m<L≤3 000 m 时,可按线性内插法取值。

(2) 烟尘设计浓度

采用显色指数 33≤Ra≤60、相关色温 2 000～3 000 K 的钠光源时,隧道内烟尘设计浓度应按表 3-5 取值。

采用显色指数 Ra≥65、相关色温 3 300～6 000 K 的荧光灯、LED 灯等光源时,隧道内烟尘设计浓度应按表 3-6 取值。

双洞单向交通临时改为单洞双向交通时,隧道内烟尘允许浓度不应大于 0.012 m^{-1}。

隧道内进行养护维修时,隧道作业段空气的烟尘允许浓度不应大于 0.003 m^{-1}。

表 3-5　烟尘设计浓度 K(钠光源)

设计速度 $v/(km \cdot h^{-1})$	≥90	60≤v<90	50≤v<60	30<v<50	≤30
烟尘设计浓度 $K/(m^{-1})$	0.006 5	0.007 0	0.007 5	0.009 0	0.012 0*

注:* 表示此工况下应采取交通管制或关闭隧道等措施。

表 3-6　烟尘设计浓度 K(荧光灯、LED 灯等光源)

设计速度 $v/(km \cdot h^{-1})$	≥90	60≤v<90	50≤v<60	30<v<50	≤30
烟尘设计浓度 $K/(m^{-1})$	0.005 0	0.006 5	0.007 0	0.007 5	0.012 0*

注:* 表示此工况下应采取交通管制或关闭隧道等措施。

3. 地铁内空气环境的卫生标准

地铁是一个大型狭长的地下空间,除各站出入口和通风口与大气沟通以外,地铁基本上是与大气隔绝的。地铁投入运营后,随着客流量和行车密度的增加,加上设备的运转及连续照明,使地下空间产生大量的热量及有害气体,如不采取相应的措施,将导致地下空间环境不断恶化。因此,城市地铁必须设计一个合理的地下环控系统,以保证地铁正常运营,为乘客提供适宜的乘车环境。

地铁系统空气中的有害物质主要包括:①余热量;②相对湿度;③CO_2 气体;④含尘量。

按照国家行业标准《地铁设计规范》(GB 50157—2013),地铁内部空气环境优先采用通风系统,必要时采用空调系统进行控制。地下车站和区间隧道采用通风与空调系统的具体要求如下。

(1) 车站通风与空调系统

车站采用通风系统时,站内夏季的空气计算温度不宜高于室外空气计算温度 5℃,且不应超过 30℃。通风系统开式运行时,每个乘客每小时供应的新鲜空气量不小于 30 m^3,闭式运行时新鲜空气量不小于 12.6 m^3。系统新风量不少于总送风量的 10%。

车站采用空调系统时,站厅的空气计算温度比室外空气计算温度低 2~3℃,且不超过 30℃;站台的空气计算温度比站厅低 1~2℃。相对湿度在 40%~70%之间。

冬季车站内的空气计算温度应等于当地地层的自然温度,但不应低于 12℃。

车站内空气中的 CO_2 日平均浓度应小于 0.15%,可吸入颗粒物平均浓度应小于0.25 mg/m^3。

(2) 区间隧道通风系统

区间隧道夏季的最高温度应符合:列车车厢不设空调时,不得高于 33℃;设置空调但车站不设屏蔽门时,不得高于 35℃;设置空调且车站设屏蔽门时,不得高于 40℃。

区间隧道冬季的平均温度不应高于当地地层的自然温度,但最低不应低于 5℃。

区间隧道内每个乘客每小时供应的新鲜空气量不小于 12.6 m^3;CO_2 日平均浓度应小于 0.15%。

3.6.4 地下工程结构通风

地下工程结构通风就是采用自然或机械方式在结构空间内形成风流,解决地下结构在运营环境中有害气体造成的空气污染问题。选择合理的通风方式和参数,与地下工程结构类型、结构内有害物质及其浓度、分布范围、空气污染的影响因素、有害物的允许浓度标准、有害气体对人体健康的影响等多种因素有关。下面主要介绍铁路隧道、公路隧道和地下铁道的运营通风。

1. 铁路隧道通风

为了排除运营期间隧道内的有害气体,达到符合卫生标准的空气环境,保证人身安全、设备正常使用和列车运行安全,必须及时对隧道进行通风。

铁路隧道通风包括自然通风和机械通风。自然通风是利用列车通过隧道时产生的活塞风和自然风或温度差、气压差等引起的空气流动,将隧道内有害气体和热量排出隧道外的通风方式。自然通风受气候条件、列车运行速度、列车活塞作用和隧道风流阻力等多种因素的影响，当自然通风不能满足要求时，应采用机械通风，以保证在规定时间内将有害气体排出隧道。

铁路隧道采用机械通风，应根据牵引种类、隧道长度、隧道平面与纵断面、道床类型、行车速度和密度、气象条件及两端洞口地形条件等因素综合考虑确定，并应符合下列规定：

① 电力机车牵引，长度大于 20 km 的高速铁路、客运专线铁路隧道及长度大于15 km的货运专线、客货共线铁路隧道应设置机械通风。

② 内燃机车牵引，长度大于 2 km 的铁路隧道宜设置机械通风。

对于不符合上述条件，但自然通风不良，难以在规定时间内达到允许卫生标准时，也宜设置机械通风。

隧道机械通风方式应根据技术、经济条件，考虑安全、效果等因素，综合比较确定。一般情况下应采用纵向式通风，隧道较长时，可采用分段通风。具体通风方式如下：

① 采用轴流风机，可选用洞口风道式、斜井式、竖井式等，如图 3-47 所示。

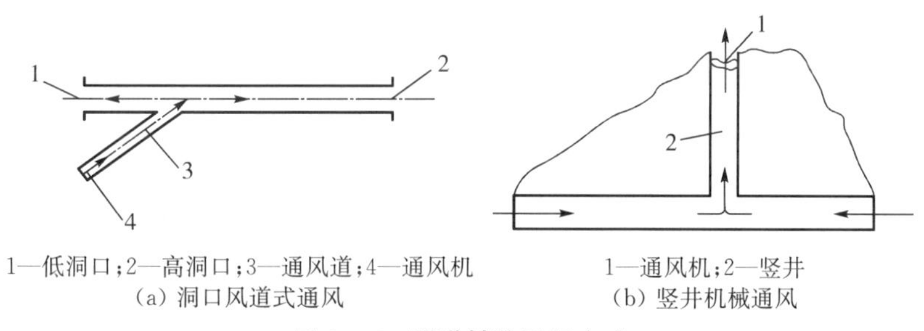

1—低洞口；2—高洞口；3—通风道；4—通风机
(a) 洞口风道式通风

1—通风机；2—竖井
(b) 竖井机械通风

图 3-47　隧道轴流风机方式

② 采用射流风机，可选用纵向布置风机接力式通风，或在洞口同一断面布置风机集中式通风，如图 3-48 所示。

图 3-48　隧道射流风机通风示意图

③ 采用射流风机和轴流风机相结合的通风方式。

铁路隧道运营通风应充分利用斜井、竖井、横洞等辅助坑道，其设置的位置与断面尺寸，应结合运营通风的要求，统一考虑确定。

2. 公路隧道通风

公路隧道通风设计时，应对交通量、气象条件及环境进行调查，包括：车辆类型、数量及其历时变化；隧道进出口气压、风向、风速、温度、湿度、冻害及相关气象资料；地形、地物、地质及洞口建筑物分布等。再从安全、技术、经济等方面进行通风方式的比较，选择合适的通风方式。

对于单向交通隧道，当符合 $L \cdot N \geqslant 2 \times 10^6$[$L$ 为隧道长度(m)；N 为设计交通量(辆/h)]条件时，宜设置机械通风。

对于双向交通隧道，当符合 $L \cdot N \geqslant 6 \times 10^5$[$L$ 为隧道长度(m)；N 为设计交通量(辆/h)]条件时，宜设置机械通风。

公路隧道的机械通风方式主要有以下四种：

① 纵向式，即通风风流沿隧道纵向流动。通风方式有射流风机式、集中送入式、竖(斜)井送排风式、竖(斜)井排出式和静电吸附式。

② 半横向式，即由隧道通风道送风或排风，由洞口沿隧道纵向排风或抽风。通风方式有送风半横向和排风半横向，如图 3-49 所示。

③ 全横向式，即通风风流在隧道内作横向流动，如图 3-50 所示。

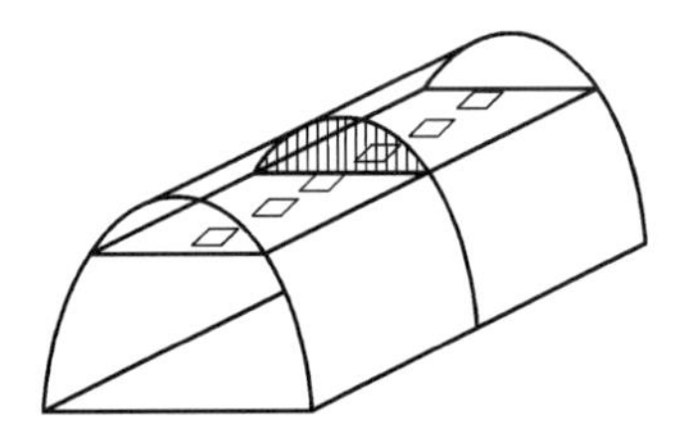

图 3-49 半横向通风示意图

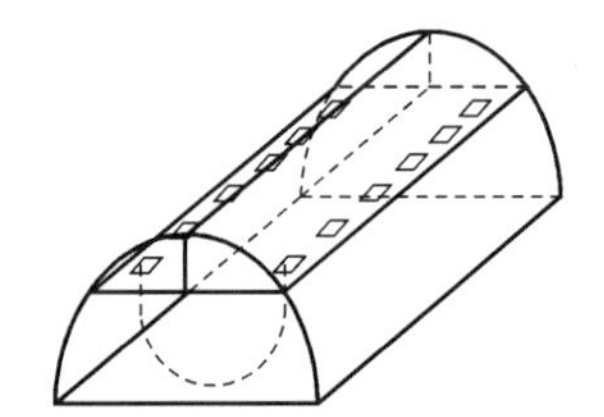

图 3-50 全横向通风示意图

④ 组合通风方式，包括纵向组合式、纵向＋半横向组合式、纵向＋集中排烟组合式。

3. 地下铁道通风与空调

在各类地下工程中，地下铁道对于通风及环境要求控制标准更高，设备系统较为复杂。地下铁道是一种狭长条形的地下工程，除各车站出入口和通风道口与大气沟通外，可以认为地下铁道与大气隔绝。由于列车运行、乘客交换等会散发大量热量，空气温度高，且有有害气体产生，若不及时排除，乘客将无法忍受。因此，地铁内部空气环境必须采用通风或空调系统进行控制，才能给乘客创造一个舒适的环境。

地铁通风空调系统包括通风系统和空调系统，一般优先采用通风系统(含活塞通风、自然通风和机械通风)。但是，在夏季当地最热月的平均温度超过 25℃，且地铁高峰时间内每小时的行车对数和每列车车辆数的乘积大于 180 时，可采用空调系统；此外，在夏季当地最热月的平均温度超过 25℃，全年平均温度超过 15℃，且地铁高峰时间内每小时的行车对数和每列车车辆数的乘积大于 120 时，也可采用空调系统。

地铁车站一般应设置通风系统，必要时可采用空调系统。区间隧道正常通风采用活塞通风，当活塞通风不能满足排除余热要求或布置活塞通风道有困难时，应设置机械通风系统。地铁车站和区间隧道通风系统的进风应直接采自大气，排风应直接排出地面。

地铁通风空调系统根据运行模式划分，一般分为开式系统、闭式系统和屏蔽门式系统。根据使用场所不同、标准不同，地铁通风空调系统又可分为车站通风空调系统、区间隧道通风空调系统和车站设备管理用房通风空调系统。

(1) 开式系统

开式系统是应用机械通风或列车运行“活塞效应”的方法使地铁内部与外界空气交换,利用外界空气冷却隧道和车站。这种系统多用于当地最热月的平均温度低于25℃且运量较小的地铁系统。

① 列车活塞通风

当列车的正面与隧道断面面积之比(称为阻塞比)大于0.4时,由于列车在隧道中高速行驶,如同活塞作用,促使列车正面的空气受压形成正压,列车后面的空气稀薄形成负压,由此产生空气流动。利用这种原理通风,称之为活塞效应通风。

活塞风量的大小与列车在隧道内的阻塞比、列车行驶速度、空气阻力系数、空气流经隧道的阻力等因素有关。利用活塞风来冷却隧道,需要与外界空气有效交换,因此对于全部利用活塞风来冷却隧道的系统来说,应计算活塞风井的间距和风井断面的尺寸,使有效换气量达到设计要求。试验表明:当风井间距小于300 m、风道长度在25 m以内、风道面积大于10 m^2时,有效换气量较大。在隧道顶部设风口效果更好。但是设置许多活塞风井对大多数城市来说难以实现,因此,全活塞通风系统应用有限,目前建设的地铁大多采用活塞通风与机械通风的联合系统。

② 机械通风

当活塞式通风不能满足地铁排除余热与余湿的要求时,要设置机械通风系统。

根据地铁系统的实际情况,可在地下车站与区间隧道分别设置独立的通风系统。地下车站通风一般为纵向或横向的送排风,区间隧道一般为纵向的排送风,这些系统应同时具备排烟功能。区间隧道较长时,宜在区间隧道中部设中间风井。对于当地气温不高、运量不大的地铁系统,可设置地下车站与区间隧道连在一起的纵向通风系统,通过计算一般在区间隧道中部设中间风井。

(2) 闭式系统

闭式系统是地铁隧道内部基本上与外界大气隔绝,仅供给满足乘客所需的新鲜空气量。车站采用空调系统,而区间隧道的冷却则利用列车运行的“活塞效应”携带一部分车站空调冷风来实现。

这种系统多用于当地最热月的月平均温度高于25℃、运量大、高峰时间内每小时的行车对数与每列车车辆数的乘积大于180的地铁系统。

闭式系统的优点是车站和区间隧道的温度和气流速度能在不同的条件下满足设计要求;其缺点是车站的冷却量大,环控机房所需的面积和设备投入较大。

(3) 屏蔽门系统

屏蔽门系统是在车站站台安装可滑动的屏蔽门,将站台和行车隧道分隔开。地下车站安装空调系统,区间隧道采用通风系统(机械通风或活塞通风),如果通风系统不能将区间隧道的温度控制在允许范围内,应采用空调或其他方法进行降温。

站台安装屏蔽门后，车站成为单一的建筑物，它不受区间隧道运行时活塞风的影响。车站空调冷负荷只需计算车站本身设备、乘客、广告、照明等发热体的散热，以及区间隧道与车站之间通过屏蔽门的传热和屏蔽门开启时的热交换。安装屏蔽门系统的车站空调冷负荷大大减少，仅为闭式系统的 22%～28%，而且由于车站和区间隧道被隔开，减少了列车运行噪声的干扰，车站运行环境更安静、舒服，乘客也更为安全。

当前，由于屏蔽门系统投资大，环控设计时，是采用屏蔽门系统还是闭式系统，应全面综合技术、经济进行比较分析。

地铁通风空调系统的设计，可按上述系统之一选择设置，但是由于气候是周期性变化的，可根据不同季节选择采用开式、闭式或屏蔽门系统等不同模式运行。车站和区间隧道通风空调系统如图 3-51 和图 3-52 所示。

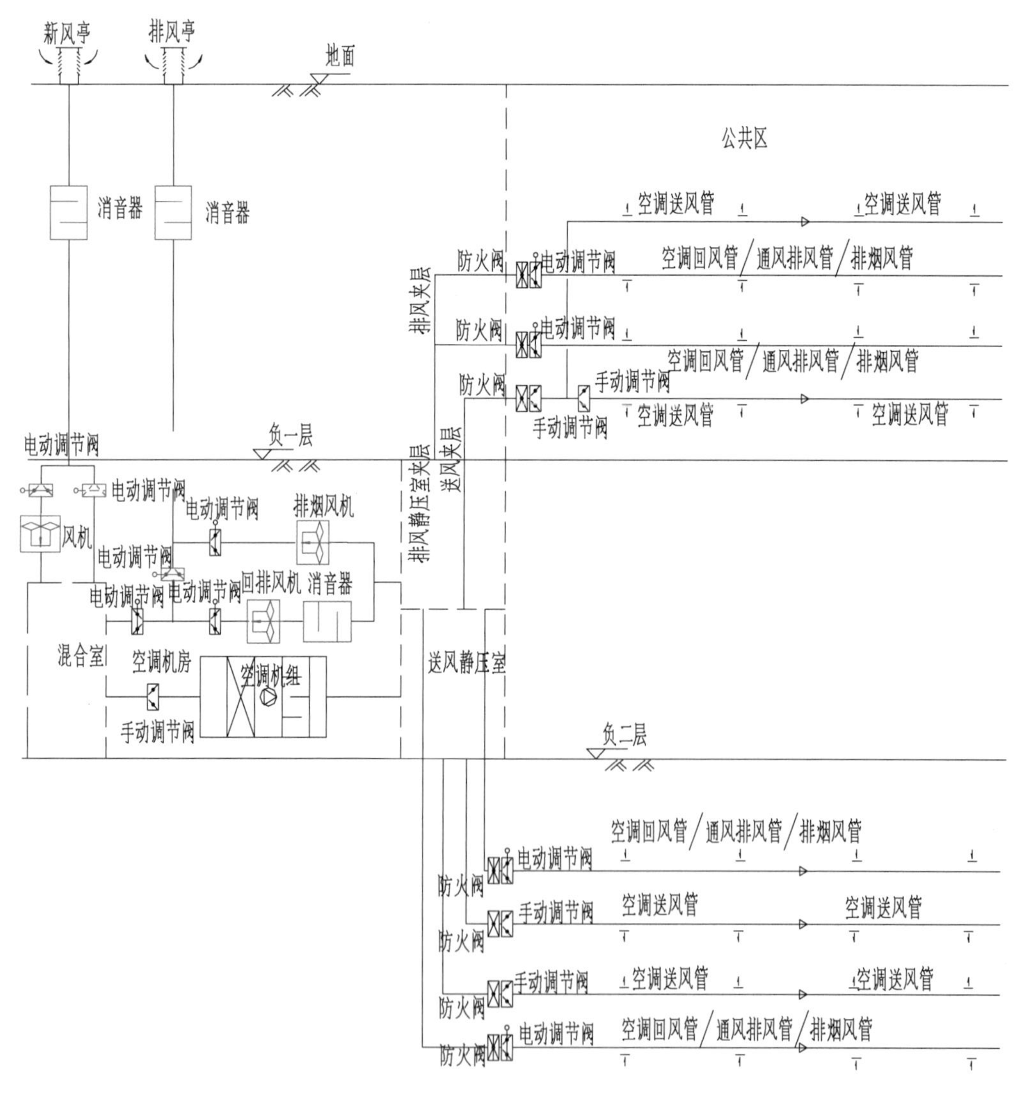

图 3-51　车站通风空调系统图

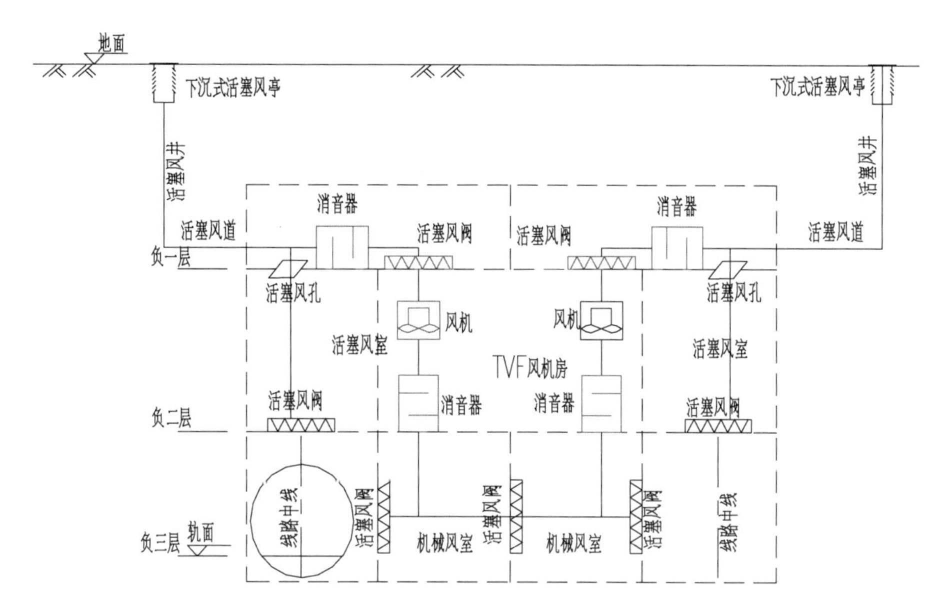

图 3-52　区间隧道通风系统图

4 地下工程结构检测方法与原理

地下空间要满足设计的功能和用途，既要保证内部净空与限界的安全，也要保证其工程结构体甚至周围地层、细部构造、附属结构等满足稳定、设计强度等指标要求，为此，需要采用专用的检测方法对地下空间净空与限界、结构体（甚至周围地层）、细部构造等进行定期检测或专项检测。此外，大多数地下空间也是人的活动空间，为保障地下空间内空气质量和光照度合格，还需要进行有害气体与光照度测定。本章主要讨论城市地下空间净空与限界、结构体、空气质量和光照度通常采用的检测方法及其原理。

4.1 地下工程结构限界检测与管理

城市地下空间要满足设计的用途与功能，就要保障其内部净空与限界的安全。可以将城市地下空间分为城市地下交通空间与城市地下非交通空间，前者包括地铁、城市铁路隧道、城市地下公路，后者则是除前者以外的其他城市地下空间。

对城市地下交通空间来讲，由于地质作用和车辆长期运行作用产生的地层变形和隧道病害，导致隧道结构变形，通过定期进行限界检测，以掌握其（主要是隧道）净空的准确数据，这对保障结构安全和制订维护、养护计划等都具有重要意义。

对城市地下非交通空间来讲，当地下空间结构有显著变形，其内部净空已影响使用时，需要采用测量仪器进行精确的净空测量，否则，不需要进行定期的净空检测。

本节讨论以地铁为主要类型的城市交通空间的限界检测与管理。

4.1.1 限界检测方法

隧道限界保障了隧道结构内部需要的足够空间，以供车辆通行和布置线路结构、通信信号、供电、给排水等设备。此外，为了确保列车安全运行，凡接近城市轨道交通线路的各种建筑物（如隧道衬砌、站台等）及设备，必须与线路保持一定的距离。

地铁限界检测技术已发展多年，经过大量的研究和试验，开发出一系列根据不同要求而设计的地铁限界检测设备。根据检测原理可分为接触式测量和非接触式测量、便携式测量和车载测量。针对地铁长距离隧道的断面检测，普遍采用车载测量，而便携式测量仅仅用于个别断面的补充测量。

非接触式测量具有多种方式，按照获取原始数据的类型可分为激光测距测量和摄像测量两种。前者是通过固定在车辆上的激光测距传感器获取隧道内二维净空的相关信息，后者则是通过电荷耦合器件（Charge-Coupled Device，CCD）图像传感器获得隧道断面的信息，使用CCD图像传感器获取隧道内断面信息，需要对获取的图像进行处理，数据处理量很大。

车载的非接触式测量可以实时、连续、快速地对限界状况进行检测，并将检测数据存入数据库中，能够实时掌握限界的变化，及时消除影响运输安全的隐患，是限界检测的主要方法与发展方向。

4.1.1.1 限界激光测距测量

1. **激光测距原理**

基于光传播时间原理的激光扫描测量技术有着数据处理简单、测量精度高、范围大等优点，且激光脉冲抗外界光线干扰能力强、对外界无影响、对人眼无伤害，是一种性价比高、实用性强的测量方法。

激光测距是以激光器作为光源进行测距，根据其工作方式在技术途径上可分为连续波相位式激光测距和脉冲式激光测距。隧道限界检测主要采用脉冲式激光测距。

脉冲式激光测距是利用激光脉冲连续时间极短、能量在时间上相对集中、瞬时功率很大的特点进行测距。由脉冲激光器发出一束持续时间极短的脉冲激光称之为主波，经过待测距离后射向被测目标，被反射回来的脉冲激光称之为回波，回波返回测距仪，由光电探测器接收，根据主波信号和回波信号的时间间隔，即激光脉冲从激光器到被测目标往返时间，就可算出待测目标的距离。

2. **隧道限界检测技术**

隧道限界检测的主要内容为隧道断面尺寸、列车运行速度、环境温度以及列车振动补偿等，检测隧道内断面是否有异物侵入限界中。隧道限界检测时，需要记录各个检测横断面的位置，检测系统也应检测列车的运行速度，并通过系统中相应的模块计算得出列车的里程信息。隧道限界检测车对沿线隧道的检测是一个自动化检测的过程，需要将线路的原始数据(线路长度、各隧道所在里程等)预先做成配置文件存入检测主机中，检测系统根据里程模块检测到的里程信息判断列车位置，并不断地进行校正。

如图 4-1 所示，隧道限界激光测距检测系统一般以理想的轨平面作为检测系统的测量坐标系。考虑检测车车体振动的影响，激光测距仪安装在车体中心线上。通过激光测距仪旋转，完成对整个隧道净空信息的收集。在某一检测时刻只考虑隧道横断面内的二维坐标(断面位置可以暂时不考虑)，测得隧道内横断面的净空尺寸，通过与里程信息相匹配，就可以得到最终的隧道限界检测的结果。测量结果的数字信号传输给信号处理机进行处理与分析。

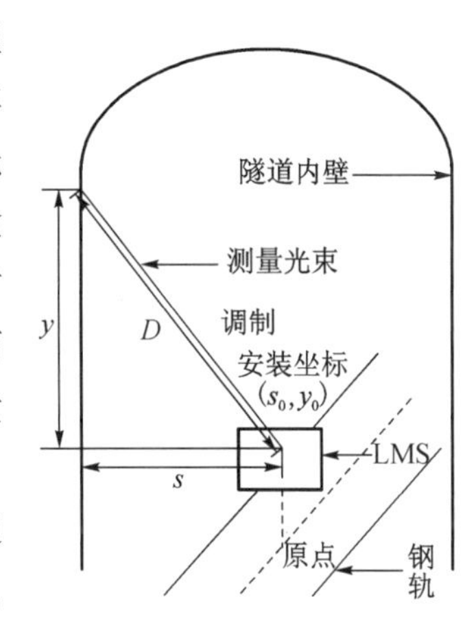

图 4-1 隧道限界检测系统激光扫描示意图

此外，曲线段的限界需要根据具体情况进行修改。通常，不同的曲线半径和外轨超高值具有不同的修改方案。因此，限界测量系统还需要借助惯性系统估算曲线半径对限界标准的修正。

4.1.1.2 限界摄像测量

限界摄像测量是基于摄影测量学、光学测量、计算机视觉和数字图像处理等学科，利用摄像机、照相机等对动态、静态物体拍摄得到单帧或序列数字图像，通过数字图像处理和目标三维信息求解算法，对隧道内轮廓进行测量并与设计断面比对，判断其是否合格的方法。

孟国强等开发了采用激光摄影测量方法快速实现地铁限界非接触式检测系统，该系统采用激光摄像式传感器实时采集隧道断面图像，通过对激光摄像式传感器非线性模型进行标定，从而建立空间物体与摄像机图像像素之间的映射关系，实现隧道断面上待测目标点的距离测量。针对系统中激光光条图像的处理，采用图像预处理算法提高图像处理效率，Sobel 算子提取激光光条边缘，利用 Sobel 算子提供的光条梯度信息经脊线跟踪法实现光条中心亚像素提取，提高检测系统精度。基于激光摄影测量方法的地铁限界检测系统在不同工况条件下水平及垂直方向测量精度分别控制在±10 mm 和±20 mm 以内，能够满足现场高精度检测要求。

目前，国外隧道限界检测车采用了激光技术、计算机图像处理技术、智能机器人技术等，检测车以 120 km/h 的速度运行时，检测误差不会超过 20 mm。这种数字记录方式的视频测量方法原理是：摄像机将隧道断面轮廓与两钢轨同时摄取，虽然摄像机的镜头位置随车辆运动而变化，但是画面中物体与物体之间的相对位置不会改变。应用这一原理可以动态测量隧道洞壁的每一点距线路中心的距离。图 4-2 所示为国外隧道限界检测车。

图 4-2　国外隧道限界检测车

4.1.1.3　运营隧道局部断面测量

对于运营地铁隧道出现结构性病害的地段，为合理诊断隧道病害原因，需对病害段隧道结构进行现状测量。对隧道进行断面测量的手段主要有断面检测仪、全站仪等。

利用全站仪进行隧道断面测量的基本思路是：首先，现场确定需要进行断面测量的位置；其次，利用线路设计图、断面限界设计图以及实测的仪器中心坐标，计算设计的断面圆心坐标和圆周各点的坐标；再次，将断面各点的计算坐标导入监测系统数据库，并在监测系统与全站仪之间建立通信，通过监测系统驱动全站仪对断面上各点进行测量；

最后，计算断面各点的实测坐标与设计坐标的偏差量和偏差距离。

以广州地铁越秀公园—纪念堂区间运营阶段的隧道断面测量为例，用无棱镜全站仪(徕卡 TCRA1201)与徕卡 GeoMos 软件进行隧道断面测量，其实测误差≤3.61 mm，满足《城市交通工程测量规范》(GB 50308—2008)要求的断面点测量中误差在±10 mm以内的要求。由于测量时断面上各测点间距可任意选择，因此能够准确反映出隧道变形超限的位置。

4.1.2 断面与限界管理

1. 站台间隙

目前，城市地铁存在乘客在上、下车时踏空受伤现象，其主要原因是地铁车体与站台边缘间隙过大。根据调查，上海地铁超过 50%的站台边缘与车辆轮廓线的距离大于设计的间隙要求，个别曲线车站地段甚至达到了 220 mm。

按照《地铁设计规范》(GB 50157—2013)规定：地铁车站站台边缘至线路中心线的距离按车辆限界加 10 mm 的安全间隙确定，站台边缘与车辆轮廓线之间的间隙不应大于 100 mm。因此，目前国内地铁车站站台与车体轮廓间隙基本都是按照 100 mm 的间隙确定的，而屏蔽门则是按照车辆限界加 25 mm 间隙确定的。但在使用过程中却存在站台缝隙过大的问题，乘客脚踏入缝隙中、乘客被夹入屏蔽门与车体缝隙中而导致人员受伤的情况时有出现。因此，对目前站台及屏蔽门限界制定的研究十分必要。

经计算，站台处车辆动态包络线横向较静态轮廓线增大 70 mm 左右(考虑抗侧滚扭杆)，因此，100 mm 的间隙足以保证车辆在关门状态下全速通过站台。从乘客的角度来看，100 mm 的间隙虽成人下车可保安全，但对老年人和儿童来说仍有踏空之虞。在曲线地段由于存在曲线加宽，该问题尤为突出。在国外，填充列车与站台间隙的做法已有先例。作为地铁运营方，在遵守《地铁限界标准》(CJJ 96—2003)的要求，保证车辆轮廓线距站台边缘 100 mm 间隙不变的前提下，一方面可参照上海、深圳地铁公司的做法，按照“纵刚竖柔”的原则填充站台与车辆之间的间隙，另一方面尽量避免车辆全速通过站台，以防意外。

《上海城市轨道交通试运营标准》明确规定，直线车站站台屏蔽门与车体处的间隙不应大于 13 cm，曲线车站站台屏蔽门与车体的间隙应符合限界加宽要求，屏蔽门与车厢之间应安装防夹安全检测设施，以防止发生乘客踏空事故。

2. 调线调坡中的限界问题

地铁结构主体如车站主体、区间盾构或明挖段施工完成后，因测量误差、施工误差以及在施工过程中由于围岩的变形、结构变形等原因，导致局部结构侵入建筑限界，危及列车运行安全。

调线调坡设计是在测量车站和区间竣工断面的基础上，根据结构侵入限界的情况，在不降低线路主要技术标准的前提下，对局部地段的线路平、纵断面进行适当调整，作为修改轨道设计的依据和铺轨施工的基准，满足行车的限界要求，保证运营安全。

调线调坡设计首先要对实测限界与设计限界进行比较，分别得出水平及垂直侵限表，然后根据侵限值的大小分别进行调线及调坡设计工作。

一条线路由于在施工过程中可能因故进行过多次线路变更设计，线路版本较多，设计人员必须确保调线调坡前的线路平、纵断面资料与已施工完成所依施工图版本保持一致。保证测量数据的准确性至关重要，因其影响到侵限校核，若测量数据不准确，将直接导致对是否进行调线调坡设计的错误判断，或者进行调线调坡设计后误差的累加。区间联络通道及泵房处的横向排水管道标高需进行测量，并进行校核。因管道存在被道床部分覆盖的可能，管道标高数据是调坡设计的重要依据。盾构在车站端部进出洞位置出现侵限可能性较大，应对该位置增加测量断面。

线路若在调线调坡设计后，平面或净空、轨道厚度仍无法完全满足限界要求，说明该段结构施工情况不好，需要与结构、轨道、接触网、限界等相关专业共同协商采取特殊措施。

3. 特殊区段的限界问题

西安地铁 2 号线地裂缝段的建筑限界设计：西安地铁 2 号线采用 B2 型车，根据《地铁设计规范》(GB 50157—2013)中 B2 型车的技术参数，以及 2 号线的线路标准、轨道形式等进行建筑限界设计。根据地裂缝活动强度和线路特点，通过地裂缝段采用矿山法施工的区间隧道加强衬砌段的建筑限界设计可分为两种情况：地裂缝区段的建筑限界主要按线路的调坡情况、轨道形式、竖曲线半径和地裂缝 100 年的沉降量(按 500 mm 计)综合考虑，计算确定建筑限界的加高值和加宽值；线路不变坡，地裂缝区段的处理长度考虑安全余量确定，100 年的沉降量按 500 mm 计。

如果地裂缝区段处在盾构法施工区间且盾构机需要通过地裂缝区段，则在建筑限界基础上还需考虑盾构机通过的情况进行适当加宽和加高。

地铁运营后，地裂缝出现沉降，建筑限界中的轨道和相关轨旁设备(给排水管和消防水管等)的空间位置应依据实测沉降量进行调整。一般以年计，每年调整一次。强弱电电缆的空间布置位置可以不作调整。

4.2 地下工程结构混凝土性能检测

城市地下空间设计服务期为 100 年，以钢筋混凝土管片、复合式衬砌、地下连续墙、现浇混凝土为主要形式的主体结构就其实质来讲是钢筋混凝土或素混凝土结构，这些结构在接缝、施工缝、变形缝等交接处又是起密封、止水、抵抗变形等作用的柔性材料。因此，对城市地下空间结构的检测主要是对钢筋混凝土或混凝土结构的强度、碳化深度、耐久性等的检测，也包括对起密封作用的柔性材料的检测。

由于城市地下空间处于运营与服务期，需要保证其结构安全和长期稳定，因此，除非特殊需要，一般采用无损检测方法，这也是本节主要讨论的检测方法，包括回弹法、声波法、超声波法和超声回弹法。

4.2.1 回弹法检测

回弹法检测是指以在结构或构件混凝土上测得的回弹值和碳化深度来评定结构或构件混凝土强度的方法。通常，在对试块试验有疑问时，将回弹值和碳化深度作为混凝土强度检验的依据之一。采用回弹法检测不会影响结构与构件的力学性质和承载能力，因而被广泛应用于工程验收的质量检测中。结合回弹法在工程结构无损检测中的应用，我国于 2011 年制定了《回弹法检测混凝土抗压强度技术规程》(JGJ/T 23—2011)。

1. 回弹仪

回弹法检测需要的仪器就是回弹仪。图 4-3 为常用的指针直读式混凝土回弹仪，其工作原理为：将弹击杆 1 顶住混凝土的表面，轻压仪器，使按钮 22 松开，弹击杆 1 缓慢伸出，使挂钩 13 挂上弹击锤 4。使回弹仪对混凝土表面缓慢均匀施压，待弹击锤脱钩，冲击锤击杆后，弹击锤即带动指针向后移动直至一定位置时，指针块的刻度线即在刻度尺 8 上指示某一回弹值。使回弹仪继续顶住混凝土表面，进行读数并记录回弹值，如果条件不利于读数，可按下按钮，锁住机芯，将回弹仪移至其他位置读数。逐渐对回弹仪减压，使弹击杆自机壳 23 内伸出，挂钩挂上弹击锤，待下一次使用。回弹仪必须经过有关检定单位检定并获得检定合格证后在检定有效期(即一年)内使用。

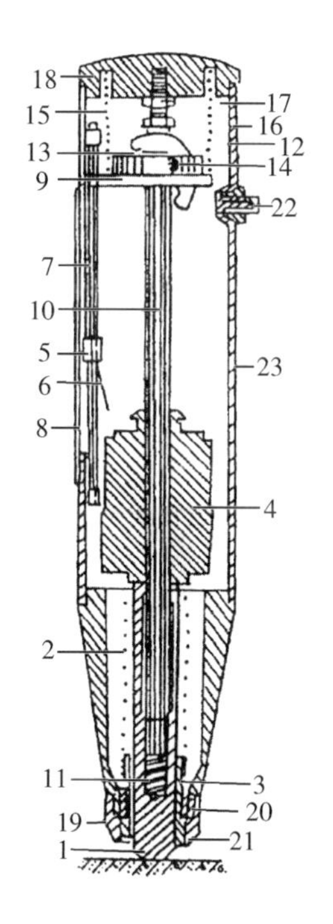

1—弹击杆；2—弹击拉簧；3—拉簧座；4—弹击重锤；5—指针块；6—指针片；7—指针轴；8—刻度尺；9—导向法兰；10—中心导杆；11—缓冲压簧；12—挂钩；13—挂钩压簧；14—挂钩销子；15—压簧；16—调零螺丝；17—紧固螺母；18—尾盖；19—盖帽；20—卡环；21—密封毡圈；22—按钮；23—外壳

图 4-3 回弹仪构造和工作原理

每次现场检测前后，回弹仪须在洛氏硬度 $H_{RC}=60\pm2$ 的标准钢砧上标定。标定时，钢砧应稳固平放在刚度大的混凝土地坪上，回弹仪向下弹击，弹击杆分四次旋转，每次旋转 90°，弹击两次后对回弹值取平均。每旋转一次，标定的回弹平均值应在 80±2 范围内，否则需送检定单位重新检定。累计弹击次数超过 6 000 次或回弹仪的主要零件被更换后，应送检定单位重新检定。

2. 回弹值的量测

(1) 试样、测区、测面和测点

被测试构件和测试部位应具有代表性，试样的抽样原则为：当推定单个结构或构件的混凝土强度时，可根据混凝土质量的实际情况测定数量。当用抽样法推定整个结构或成批构件的混凝土强度时，随机抽取的试样数量不少于结构或同批构件总数的 30%且不宜少于 10 件。当检验批受检构件数量大于 30 个时，抽检构件数量可适当调整，并不得少于国家现行有关标准规定的最少抽样数量。

测点布置采用测区和测面的概念。在每个试样上均匀布置测区，测区数不少于 10 个，相邻测区的间距不宜大于 2 m。每个测区宜分为两个测面，通常布置在结构或构件的两相对浇筑侧面上。如果不能满足这一要求，一个测区允许只有一个测面。测区的大小以能容纳 16 个回弹测点为宜，一般不宜大于 0.04 m^2。

混凝土的回弹表面应为原浆面，并应清洁、平整、干燥，不应有裂缝、接缝、疏松层、粉刷层、浮浆、油垢以及蜂窝、麻面等，必要时可用砂轮打磨清除表面上的杂物和不平整处，测面上不应有残留的粉末或碎屑。

结构或构件的试样、测区均应标有清晰的编号，测区在试样上的位置和外观质量均应进行详细记录。

(2) 回弹值测量

测量回弹值时，回弹仪的轴向应始终垂直于混凝土检测面，并应缓慢施压、准确读数、快速复位。每一测区弹击 16 点，每一测点的回弹值读数应精确至 1。当一个测区有两个测面时，则每一个测面弹击 8 点。

测点应在测面上均匀分布，避开外露的石子和气孔，相邻测点间距不小于 20 mm。测点距离构件边缘或外露钢筋、铁件的距离一般不小于 30 mm，同一个测点只允许弹击一次。

(3) 回弹值计算

当测完一个测区的 16 个测点后，将其中三个最大值和三个最小值的回弹值剔除，然后按式(4-1)计算测区内的平均回弹值 R_m：

$$R_m = \sum_{i=1}^{n} \frac{R_i}{10} \tag{4-1}$$

式中 R_m——测区平均回弹值，精确到 0.1；

R_i——第 i 个测点的回弹值。

当回弹仪非水平方向测试混凝土表面时，根据回弹仪轴线与水平方向的夹角 α，应将测区平均回弹值 $R_{m\alpha}$ 加上角度修正值 ΔR_α，再按式(4-2)换算为水平方向测试时的测区平均回弹值 R_m：

$$R_m = R_{m\alpha} + \Delta R_\alpha \tag{4-2}$$

式中 $R_{m\alpha}$——回弹仪与水平方向成 α 角测试时测区的平均回弹值，按式(4-1)进行计算。

ΔR_α——非水平方向检测时回弹值修正值，按表 4-1 查得。具体的修正要求可按照《回弹法检测混凝土抗压强度技术规程》(JGJ/T 23—2011)中的规定进行。

表 4-1 不同测试角度 α 的回弹值修正值 ΔR_α

ΔR_α	测试角度 α							
	向上				向下			
	+90°	+60°	+45°	+30°	−90°	−60°	−45°	−30°
20	−6.0	−5.0	−4.0	−3.0	+2.5	+3.5	+3.5	+4.0
30	−5.0	−4.0	−3.5	−2.5	+2.0	+3.0	+3.0	+3.5
40	−4.0	−3.5	−3.0	−2.0	+2.0	+2.0	+2.5	+3.0
50	−3.5	−3.0	−2.5	−1.5	+1.0	−1.5	+2.0	+2.5

3. 碳化深度值的测量

回弹值测量完毕后，用凿子等工具在测点内凿出直径约 15 mm、深度约 6 mm 的孔洞，除去孔洞中的粉末和碎屑，不建议用水冲洗孔洞。然后先用浓度为 1%～2%的酚酞酒精溶液滴在孔洞内壁的边缘处，再用碳化深度测量仪测量自混凝土表面至未碳化混凝土的距离，即孔洞内壁已呈紫红色部分的垂直深度 d，测量精度至 0.25 mm，平均碳化深度小于 0.4 mm 时，取 $d=0$，即按无碳化考虑。平均碳化深度大于 6 mm 时，取 $d=6$ mm。

测区的平均碳化深度值 d_m 为

$$d_m = \frac{\sum_{i=1}^{n} d_i}{n} \tag{4-3}$$

式中 d_i——第 i 次测量的碳化深度值(mm)；

n——测区的碳化深度测量次数。

4. 混凝土强度评定

(1) 测强基准曲线与测区混凝土强度值

回弹值与混凝土抗压强度的相关关系称为测强基准曲线，为了使用方便，通常以测区混凝土强度值换算表的形式给出，即按测区平均回弹值 R_m 及平均碳化深度 d_m 查换算表得出测区混凝土强度值 R_a。国家住房和城乡建设部标准给出的非泵送混凝土的通用测强基准曲线为

$$R_a = 0.025R_m^{2.0109} \times 10^{-0.035d_m} \tag{4-4}$$

式中 R_m 和 d_m 分别按照式(4-1)和式(4-3)计算。

按式(4-4)可制成换算表。根据测区的平均回弹值 R_m 和平均碳化深度 d_m，可由换算表查得测区混凝土强度值 R_a。

对于泵送混凝土，其测强基准曲线采用幂指数的表达式，具体为

$$R_n = 0.034\,488 R_m^{1.940\,0} \times 10^{-0.017\,3 d_m} \tag{4-5}$$

泵送混凝土的回弹强度根据测区的平均回弹值 R_m 和平均碳化深度 d_m，可由《回弹法检测混凝土抗压强度技术规程》(JGJ/T 23—2011)查得测区混凝土强度值 R_n。

(2) 混凝土试样强度评定

混凝土试样的强度平均值按式(4-6)进行计算：

$$\bar{R}_n = \frac{\sum_{i=1}^{n} R_{ni}}{n} \tag{4-6}$$

式中 R_{ni}——第 i 测区的混凝土强度值；

n——测区数，对于单个评定的结构或构件，取一个试样的测区数，对于抽样评定的结构和构件，取各个抽样试样测区之和。

试样混凝土强度第一条件值和第二条件值按式(4-7)和式(4-8)分别进行计算：

$$R_{n1} = 1.18(\bar{R}_n - KS_n) \tag{4-7}$$

$$R_{n2} = 1.18(R_{ni})_{min} \tag{4-8}$$

式中 $\bar{R}_n$——试样混凝土强度平均值，按式(4-6)计算；

$(R_{ni})_{min}$——各测区混凝土强度值中的最小值；

K——合格判定系数值，按表 4-2 取值；

S_n——试样混凝土强度标准差，按式(4-9)计算，精确至两位小数。

$$S_n = \sqrt{\frac{\sum_{i=1}^{n}(R_{ni}^2) - n(\bar{R}_n)^2}{n-1}} \tag{4-9}$$

表 4-2　　合格判定系数值

n	10～14	15～24	≥25
K	1.70	1.65	1.60

结构或构件混凝土强度 R_n 的评定应按以下规定进行：

① 对于单个评定的结构或构件，取第一条件值式(4-7)和第二条件值式(4-8)中的较小值。

② 对于抽样评定的结构或构件，在各抽检试样中取式(4-7)和式(4-8)中的较小值。

4.2.2 声波测试

1. 结构混凝土厚度检测

在岩体和混凝土构件中传播的弹性波，当遇到两种不同介质的分界面时，弹性波将产生入射、折射和反射的物理现象。超声脉冲速度法是利用弹性波在两种介质分界面上的反射效应来测量介质的厚度。在均质各向同性或近似均质各向同性介质中，两个刚性相连接的固体在半空间平滑的分界面上，倾斜地入射平面纵波，倾斜的弹性波部分能量将被反射，检测反射纵波在介质中的传播时间或者检测反射纵波和横波在介质中传播所产生的时差，均可计算介质的厚度，如图 4-4 所示。

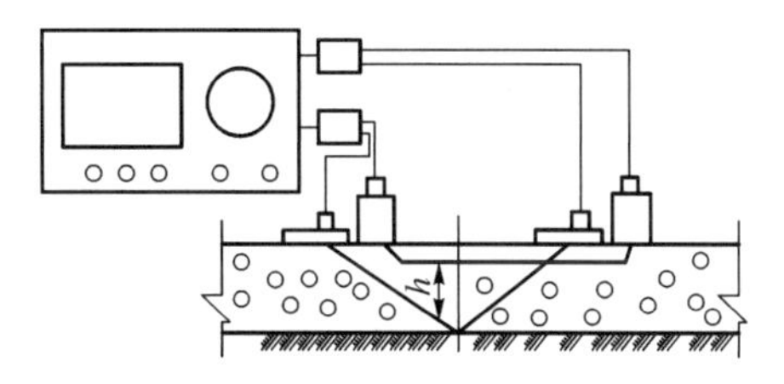

图 4-4 混凝土厚度检测原理

采用反射纵波在介质中传播的时间来检测混凝土结构厚度的计算公式为

$$h = k v_p t \tag{4-10}$$

式中 h——被检测介质的厚度(cm)；

v_p——纵波速度(km/s)；

t——反射纵波在介质中传播的时间(μs)；

k——经验修正系数。

2. 混凝土中空洞检测

对于混凝土内部大于 10 cm 的空洞，可以通过测量声波传播时间的突然变化来判定空洞的存在，并计算出空洞的尺寸。计算空洞半径的公式为

$$R = \frac{1}{2}\sqrt{\left(\frac{t_d}{t_c}\right)^2 - l} \tag{4-11}$$

式中 l——直达声路长度；

t_d，t_c——有空洞处与无空洞处声波的传播时间。

采用平行网格测点可判定空洞的形状、大小和所在部位。

3. 混凝土裂缝检测

若混凝土结构中有裂缝存在，声波在裂缝处产生反射和通过裂缝顶端绕射，使接收到的声波信号幅度减小。由于绕射使声程增加，传播时间也有所增加。裂缝检测有如下两种方法。

(1) 直接检测

当构件的截面不大而且有裂缝构件的两个侧面都能放置换能器时，可以对裂缝直接进行检测，如图 4-5(a)所示。

当发射、接收两个探头在两个侧面相对位置发生移动时，测出测点到构件检测起始面的深度 b 以及不同位置声波传播的时间 t，并作出 b-t 曲线，曲线转折处的横坐标即为

裂缝的深度。

（2）沿面检测

当构件断面很大或只有开裂的那个表面能够安置换能器时，可以采用沿面检测的方法。首先在裂缝附近完好的表面处选择一定长度作为校准距离，设这段距离为 $2d$，在这段距离的两端放置换能器，测出声波通过 $2d$ 的时间为 t_0，然后把发射和接收换能器放置于裂缝的两侧，并使两个探头至裂缝的距离均为 d，如图 4-5(b)所示，测得此处的声波传播时间 t_1，如果裂缝与表面正交，可得下列方程：

$$4\frac{(d^2+h^2)}{t_1^2}=\frac{4d^2}{t_0^2} \tag{4-12}$$

则裂缝深度的计算公式为

$$h_f=d\sqrt{\left(\frac{t_1^2}{t_0^2}\right)^2-1} \tag{4-13}$$

上述方法假定裂缝面与被测的结构表面正交，这对于大部分受弯构件是适用的。

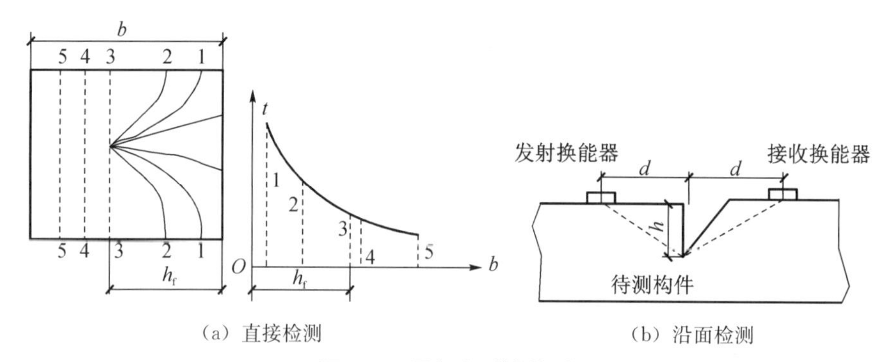

（a）直接检测　　（b）沿面检测

图 4-5　混凝土裂缝检测

4.2.3　超声波检测

1. 超声波检测仪

超声波在混凝土中传播时，其纵波速度的平方与混凝土的弹性模量成正比，与混凝土的密度成反比。声波振幅随其传播距离的增大而减弱，声波遇到空洞、裂缝时，界面产生波的折射、反射，边缘产生波的绕射，使接收的声波振幅减小，传播时间读数加长，产生畸形波等，据此特征可以判断混凝土的强度和质量。

超声波检测系统包括超声波检测仪和换能器（即探头及耦合剂），如图 4-6 所示。

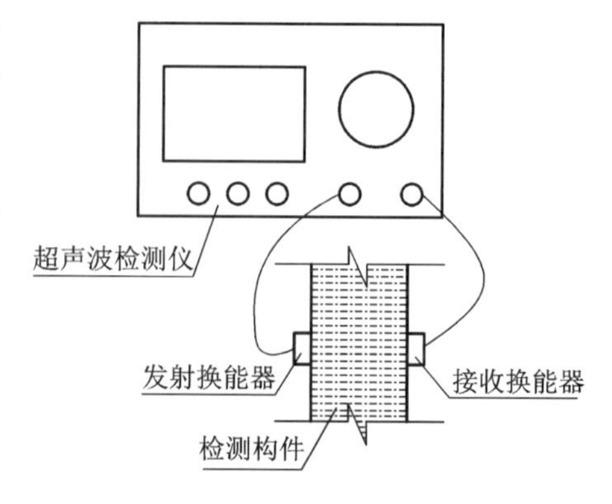

图 4-6　超声波检测系统

在进行超声波测试前，应了解结构设计施工情况，包括构件尺寸、配筋、混凝土组成、施工方法和混凝土龄期等。选择探头频率，如采用 500KC 探头并将仪器置于“自振”工作频率一档，已能满足要求。测试应选择在配筋少、表面干燥、平整及有代表性的部位上，将发射与接收探头测点互相对应置于构件两侧，编号并涂黄油，即可测试。测试时，要注意零读数和掌握超声波传播时间精确读法：测定超声波在混凝土内的传播时间时，将仪器中“增益”调节到最大，容易取得较精确的时间读数。此外还需在平时凭借衰减器熟悉不同振幅下第一个接收波信号起点的位置，这样在测定低强度等级或厚度较大的混凝土时，就能对振幅小的波形读出较精确的读数。

2. 超声波传播时间（声时值）的测量

超声波检测的现场准备及测区布置与回弹法相同。在每个测区相对的两侧面分别选择呈梅花状的五个测点。对测时，要求两探头的中心置于一条轴线上。涂于探头与混凝土监测面之间的黄油是为了保证二者之间具有可靠的声耦合。测试前，应将仪器预热 10 min，并用标准棒调节首波幅度至 30～40 mm 后测读声时值作为初读数。实测中，应将探头置于测点并压紧，将接收信号扣除初读数后即为各测点的实际声时值。

3. 测区声速值计算

取各测区五个声时值中三个中间值的算术平均值作为测区声时值的测试值 t_m，μs，则测区声速值为

$$v = \frac{L}{t_m} \tag{4-14}$$

式中　L——超声波的传播距离，可用钢尺直接在构件上测量(mm)。

4. 混凝土强度评定

根据混凝土材料强度 R 与声速 v 的标定曲线，可以按检测所得的声速查得测区混凝土强度值，进而推断结构或构件的混凝土强度。图 4-7 和图 4-8 分别为卵石混凝土和碎石混凝土的 R-v 标定曲线，可以供实际检测时参考。

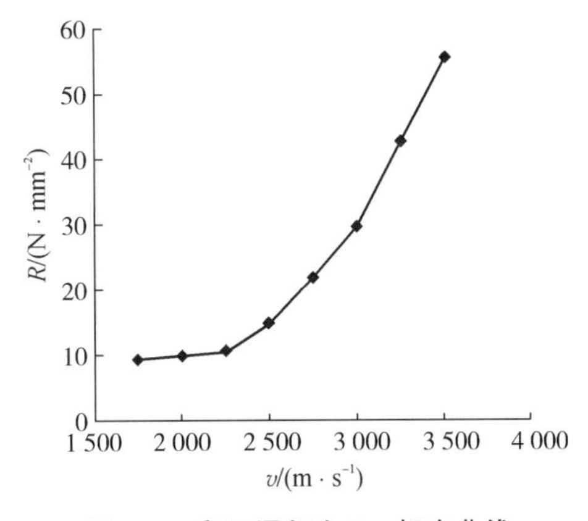

图 4-7　卵石混凝土 *R-v* 标定曲线

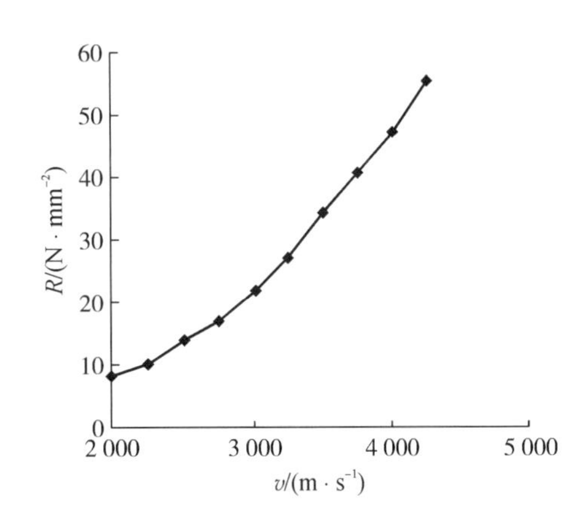

图 4-8　碎石混凝土 *R-v* 标定曲线

标定曲线的绘制是一项十分重要又相当繁重的工作，需要通过大量不同配合比和不同龄期混凝土试件的超声波测试与抗压试验，由数理统计方式对测试数据进行回归、整理和分析后才能得到。由于受材料性质离散性的影响，标定曲线具有一定的误差，同时还受到检测仪器种类的限制。对于一般检测人员，应尽可能参照与检测对象和条件较为一致的标定曲线，同时还应结合其他检测手段，如试块强度测试、回弹法检测等综合判定。我国目前尚未颁布超声法测强的全国标准，但江苏、上海等省、市已编制了地方规范，有关资料可以参照采用。

4.2.4 超声回弹综合检测

从工程检测的实例可以看出，同一结构采用回弹法检测和超声法检测所得到的混凝土强度值相差较多。究其原因，回弹法检测反映的主要是构件表面或浅层的强度状况，回弹值受构件表面影响较大。超声波法检测反映的是构件内部的强度状况，但声波速度值受骨料粒径、砂浆等影响较大。由此认为，基于这两种检测方法的综合分析，建立在超声波传播速度和回弹值基础上综合反映混凝土抗压强度，对于反映材料强度更为全面和真实，同时具有相当的测量精度。与单一方法相比，超声回弹综合法的优点是精度高，适应范围广，对混凝土工程无任何破坏，故在我国混凝土工程中已被广泛使用。目前国内已正式颁布有关超声回弹综合法检测混凝土强度的地方标准。

1. 测试仪器

超声回弹综合检测的测试仪器及现场准备分别与超声波法和回弹法的要求相同。超声波测点布置在回弹测试的同一测区内，先进行回弹测量，后进行超声测量。测区数量及抽样的要求与回弹法相同。

2. 回弹值的测量与计算

在测区内混凝土回弹值的测量、计算及其修正均与回弹法相同。

3. 超声值的测量与计算

测区声时值的测量及计算方法与超声法完全相同。当在混凝土结构的顶面和底面测试时，测区声速值的修正公式为

$$v_x = \beta v \tag{4-15}$$

式中 v——测区声速值(km/s)。

v_x——修正后的测区声速值(km/s)。

β——超声测试面修正系数。在混凝土结构顶面和底面测试时，$\beta=1.034$；在混凝土侧面测试时，$\beta=1$。

4. 测区混凝土强度换算值

根据测区的回弹值 R_{ai}，回弹法中用 R_m 表示，以及测区声速值 v_{ai}，优先采用专用或地区的综合法测强基准曲线推定测区混凝土强度换算值。

当无该类测强基准曲线时，计算公式为

$$f_{\mathrm{cu},i}^{\mathrm{c}}=\begin{cases}(R_{ai})^{1.95}0.0038(v_{ai})^{1.28}\text{，粗骨料为卵石}\\(R_{ai})^{1.57}0.008(v_{ai})^{1.72}\text{，粗骨料为碎石}\end{cases}\tag{4-16}$$

式中 $f_{\mathrm{cu},i}^{\mathrm{c}}$——第 i 个测区混凝土强度换算值(MPa)；

v_{ai}——第 i 个测区修正后的超声波声速(km/s)；

R_{ai}——第 i 个测区修正后的回弹值。

4.3 地下工程结构与周围地层(围岩)检测

地下工程的最大特点是构筑物施作在岩土介质之中，构筑物所处的地质条件决定了工程的设计与施工，同时也会影响工程的长期使用。地下工程施作完成后，通常要被岩土材料或地面建筑所覆盖，周围介质会影响到地下结构，地下结构和周围岩土介质之间存在相互作用、相互影响。由于城市地下空间处于运营与服务期，需要保证其结构安全和长期稳定，一般采用的结构检测方法都应是无损检测方法，即检测不能破坏其结构状态，不损害材料承载能力，也不扰动周围介质的性状，这就是本节讨论的地质雷达法和红外探测法。

4.3.1 地质雷达法

地质雷达(Ground Penetrating Radar, GPR)，也称探地雷达，是浅层地球物理勘探的一种高分辨率探测技术。近年来，随着高频微电子技术和计算机数据处理能力的不断提高，地质雷达技术得到了长足的进步。目前，地质雷达已广泛应用于许多行业和领域，包括道路与铁道工程、地质工程与岩土工程、建筑工程、隧道工程、采矿工程、水利水电工程、管线工程、环境工程、考古等。

近年来，国内外的探测实践证明，地质雷达也非常适用于分层结构的地下工程结构检测。由于其具有无损、快速、精度高等突出优点，在地下工程病害检测中用途广泛，工程应用已取得显著的经济效益和社会效益，应用前景广阔。

1. 地质雷达探测原理

地质雷达是利用超高频脉冲电磁波(1 MHz～1 GHz)在地下介质中的传播规律来研究介质特征、地下结构的一种地球物理方法。为利用发射、反射电磁波进行定性或定量分析获得地下空间的有用信息，必须了解电磁波在复杂有耗介质中的传播特性。

地质雷达是一种广谱电磁技术，其探测原理如图 4-9 所示，一个天线(即发射天线T)发射高频宽带电磁波，另一个天线(即接收天线 R)接收来自地下介质界面的反射波。当电磁波遇到与周围介质介电常数有差异的地层或目标体时，部分能量反射回地面被接收天线所接收。电磁波在介质中传播时其路径、电磁波强度与波形随所通过介质的电性质及几何形态的变化而变化。因此，根据接收波的旅行时间(亦称双程走时)、幅度与波形资料，可确定地下界面或地质体空间位置，推断介质的结构。

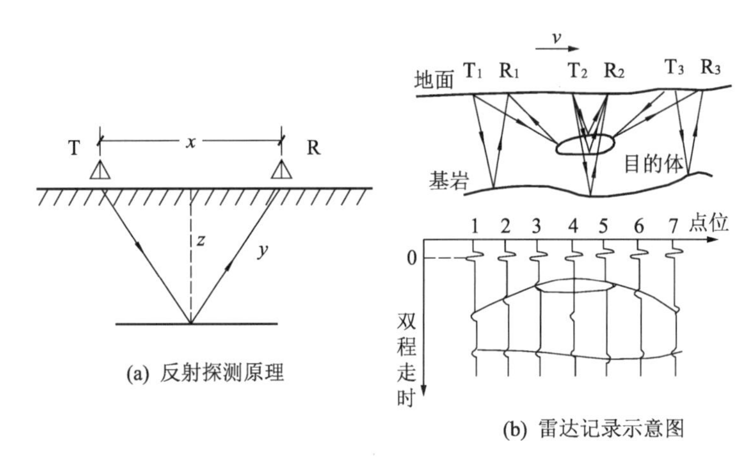

图 4-9　地质雷达探测原理图

地质雷达的地质解释是在数据处理后所得的雷达图像中，根据反射波组的波形与强度特征，通过同相轴的追踪，确定反射波组的地质含义。当地下结构或周围岩土层中有病害、缺陷或隐患时，正常结构和正常岩土层与存在病害、缺陷和隐患的界面两侧电性差异较大，容易形成强烈的反射波(反射信号)，同时，这一界面也是介质的突变点，常常产生绕射波，而绕射波在时间剖面上为双曲线反映(即传播时间曲线)。因此，通过时间剖面上的特征图像，就能确定病害、缺陷或隐患的位置及深度。

2. 电磁波在多层介质中的传播特性

电磁波在多层介质中的传播特性与光在多层透明介质中的传播特性非常相似，会发生反射和折射现象。如图 4-10 所示，当电磁波 P_1 以某一入射角到第一电磁界面时，就会在该界面产生电磁波反射和折射，形成反射波 P_{11} 与折射波 P_{12}。对第二电磁分界面来说，可以把第一界面折射波 P_{12} 看成第二界面的入射波，则在第二界面形成反射波 P_{122} 与折射波 P_{123}。如此可以在各分界面上继续分下去。此外，在一个层内，例如由地表和第一界面组成电磁层，当 P_{11} 反射波返回地表时，因地表和空气是一个良好的电磁波阻抗界面，于是在地表面形成 P_{11} 波，该波再入射到第一界面时，又可在第一界面再形成 P_{1111} 波。P_{1111} 波已经在该界面上反射了两次。在界面上经过一次反射的波称为一次反射波；而经过两次以上反射的波称为二次反射波、三次反射波……，统称为多次反射波。通过数据处理手段可消除多次反射波，从而获得各电磁面的

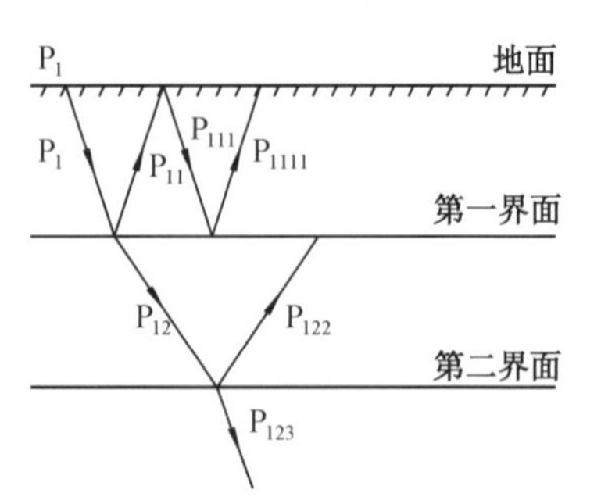

图 4-10　多层介质电磁波传播原理图

反射序列信息，从而得出各分层介质厚度和形状信息。

3. **系统组成与仪器设备**

地质雷达系统包括硬件与软件两大部分。

（1）硬件系统

地质雷达的系统框图如图 4-11 所示，主要由四部分组成：一是脉冲发生器，用以产生可重复的毫微秒脉冲；二是发射天线与接收天线，收发天线可采用单站或双站体制，单站体制为收发共用一副天线，双站体制采用两副天线完成收发功能；三是取样接收与模数转换部分；四是主控制器，不仅要完成信号的数据采集过程，而且要对数据进行处理，并以适合的方式显示地下目标的探测结果。

硬件系统还包括电源、测量轮、连接电缆与光缆等。

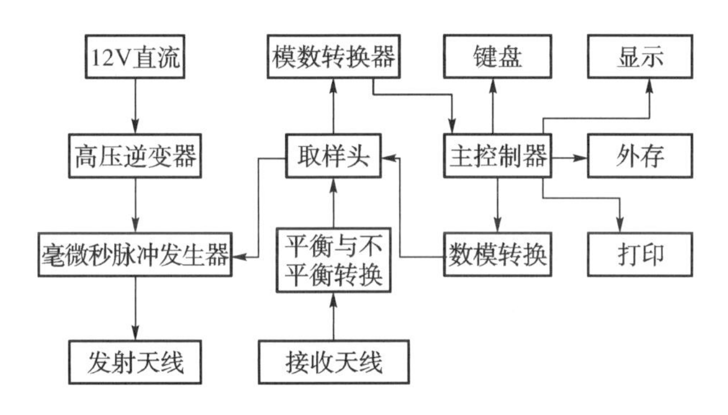

图 4-11　地质雷达的系统框图

（2）软件系统

软件包括控制单元内的系统控制操作软件以及后期资料处理软件。控制单元的系统控制操作软件包括参数设置、数据采集、数据滤波、实时显示、打印以及数据传输等功能。后期处理软件除具备系统操作软件的显示、打印、数据传输功能外，还包括数据编辑、数据滤波（频谱分析、高低通滤波、反褶积、静校正、偏移等）、速度分析、数据计算、增益调整，可以人机交互方式对层面及小目标体进行解释等。

（3）仪器设备

表 4-3 列出了常用的地质雷达仪器。

表 4-3　　常用的地质雷达仪器

型号	主要性能指标	生产商
SIR-2 SIR-8 SIR-10 SIR-20	（1）显示器实时监测 （2）磁带或软驱记录，可选外部数据存储 （3）天线主频：80，100，120，300，500，1 000 MHz 等 （4）扫描速率：2～800 次/s 可选（SIR-20 型）	Geophysical Survey Systems Inc.

（续表）

型号	主要性能指标	生产商
EKKO-100 (EKKO-1000)	(1) 系统最大特征参数:172 dB(162 dB) (2) 可编程序采样间隔:10～20 000ps (3) 可编程叠加:1～2 048 次 (4) 可编程时窗:1～3 267 ns (5) 发射机输出:400 或 1 000 台(200 V) (6) 天线主频:12.5, 25, 100, 200 MHz(110, 225, 450, 900, 1 200 MHz)	Sensor & Software Inc.
RAMAG/GPR	(1) 系统增益:150 dB (2) 扫描速率:200 次/s (3) 采样数:128～2 048 样点数/道 (4) A/D 转换:16 位 (5) 叠加次数:1～32 768 (6) 时窗:最大 6 μs (7) 发射机最大输出电压:100～1 200 V (8) 天线主频:10, 25, 50, 100, 200, 250, 500, 800, 1 000 MHz	MALA GEOSCIENCE

4. 工作参数

探测时，地质雷达的两块板式天线紧贴目的体表面，发射天线发射的电磁波遇反射层后产生反射回波信号，由接收天线接收并直接将信号数字化，然后由笔记本电脑收集并记录，每一测点视时窗大小仅需几秒或几十秒即可完成采集任务，可以方便地实现连续采集和连续记录，易于图像解释。

利用地质雷达探测地下结构，关键是要获得真实、直观的地质雷达图像资料，而获取有效信号的根本是数据采集。因此，在进行地质雷达的数据采集阶段，应尽量选取适当的测量参数，以使所要了解的地下结构目标物能在地质雷达图像上有一个直观、清晰的显示。现场信号采集需选择合适的技术参数，主要包括天线中心频率、时窗、采样率等，并根据数据采集中的干扰变化和效果及时调整工作参数。

（1）天线中心频率

测试前，首先选择好合适的雷达天线频率。一般应通过试验选择雷达天线的工作频率，确定介电常数。当探测对象情况复杂时，应选择两种及以上不同频率的天线。

地质雷达发送的是具有特定频率和带宽的脉冲电磁波，天线中心频率决定了雷达的分辨率和探测深度。天线中心频率高，其垂直分辨率高，但探测深度小；天线中心频率低，探测深度大，但垂直分辨率降低。一般来说，在满足分辨率的条件下应尽量使用中心频率低的天线，以获取较多的信息。

通常雷达垂直分辨率用 1/2 个波长表示。如果要求垂直分辨率为 x m 时，则天线

的中心频率 f 可由式(4-17)选定：

$$f=\frac{150}{x\sqrt{\varepsilon_{w}}}(\mathrm{MHz}) \tag{4-17}$$

式中　ε_w——周围环境相对介电常数。

不同天线的垂直分辨率如表 4-4 所示。

表 4-4　　不同天线的垂直分辨率

天线中心频率/MHz	900	500	300	100	80
垂直分辨率/cm	6.8	12.3	20.4	61	76

注：表中数据以 $\varepsilon_w=6$ 计算。

天线的中心频率也会影响到雷达的水平分辨率。雷达天线在发射雷达波时是以圆锥体形向地下发送能量的，反射能量主要来自锥体的中心区域，频率越高，波长越短，水平分辨率越高。

表 4-5 给出了天线中心频率与探测深度之间关系的经验值，可根据实际情况选用。

表 4-5　　天线中心频率与探测深度之间关系的经验值

天线中心频率/MHz	探测深度/m	天线中心频率/MHz	探测深度/m
1 000	0.5	50	10.0
500	1.0	25	30.0
200	2.0	10	50.0
100	7.0		

(2) 时窗

时窗是指用时间毫微秒(ns)数表示的探测深度的范围。时窗的选择可用式(4-18)表示：

$$t_{w}=\frac{2.6\times D_{m}}{V} \tag{4-18}$$

式中　t_w——时窗范围(ns)；

D_m——最大探测深度(m)；

V——电磁波在介质中传播速度(m/ns)。

地质雷达对每一道信号的采集时窗 W 和采样率 Δt 都有限制，合理设置时窗和采样率是野外采集有效信号的关键。

表 4-6 给出了快速选择时窗时间表。

表 4-6　　时窗时间对应表

目标深度/m	时窗/ns		
	干土	湿土	岩石
0.5	10	24	12
1	20	50	25
2	40	100	50
5	100	250	120
10	200	500	250
20	400	1 000	500
50	1 000	2 500	1 250

(3) 采样率

采样率是指对目标体回波所采的样品数。采样间隔为采样率的倒数。按采样定理,对一个周期的模拟信号,至少要采 2 个样品,模拟信号才能得以恢复。为了不产生假频干扰信号,一般情况下,一个周期信号要采 4 个以上的样品。有的地质雷达要求设置采样间隔(如 EKKO-TV 型雷达),有的要求设置采样率(如 SIR-10 型雷达)。

对要求设置的采样间隔可用式(4-19)表示:

$$\Delta t = \frac{T}{6} \tag{4-19}$$

式中　Δt ——采样间隔(ns);

T——天线中心频率的倒数,也称脉冲宽度。

各天线的脉冲宽度列于表 4-7 中。

表 4-7　　各天线的脉冲宽度

天线中心频率/MHz	80	100	300	500	900
脉冲宽度/ns	13	10	3	2	1

对要求设置每次扫描样品数的系统,可用式(4-20)表示:

$$\frac{样品数}{扫描次数} = \frac{时窗}{脉冲宽度} \times 10 \tag{4-20}$$

5. 测线布置与现场实施

测线布置应考虑探测对象的长度、地下结构的断面、病害分布与探测目的等因素。测网密度、天线间距和天线移动速度应能反映出探测对象的异常。

根据地下结构是否行车、线路行车繁忙程度、地质雷达及其装备的技术条件,确定现场实施的方式,通常有下列三种方式可供选择。

(1) 人工移动

人工移动雷达天线,效率低,速度慢,适用于地下结构局部病害探测,如图 4-12 所示。

(2) 手动推车

手动推车采用能在地下结构中行走的小型平板车作为雷达设备的装载工具，人力推动平板车的过程中，雷达天线发射电磁波，接收装置接受电磁波，完成现场数据采集。

(3) 车载

车载地质雷达以车辆作为雷达设备的装载工具，在车辆行进过程中，雷达设备完成现场数据采集，如图 4-13 所示。

图 4-12　人工移动天线探测

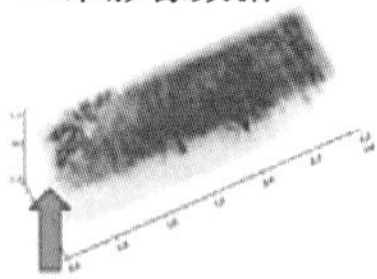

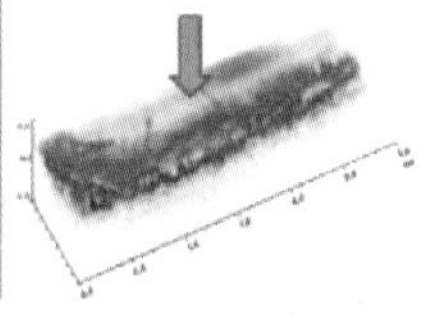

图 4-13　车载地质雷达探测

6. 地下工程结构特点及地质雷达探测的适用性

(1) 界面

地下工程衬砌、围护结构是人工结构物，具有明显的分层结构特性。矿山法隧道的复合式衬砌结构包括初期支护、防水层、二次衬砌，盾构隧道则包括管片、注浆层。地下工程结构与周围地层差异显著，因此，雷达波在各层介质中的传播规律差异明显，在各介质分界面会发生较强的反射，可根据雷达图像波形沿深度方向的变化，提取出各介质分界面信息，如图 4-14 所示。

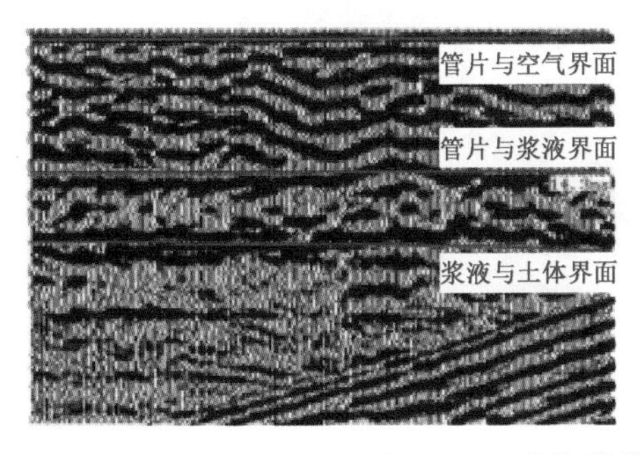

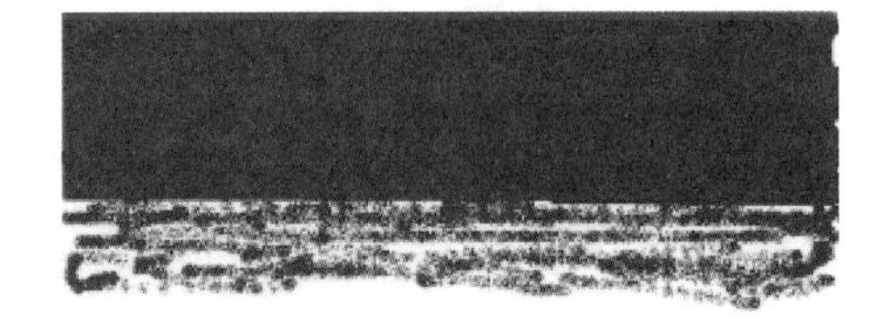

图 4-14　盾构隧道结构地质雷达探测图

由反射原理可知，砌体与围岩的分界面在雷达图像上反映为一个连续性好、能量较强的反射波组，据此可判别砌体与围岩间的分界面，如图 4-15 所示。

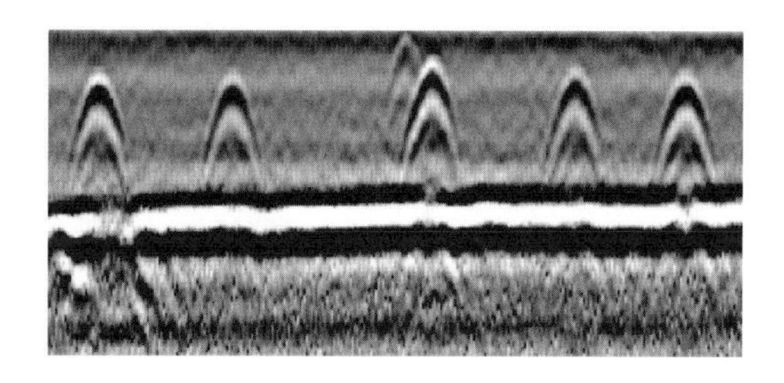

图 4-15　混凝土衬砌与围岩界面反射波

（2）病害与缺陷

隧道等地下结构可能会出现不密实、厚度不够、局部空洞、钢筋配置不均匀或者漏配等工程质量问题，运营多年的地下结构也可能出现衬砌破损、开裂、背后空洞等病害，这些衬砌缺陷和病害可以利用地质雷达进行较为准确的探测，对其进行定性和定位。图 4-16 为隧道衬砌缺陷探测结果。图 4-17、图 4-18 为隧道病害探测结果。

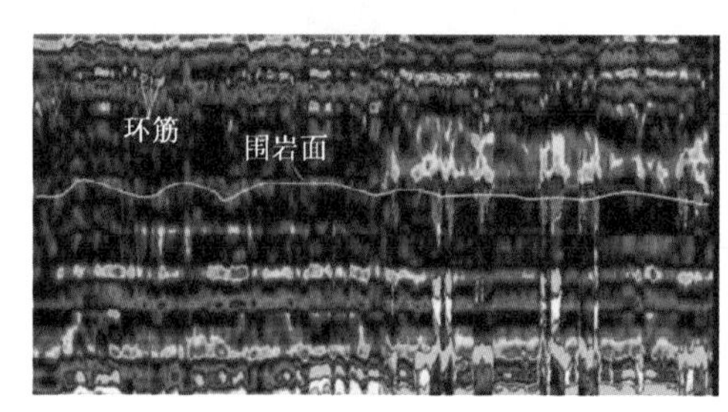

（a）衬砌局部点状脱空

（b）衬砌与围岩密实性差

图 4-16　隧道衬砌缺陷探测结果

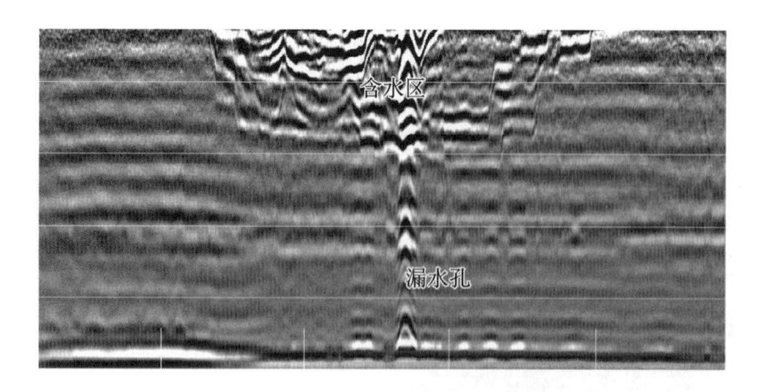

图 4-17　隧道渗漏水病害探测结果

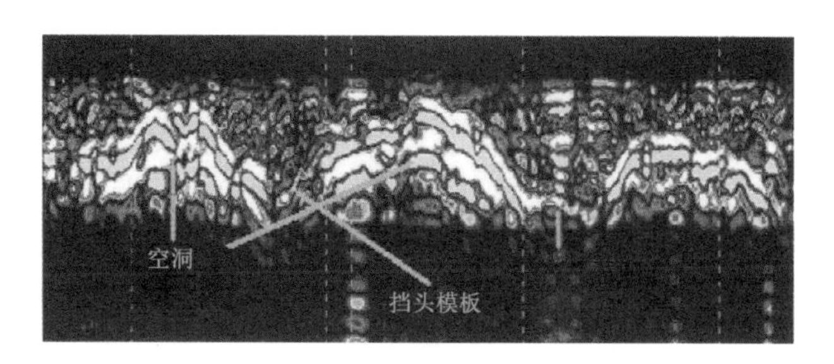

图 4-18 隧道病害探测结果

4.3.2 红外热像法

红外热像法(Infrared Thermal Imaging)是材料无损检测(Nondestructive Test)的新兴方法之一,具有非接触、检测面积大、速度快、精度高等优点,近几年在建筑工程损伤检测和质量检测中得到了广泛应用,在地下工程防水质量和渗漏检测中也得到应用,效果良好。

1. 红外热像法基本原理

自然界中任何物体温度高于绝对零度(−273℃)时,都会向外界发射红外辐射波。根据斯蒂芬-玻尔兹曼定律,物体红外辐射的能量密度与其自身的热力学温度 T 的 4 次方成正比,并与其表面发射率成正比。如果用 W 表示单位面积的辐射功率,上述关系可以表示为式(4-21):

$$W = \sigma \varepsilon T^4 \tag{4-21}$$

式中 σ——斯蒂芬-玻尔兹曼常数,数值为 $5.67 \times 10^{-8}\ \mathrm{W/(m^2 \cdot K^4)}$;

ε——物体表面发射率,无量纲,根据物体种类取值为 0~1;

T——热力学温度(K)。

根据式(4-21)可知,物体辐射功率或能量对温度变化比较敏感,微小的温度改变就能引起辐射功率的较大改变。红外热像仪就相当于热敏原件,它可以敏锐地探测到视场中物体的表面辐射能分布,并转化成温度,在显示屏上用不同的颜色表示,一般暖色代表高温,冷色代表低温。

不同介质物体,由于发射率的不同,辐射能应该有较大的差异。但是实际上,通过红外热像仪很难分辨出小的辐射能差异,因为仪器接收到的能量不但包括物体的自身辐射能,还包括物体反射的部分环境辐射能。对于较小的物体,这种反射能会掩盖由于不同介质造成的微小辐射能差异,使红外热像仪测得的温度趋于一致。所以红外热像检测法对环境情况有一定要求,必须在适宜的气温(−5~40℃)、湿度(相对湿度<90%)、天气(非雨雪天)、风速(≤4 m/s)等条件下使用。

但对于高灵敏的热像仪(温度分辨率<0.08℃)来说,分辨由于缺陷造成的温差已经足够了。所以,只要保证检测目标材料相同,通过检测相对温差,发射率较小的物体

并不会影响检测的结果。

2. 地下结构检测应用

地下结构内部有缺陷(如裂纹、脱粘等)存在,均匀热流就会被缺陷阻挡,经过时间延迟就会在缺陷部位发生热量堆积,在其表面产生过热点,也就是热斑,表现为温度异常。用红外热像仪扫描试样表面,测量试样表面温度分布情况,当探测到过热点就可以断定出现过热点的部位存在缺陷。使用这种方法可以探测地下结构中的裂纹、空洞、夹杂、脱粘等缺陷。

防水卷材的空鼓或渗漏点在红外热像图上呈现与周围材料明显的温差,因为空鼓中为空气,渗漏点处是水,它们的热容与防水材料有较大差异,导致表面温度有差异。但这种差异可能是低温异常也可能是高温异常,比如,当环境温度相对较高时,空鼓或渗漏点在红外热像仪上可能显示为“冷色”,但环境温度较低时则显示为“暖色”。

图 4-19 为某隧道接缝堵漏前、后红外热像对比图。

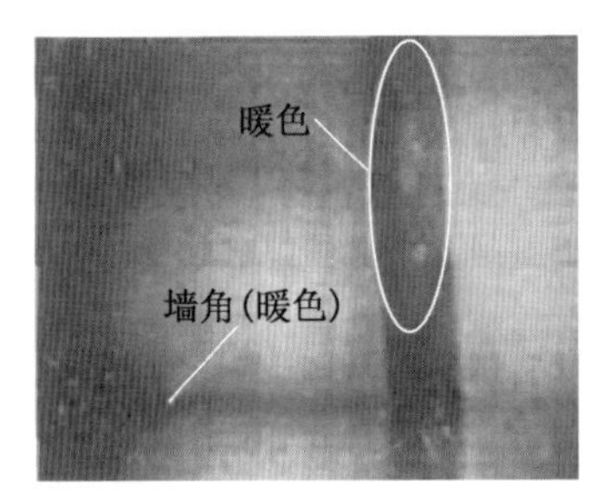

(a) 堵漏前　　(b) 堵漏一天后

图 4-19　堵漏前、后红外热像对比图

4.4　地下空间空气质量与照明检测

4.4.1　空气质量检测

城市地下空间相对封闭,内部污染源多,空气质量差,多处于繁华地区,室外空气质量差。因此,需要结合空调系统进行环控设计,在保证热、湿、声、光环境舒适性的同时,还需重视其内部空气质量的保障问题,将空气质量作为主要因素进行考虑。空气质量检测则是评价空气质量的主要途径。

1. 地下空间特征污染物

统计分析表明,CO_2、CO、甲醛、可吸入颗粒物 PM_{10}、微生物等为地下商场的主要污染物,可以作为需要去除的特征污染物。

地铁车站中各类污染物的来源与地下商场相似,如 CO_2 主要来自人员呼吸,CO、SO_2 等主要由室外引入。细菌总数测试表明,客流量大的地下车站细菌数量明显高于客流量相似的地面车站，也明显高于客流量较低的地下车站，证实了卫生状况和通风量的相关性。

地下车库的污染特征与地下商场、地铁车站的区别较大，这是由于污染源不同所致。地下车库的污染源主要为汽车尾气，含有 CO、NO_x、SO_2、烃类、烟尘微粒、TVOC 等有害成分。目前对地下车库的测试研究中通常以 CO 为标志监测物，认为当 CO 浓度满足标准时，其他污染物浓度也会满足标准。

根据特征污染物的种类，可以将地下空间内的污染物分为三大类：①可吸入颗粒污染物 PM_{10} 及无机有害小分子；②总挥发性有机化合物(TVOC)；③悬浮微生物，包括细菌、真菌和病毒。

2. 检测技术

空气质量检测是利用科学的方法和标准的仪器，对被检测空间内的污染物进行测定、分析、评价和判断，并且准确记录。地下空间空气质量检测方法和评价标准主要依据《室内空气质量标准》(GB/T 18883—2002)、《民用建筑工程室内环境污染控制规范》(GB/T 50325—2010)和《人防工程平时使用环境卫生标准》(GWT 17216—1998)。部分特征污染物(项目)的检测方法如表 4-8 所示。由表可知，室内空气质量检测方法主要包括化学分析和仪器分析两类方法。

化学分析法是指利用化学反应及其计量关系来确定被测物质的组成和含量的一类分析方法，测定时需使用化学试剂、天平和一些玻璃器皿。

表 4-8　　室内空气质量检测方法

污染物	检测方法
一氧化碳 CO	仪器法：①不分光红外线法；②置换汞法(一氧化碳测定仪)；③气相色谱法；④电化学法
二氧化碳 CO_2	化学法：容量滴定法 仪器法：①不分光红外线法；②手持式 CO_2 测定仪；③气相色谱仪
二氧化硫 SO_2	化学法：①四氯汞盐溶液吸收法，盐酸副玫瑰苯胺比色法；②甲醛溶液吸收法(盐酸副玫瑰苯胺分光光度法) 仪器法：库仑滴定法
二氧化氮 NO_2	化学法：改进的 Sahzman 法 仪器法：化学发光法
氡 $222R_n$	仪器法：①闪烁瓶法测氡仪；②美国 1027 型测氡仪；③RCN-216 测氡仪
臭氧 O_2	化学法：靛蓝三磺酸钠分光光度法 仪器法：化学发光法
总挥发性有机物 TVOC	化学法：耗氧量法 仪器法：①气相色谱法；②光离子化检测器(PID)

（续表）

污染物	检测方法
苯 C_6H_6、甲苯 C_7H_8、二甲苯 C_8H_{10}	气相色谱法
可吸入颗粒物 PM_{10}	仪器法：①滤膜称重法；②光散射法及查关测尘仪；③β射线吸收法测尘仪；④压电晶体差频法；⑤激光法测尘仪
甲醛 HCHO	化学法：①AHMT 分光光度法；②酚试剂分光光度法；③乙酰丙酮分光光度法 仪器法：①气相色谱法；②电化学法
氨 NH_3	化学法：① 靛酚蓝分光光度；②纳氏试剂分光光度法；③离子选择电极法 仪器法：①便携 1015 型现场氨测定仪；②袖珍式电化学原理氨测定仪
温度	① 玻璃液体温度计；②热电偶温度计
相对湿度	① 毛发湿度计；②通风干湿表；③湿敏电容测导仪
空气流速	① 热球式风速仪；②手持式风速仪
新风量	示踪气体法
菌落总数	① 撞击法；②沉降法

仪器分析法是基于与物质的物理或物理化学性质而建立起来的分析方法，该类方法通常测量光、电、磁、声、热等物理量而得到分析结果，而测量这些物理量，一般要使用比较复杂或特殊的仪器设备，故称为"仪器分析"。仪器分析法主要有光学分析法、电化学分析法、色谱分析法、质谱分析法、核磁共振分析法和放射化学分析法等。空气质量的分析仪器可根据能否在现场显示检测结果分为现场仪器与实验室仪器两类，而现场仪器再由检测原理的差异分为传感器类与非传感器类。常见的非传感器类仪器有便携式气相色谱仪、基于光学分析法的分光光度计以及红外分析类仪表；传感器类仪器依据所使用传感器种类的多少分为单目标型和多目标型，但其测量原理都是利用传感器获取对应气体浓度的电信号，经滤波放大、A/D 转换后，显示其浓度数据。

（1）非传感器类现场检测仪器

典型的非传感器检测仪器有：①便携式气相色谱仪；②分光光度计类现场检测仪；③红外线 CO 和 CO_2 测定仪。

（2）传感器类空气质量检测仪

气体传感器按其检测原理可分为电化学传感器、红外传感器和离子化传感器，目前用于现场检测的气体传感器多为电化学传感器（或热化学传感器），是基于化学反应产生的电化学现象及根据化学反应中产生的各种信息（如光效应、热效应、场效应和质量变化）设计的精密而灵敏的探测装置。

4.4.2 照明检测

大部分地下建筑没有阳光的射入，很难觉察气候变化，无法直接把握时空视觉环境与心理环境的相互影响，易使人们在地下空间中会产生闭塞感和心理压抑感。这就需要通过人工照明来创造一个舒适的城市地下空间光环境。

1. 城市地下空间光环境要素

优良的光环境质量由以下五个要素构成：适当的照度水平、舒适的亮度分布、宜人的光色和良好的显色性、没有眩光干扰、正确的投光方向与完美的造型立体感。

(1) 照度水平

① 照度

选择适当的照度时要考虑的主要因素有视觉功效、视觉满意程度、经济水平和能源的有效利用。

视觉功效是人借助视觉器官完成作业的效能，通常用工作的速度和精度来表示。增加作业照度(或亮度)，视觉功效随之提高，但达到一定的照度水平后，视觉功效的改善就不明显了。大部分受测者在高对比度情况下认为最佳照度水平为 1 000 lx，而在低对比度情况下则为 1 800 lx。在更高的照度水平下(5 000～10 000 lx)，虽然视觉功效提高，但满意度开始减小。

② 照度均匀度

室内照明并非越均匀越好，适当的照度变化能形成比较活跃的气氛。但是，工作岗位密集的房间也应保持一定的照度均匀度。室内照明的照度均匀度通常以一般照明系统在工作面上产生的最小照度与平均照度之比表示，其值不应小于 0.7。工作房间中非工作区的平均照度不应低于工作区平均照度的 1/3；直接连通的两个相邻工作房间的平均照度差别也不应大于 5∶1。

(2) 亮度分布

室内的亮度分布是由照度分布和表面反射比决定的。视野内的亮度分布不适当会损害视觉功效，过大的亮度差别会产生不舒适眩光。

与作业区贴邻的环境亮度可以低于作业亮度，但不应小于作业亮度的 2/3。此外，为作业区提供良好的颜色对比也有助于改善视觉功效。

非工作房间，特别是装修标准高的公共建筑厅堂的亮度分布，往往根据室内环境创意决定，其目的是突出空间或结构的形象特征，渲染环境气氛或是强调某种装修效果。这类光环境亮度水平的选择和亮度图式的设计也要考虑视觉舒适感。

(3) 色表和显色性

光源的颜色质量包含光的表观颜色及光源显色性能两个方面。

① 光的表观颜色(色表)

光源的色表可以用色温或相关色温描述，光源色表的选择取决于光环境所要形成的氛围。我国照明设计标准按照国际照明委员会的建议将光源的色表分为三类，并提出典型的应用场所，如表 4-9 所列。

表 4-9　　光源的色表类别

色表类别	色表	相关色温/K	应用场所举例
Ⅰ	暖	<3 300	客厅、卧室、病房、酒吧、餐厅
Ⅱ	中间	3 300～5 300	办公室、阅览室、教室、诊室、机加工车间、仪表装配
Ⅲ	冷	>5 300	高亮度场所、热加工车间，或白天需补充自然光的房间

人对光色的爱好与照度水平有对应关系，图 4-20 给出了各种照度水平下，不同色表的荧光灯照明所产生的一般印象。光源的色温影响照明的气氛：色温低，感觉温暖；色温高，感觉凉爽。一般色温<3 300 K 为暖色，3 300 K<色温<5 300 K 为中间色，色温>5 300 K 为冷色。光源的色温应与照度相适应，即随着照度增加，色温也应相应提高，否则在低色温、高照度下，会使人感到酷热，而在高色温、低照度下，会使人感到阴森的气氛。

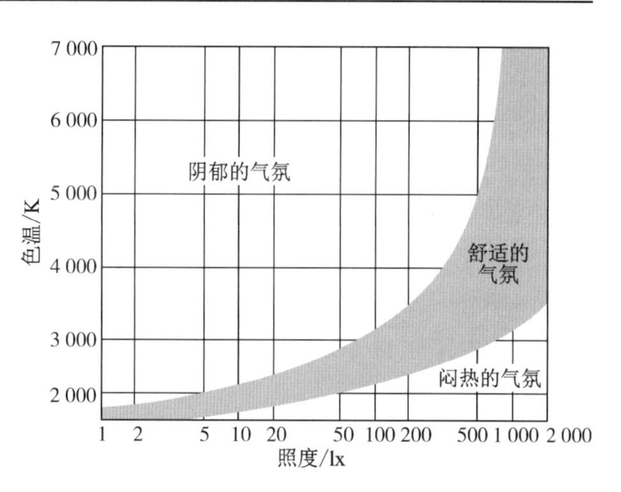

图 4-20　照度色温和房间气氛关系

② 光源显色性能

为特定的用途选择适当的照度时，要考虑的主要因素有照明光源对物体色表的影响，这是由光源的光谱功率分布所决定的。显色性用显色指数（*CRI*）定量地表示。国际照明委员会定义的显色指数是 14 种特殊规定的颜色中的任一种色样，在待测光源下的颜色与在参照光源下的颜色一致程度的度量。用特殊显色指数 R_i（$i=1\sim14$）表示有关单个色样在被测光源下的显色程度，前 8 个色样的显色指数（$R_1\sim R_8$）的平均值称为一般显色指数，用 R_a 表示，数值范围为 0～100。

(4) 眩光

如果灯、灯具或者其他区域的亮度比室内一般环境的亮度高得多，人就会感受到眩光。眩光会产生不舒适感，严重的还会损害视觉功效，所以工作房间必须避免眩光干扰。

① 直接眩光

它是由灯或灯具过高的亮度直接进入视野造成的。眩光效应的严重程度取决于光源自亮度和大小、光源在视野内的位置、观察者的视线方向、照度水平和房间表面的反射比等诸多因素，其中光源的亮度是最主要的因素。

国际照明委员会 1995 年提出用 *UGR* 作为评定不舒适眩光的定量指标。*UGR* 计算方法综合了国际照明委员会和许多国家提出的眩光计算公式并加以简化,同时,其数值对应的不舒适眩光的主观感受与英国的眩光指数一致(表 4-10),因此这一方法得到了世界各国的认同。

表 4-10　　　　*UGR* 值对应不舒适眩光的主观感受表

UGR	不舒适眩光的主观感受
28	严重眩光,不能忍受
25	有眩光,有不舒适感
22	有眩光,刚好有不舒适感
19	轻微眩光,可忍受
16	轻微眩光,可忽略
13	轻微眩光,无不舒适感
10	无眩光

② 反射眩光和光幕反射

它们是由光泽表面镜面反射的高亮度造成的,呈现在作业区以外的称为反射眩光,对视觉造成干扰。在作业本身呈现的镜面反射与漫反射的现象称为光幕反射,可使作业区的亮度对比减弱,视觉功效降低。

(5) 阴影和造型立体感

一个房间的照明能使它的结构特征及室内的人和物清晰,而且令人赏心悦目地呈现出来,这个房间的整体面貌就能美化。因此,照明光线的指向性不宜太强,以免阴影浓重,造型生硬;灯光也不能过于漫射和均匀,以免缺乏亮度变化,致使造型立体感平淡无奇,室内显得索然无味。

2. 照明检测

地下空间照明检测依据《照明测量方法》(GB/T 5700—2008)和《采光测量方法》(GB/T 5699—2017)进行。

地下空间照明检测可分为实验室检测和现场检测。实验室检测主要对单个灯具的特征或质量进行检测,为照明设计提供依据,或为工程选用合格产品;现场检测则主要对灯群照明下的照度、亮度和眩光参数进行检测,用于评价地下空间照明工程的设计效果与施工质量。

(1) 检测仪器

照明的照度测量应采用等级不低于一级的光照度计,照明的亮度测量应采用等级不低于一级的光亮度计,照明现场测量色温、显色指数和色度参数应采用光谱辐射计。

(2) 检测方法

照度的测量可采用中心布点法或四角布点法。中心布点法将照度测量的区域划分成矩形网格,网格宜为正方形,在矩形网格的中心点测量照度。四角布点法将照度测量区域划分成矩形网格,网格宜为正方形,在矩形网格 4 个角点上测量照度。

亮度的测量一般采用亮度计直接测量,测量时亮度计的放置高度以观察者的眼睛高度为宜,通常站姿为 1.50 m,坐姿为 1.20 m。

现场的色温和显色指数测量应采用光谱辐射计,每个场地测量点的数量不应少于 9 个,然后求其算术平均值,作为该照明现场的色温和显色指数。

4.5 地下工程结构耐久性检测

相关规范已对地下工程结构的耐久性作出明确规定,但遗憾的是,由于引起地下结构的耐久性问题的因素多且问题本身极为复杂,包括地铁在内的城市地下结构的劣化现象较为普遍,而早期修建的老旧线路和地下结构的问题则更为突出。因此,对地下结构的主要组成部分如衬砌、钢筋和防水材料进行耐久性检测,对渗漏水等病害进行探查、检测则显得十分重要和必要。

4.5.1 地下结构耐久性及其要求

地下工程结构主要采用钢筋混凝土材料,其耐久性可定义为:结构在规定的使用年限内,在各种环境条件下,不需要额外的加固处理而保持其安全性、正常使用性和可接受的外观的能力。

《地铁设计规范》(GB 50157—2013)对地下结构耐久性作出如下规定:①主体结构和使用期间不可更换的结构构件,应根据使用环境类别,按设计使用年限为 100 年的要求进行耐久性设计;②使用期间可以更换且不影响运营的次要结构构件,可按设计使用年限为 50 年的要求进行耐久性设计。

《混凝土结构耐久性设计规范》(GB/T 50476—2008)对城市桥梁、隧道等市政工程结构的耐久性作出如表 4-11 所示的规定,并且规定:一般环境下的民用建筑在设计使用年限内无需大修,其结构构件的设计使用年限应与结构整体设计使用年限相同。

表 4-11 混凝土结构的设计使用年限

设计使用年限	适用范围
不低于 100 年	城市快速路和主干道上的桥梁以及其他道路上的桥梁、隧道,重要的市政设施等
不低于 50 年	城市次干道和一般道路上的中小型桥梁,一般市政设施

《城市综合管廊工程技术规范》(GB 50838—2015)对城市综合管廊的结构耐久性明确规定:综合管廊工程的结构设计使用年限应为 100 年。综合管廊结构应根据设计使

用年限和环境类别进行耐久性设计，并应符合《混凝土结构耐久性设计规范》(GB/T 50476—2008)的有关规定。

4.5.2 衬砌耐久性检测

混凝土耐久性损伤原因可以分为内因和外因。内因是混凝土在浇筑过程中存在的固有缺陷，如混凝土内部存在毛细管、孔隙引起的碳化效应，碱骨料引起的碱-集料反应。外因是存在于混凝土周围的自然环境和使用环境，如环境污染、空气中盐含量高、长期冻融、地下水中含酸性介质、微生物环境恶化等。

耐久性检测就是针对上述造成地下结构混凝土、钢筋和防水材料的劣化、渗漏水等病害的原因及其效应所开展的检查、检测工作。城市地下结构耐久性检测的基本项目如表 4-12 所列。

表 4-12　城市地下结构耐久性检查、检测基本项目

项目编号	项目名称	项目内容	检测方法	单位
1	衬砌完整性	衬砌厚度、填充密实情况、是否脱空	地质雷达	m
2	外观调查	衬砌开裂、钢筋锈蚀、地下水渗漏等病害、钢筋保护层厚度	测量、拍照、记录	项
3	水质分析	水质腐蚀性化验	水质分析	组
4	碳化深度	衬砌结构碳化深度	酚酞试剂	组
5	环境因素	CO_2浓度测试、环境温度与相对湿度	测量、记录	组
6	混凝土强度	回弹检测	超声、回弹	组
7	混凝土强度	取芯、验证	取芯	组
8	氯离子含量	混凝土氯离子含量	化学滴定法	组
9	钢筋锈蚀	混凝土中钢筋锈蚀量	电化学法	组
10	钢筋分布	钢筋分布	钢筋扫描仪	组

下面对常用的地下结构耐久性检测方法进行阐述。

1. 混凝土强度

依据检测原理、检测精度和检测技术要求的不同，现场检测混凝土强度的方法主要有回弹法、超声波法、超声回弹综合法、钻芯法、拔出法等，具体方法参见本章“4.2 地下工程结构检测”。

2. 混凝土抗渗性

混凝土在碳化、钢筋锈蚀、酸性腐蚀和冻融破坏等各种劣化过程的作用下，其耐久性降低。而这些过程都直接或间接与混凝土的抗渗性有关。因此，抗渗性是衡量混凝土耐久性的重要因素，对其检测也十分重要。

对地下结构的混凝土衬砌进行抗渗性检测需钻取芯样，制备成渗透仪上可用的抗渗试件，一组钻取 6 个芯样，制作成 6 个抗渗试件，测定试样的水渗透性能。

试验方法为：①先在试样侧面涂一层密封材料；②将试样压入经过加热的钢质模具中，使试样与模具的底齐平；③等钢质模具冷却后，安装到混凝土渗透仪上进行抗渗试验。试验过程中，初始水压为 0.1 MPa，每隔 8 h 增加 0.1 MPa 水压，并随时观察试样端部，当 6 个试样中有 3 个试样的端部渗水时，停止试验，并记录当时的水压。根据规范，混凝土试样的抗渗等级为

$$S = 10H - 1 \tag{4-22}$$

式中 S——抗渗等级；

H——第 3 个试样端部渗水时的水压力值(MPa)。

3. 混凝土化学成分

当混凝土受到各种介质的风化、腐蚀作用，其内部将发生一系列化学反应，化学成分会发生变化。分析劣化后混凝土的化学成分变化，就能够明确混凝土腐蚀程度与原因。常用的成分分析方法有 X 射线衍射分析法、电子显微镜扫描分析法、荧光分析法等。

X 射线衍射分析法是利用 X 射线照射材料样品而获得的衍射图谱，分析材料的化学成分和相对含量。具体做法是：先将混凝土试样中的石子去除，对剩余的砂浆研磨至 300 目左右，在室温条件下用 X 射线衍射仪对样品进行品相分析，获得衍射图，然后与标准的衍射图谱进行比较，分析混凝土中固相物质的含量，进而分析混凝土劣化的程度和原因。

电子显微镜扫描分析法是利用电子显微镜对混凝土样品进行放大，观察混凝土的细微结构和矿物组成，分析混凝土结构的构成和各种缺陷。

荧光分析法是将酸离子沾染到混凝土上，通过观察紫外线短波辐射下发光颜色来判定骨料的酸碱性，若骨料发出黄绿色的荧光，则为碱性。

4. 混凝土碳化深度

混凝土碳化造成的碱度降低是钢筋锈蚀的重要前提，而钢筋锈蚀又将导致混凝土保护层开裂、钢筋与混凝土之间黏结力破坏、钢筋受力截面减小、结构耐久性降低等不良后果。因此，进行混凝土碳化检测十分必要。

混凝土碳化深度检测方法是在混凝土新鲜断面上喷洒酸碱指示剂，再根据断面上颜色的变化来确定混凝土的碳化深度。具体的检测步骤为：

(1) 同一混凝土构件上选择至少 3 个测区，且测区应均匀布置。

(2) 每一测区按“品”字形布置三个测孔，孔距应大于 2 倍孔径，测孔距混凝土构件边角的距离应大于 2.5 倍保护层厚度。

(3) 在混凝土表面测点位置钻孔(直径 20 mm)，并用毛刷将孔中碎屑、粉末等清扫干净，露出混凝土新鲜断面。

(4) 配制 1%～2%的酚酞酒精溶剂，将其滴或喷到测孔壁上。

(5) 等待酚酞指示剂变色。变为紫色的混凝土未碳化,未改变颜色的混凝土已碳化。测量混凝土表面至酚酞变色交界处的深度(精确至 1 mm)。

(6) 画出示意图,将测试结果在图上标注,整理、统计和分析碳化深度测量值。

5. 在役混凝土中氯离子含量

在役混凝土中氯离子的含量可根据《混凝土中氯离子含量检测技术规程》(JGJ/T 322—2013)进行。主要步骤为:

(1) 取样。首先清除混凝土表面污垢和粉刷层等,用取芯机在混凝土构件具有代表性的部位取混凝土试样,深度应大于钢筋保护层厚度。每组芯样的数量至少 3 个,当混凝土出现由于钢筋锈蚀而开裂等劣化现象时,每组芯样数量增倍。从同一组芯样中,每个芯样各取 200 g 以上等质量的混凝土试样,去除混凝土中的石子,将砂浆研磨至全部通过筛孔直径 0.16 mm 的筛子后,用 105 ℃烘箱烘干,取出放入干燥皿冷却至室温备用。

(2) 混凝土中氯离子含量可用硝酸银滴定法测定。具体方法参见《混凝土中氯离子含量检测技术规程》(JGJ/T 322—2013)附录 C 和附录 D。其基本原理是:将研磨好的砂浆粉末用硫酸溶解后,过滤得到清液;再加过量硝酸银,使氯离子变为氯化银完全沉淀;过滤后取出氯化银沉淀物,洗涤并干燥后,称量氯化银的质量,即可计算得到氯元素质量,最后可计算得到氯离子的含量。

6. 混凝土裂缝和缺陷

(1) 裂缝

混凝土裂缝是影响混凝土耐久性的关键因素,正确确定混凝土裂缝的各要素,对正确评价混凝土的耐久性能很重要。裂缝检测的要素有裂缝的分布、长度、宽度、深度和发展方向等。常见的检测方法有钻芯法和超声波无损检测法。

钻芯法比较简单,即在混凝土有裂缝的部位钻取芯样,直接查看和量测裂缝的深度和宽度。该方法结果比较准确,但对混凝土构件有一定损伤,可局部少量使用。

裂缝宽度检测。裂缝测试部位的混凝土表面应干净且平整,将裂缝内部的灰尘、泥浆等杂质清理掉,并在自然张开状态下进行检测。在每条连续的裂缝上,应选择至少两个裂缝宽度测点,并在裂缝分布图上标注出相应检测点和宽度大小值。常见的裂缝宽度测量工具有:塞尺、裂缝宽度对比卡、裂缝显微镜、裂缝宽度测试仪等。采用塞尺或裂缝宽度对比卡可直接读取测量裂缝的宽度,简单方便,但精度不高。采用裂缝显微镜测试时,对裂缝近距离放大后人工读取宽度数值,精度略高,可达 0.02～0.05 mm,但人为读数误差较大。采用裂缝宽度测试仪就是将混凝土裂缝通过影像系统放大,并在显示屏上显示,再根据屏幕上的标尺人工读取裂缝的宽度。

混凝土裂缝深度检测,常采用超声波无损检测法。根据混凝土构件厚度与裂缝深度的关系,以及混凝土裂缝测点表面情况,可选择单面平测、双面对测、双面斜测、钻孔对测等方法进行。

当混凝土裂缝深度小于 500 mm 时,可采用双面对测或斜测、单面平测法。双面对测和斜测法就是一对发射和接受换能器分别置于被测混凝土构件的两个相互平行表面上，对测时两个换能器的轴线位于同一直线上，斜测时两个换能器的轴线不在同一直线上。单面平测法就是两个换能器放置在混凝土构件的同一表面上进行。

当混凝土裂缝深度大于 500 mm 时，由于超声波在混凝土中传播距离的限制，可采用钻孔测试法。具体做法是：在裂缝的两侧垂直于混凝土表面钻两个孔洞，孔洞大小应能放入换能器探头，孔间距 200 mm，孔深应比裂缝深度大至少 70 mm。然后再根据钻孔和换能器的相对位置，采用孔中对测、孔中斜测和孔中平测等方式进行测试。孔中对测就是在两个对应钻孔分别放置一个换能器探头，且高度相同，进行测试。孔中斜测与对测基本相同，只是两个换能器探头在孔中的高度不同。孔中平测就是两个换能器探头放在同一钻孔中，以一定高程差同步移动进行测试。

(2) 缺陷

检测混凝土缺陷的方法有声发射法、雷达法等无损检测方法。

声发射法是在混凝土构件表面的不同部位设置声音接受传感器，混凝土构件在受力和变形过程中会不断发出瞬态振动波，该瞬态振动波被传感器接收，经信号放大器放大后，通过计算机处理，可间接评价混凝土构件内部损伤情况。现在最新的软件可以根据不同探测位置上传感器的应力波到达时间差确定破损点的位置。但该方法只适用于混凝土结构不断变形和受力不断增加的过程中，对于静态结构不适用。

雷达法是用频率 100～1 200 MHz 的电磁波对混凝土构件进行扫描，当混凝土构件中存在孔洞、裂缝、分层等缺陷时，可反射不同声学参数的电磁波，接收器接收反射电磁波，并绘制成雷达波形图，对雷达扫描波形图进行分析即可间接得到混凝土内部缺陷的分布。

4.5.3 钢筋的检测

在钢筋混凝土结构中，对钢筋进行检测，一般主要检测钢筋在混凝土中的数量、位置、腐蚀程度及其保护层厚度等。

1. 钢筋数量和位置检测

钢筋数量和位置检测有破损检测法和无损检测法两种。

破损检测法是指对需要检测的部位，直接凿去混凝土的钢筋保护层，通过目测观察和量测获得钢筋的数量、直径和保护层厚度。该方法对混凝土构件有一定的损伤，因此不建议频繁使用，尤其对重要的混凝土构件，不建议采用。在必须使用破损法检测的场合，应先行对构件预保护，再轻轻剥去混凝土的钢筋保护层，尽量减少对混凝土结构其他构件和部位的损伤，并在检测后及时修补加固。

无损检测方法是指在不破损混凝土外部和内部结构及其使用性能的情况下，利用声、电、磁和射线等手段间接判断钢筋位置、数量及其保护层厚度的方法。常用的方法有电磁法、雷达法和超声法等。

2. 钢筋锈蚀程度检测

混凝土中钢筋锈蚀程度常用破损检测法、裂缝观测法和无损检测法三种。

破损检测就是将混凝土构件的部分混凝土凿除，露出锈蚀的钢筋，直接观测测试钢筋表面的锈蚀程度，当需要精确定量化钢筋锈蚀参数时，可截取部分锈蚀钢筋，送交实验室，通过对钢筋截面的量测和计算，确定钢筋的面积损失率和重量损失率。由于破损检测对混凝土构件造成了一定程度的损伤，一般在特殊情况下使用，例如钢筋锈蚀比较严重，导致混凝土开裂严重、内部形成明显的空鼓、开裂甚至脱落等，此时采用破损检测可直观准确获知钢筋的锈蚀程度，且能获得钢筋锈蚀定量参数。

裂缝观察法就是根据钢筋锈蚀后体积膨胀使得混凝土保护层开裂的原理，通过观测混凝土裂缝的形状、分布和裂缝宽度等，间接判断钢筋锈蚀的程度。

钢筋锈蚀的无损检测是发展较快的一类检测手段。无损检测手段很多，主要包括电阻棒法、涡流探测法、声发射探测法、射线法、红外热像法、自然电位法、交流阻抗谱法、极化电阻法、恒电量法、混凝土电阻法、电流阶跃法等。目前，综合无损检测方法应用较多，就是综合运用上述几种技术进行综合测定。综合无损检测法是使用钢筋锈蚀的电流来确定钢筋的锈蚀速度。钢筋混凝土中，钢筋锈蚀的电流大小可根据钢筋的自然电位、极化程度、混凝土的电阻率等参数综合求出。

5　地下工程结构病害调查与检测

城市地下工程结构发生较大变形后，即伴随着大面积漏水、喷涌、涌沙等结构病害及险情发生的可能。本章主要对城市地铁隧道结构病害检测内容及方法进行论述与说明。

城市地铁隧道结构变形对于运营安全影响极大，可能导致设备限界变化，导致轨行区域异物侵入，轨道线路发生变形，影响钢轨的平顺性，进而影响车辆的安全运行。为及时了解地铁隧道结构变形状况，保证地铁安全运营，必须对地铁隧道进行结构病害调查与检测。

5.1 地下结构设施及病害检查检测

5.1.1 地铁隧道结构设施的检查内容及方法

1. 混凝土管片（表 5-1）

表 5-1 混凝土管片的检查内容及方法

序号	检测内容	检测方法
1	裂缝、缺角、掉块、腰部破损	目视检查，目视估算病害量
2	渗漏、渗泥沙	目视检查，目视估算渗漏量，用卷尺测量泥沙堆积高度
3	嵌缝条悬垂	目视检查，目视估算悬垂长度
4	注浆孔闷头锈蚀、缺损	目视检查，记录病害数量
5	手孔螺帽、螺栓锈蚀、缺失	目视检查，记录病害数量
6	双圆隧道钢保护壳锈蚀	目视检查，记录病害数量
7	接缝张开、错缝、错台达到 8 mm 及以上	目视检查，用卷尺测量病害量

2. 钢管片（表 5-2）

表 5-2 钢管片的检查内容及方法

序号	检测内容	检测方法
1	表面锈蚀	目视检查，目视估算病害面积
2	渗泥沙	目视检查，目视估算渗漏量，用卷尺测量泥沙堆积高度
3	内格腔填充混凝土开裂、破损、掉块	目视检查，目视估算病害量
4	牛腿部位积水	目视检查，目视估算病害量

3. 井接头（表 5-3）

表 5-3 井接头的检查内容及方法

序号	检测内容	检测方法
1	井接头渗漏、渗泥沙	目视检查，目视估算渗漏量，用卷尺测量泥沙堆积高度
2	混凝土开裂、破损、掉块	目视检查，目视估算病害量

4. 旁通道、泵站及集水井（表 5-4）

表 5-4 旁通道、泵站及集水井的检查内容及方法

序号	检测内容	检测方法
1	渗漏、渗泥沙	目视检查，目视估算渗漏量，用卷尺测量泥沙堆积高度
2	混凝土开裂、破损、掉块	目视检查，目视估算病害量
3	预留注浆孔冒水、冒泥沙	目视检查，用量杯测量水流量，用卷尺测量泥沙堆积高度
4	集水井水管口有不明水源、涌水、涌泥	目视检查，用量杯分别测量道床进水口和集水井出水口的水流量，用卷尺测量泥沙堆积高度
5	集水井进水管堵塞	目视检查，目视观察进水管口是否有异物。机械检查，用内窥镜等机械设备检查进水管是否通畅

5. 中间风井（表 5-5）

表 5-5 中间风井的检查内容及方法

序号	检测内容	检测方法
1	渗漏、渗泥沙	目视检查，目视估算渗漏量，用卷尺测量泥沙堆积高度
2	混凝土开裂、破损、掉块	目视检查，目视估算病害量

6. 后装内钢圈（表 5-6）

表 5-6 后装内钢圈的检查内容及方法

序号	检测内容	检测方法
1	表面锈蚀	目视检查，目视估算病害面积
2	环氧与钢板及混凝土是否结合紧密	工具检查，用小锤敲击钢板，记录是否有空洞声响
3	道床拉结连杆是否紧固	工具检查，用小锤敲击连杆，记录是否有松动
4	钢板固定锚栓是否紧固	目视检查，目视观察锚栓是否有明显位移

7. 加固用纤维布（表 5-7）

表 5-7　　加固用纤维布的检查内容及方法

序号	检测内容	检测方法
1	与原基面是否密贴牢固	目视检查，目视观察纤维布是否与管片有脱开、抽丝现象

8. 整体道床（表 5-8）

表 5-8　　整体道床的检查内容及方法

序号	检测内容	检测方法
1	道床混凝土裂缝、破损	目视检查，目视估算病害量
2	轨枕与道床离缝	目视检查，目视估算病害量
3	管片与排水沟开裂脱离	目视检查，目视估算病害量
4	预留注浆孔闷头缺失（不包括已经用混凝土填实的）	目视检查，记录病害数量
5	预留注浆孔渗漏水、渗泥沙	目视检查，目视估算渗漏量，用卷尺测量泥沙堆积高度

9. 侧向平台（表 5-9）

表 5-9　　侧向平台的检查内容及方法

序号	检测内容	检测方法
1	栏杆油漆起泡、脱落、锈蚀	目视检查，目视估算病害量
2	栏杆松动，有侵限危险	目视检查，记录病害数量
3	混凝土开裂、破损	目视检查，目视估算病害量
4	钢结构镀锌层剥落锈蚀	目视检查，目视估算病害量
5	板材破损	目视检查，目视估算病害量
6	支架及紧固件松动	目视检查，目视估算病害量

10. 双圆隧道中间隔墙（表 5-10）

表 5-10　　双圆隧道中间隔墙的检查内容及方法

序号	检测内容	检测方法
1	防火隔断板缺损、松动	目视检查，记录病害数量
2	中隔墙破损、开裂	目视检查，目视估算病害量

11. 人防门（表 5-11）

表 5-11 人防门的检查内容及方法

序号	检测内容	检测方法
1	门扇的外形是否扭曲、下垂、变形、锈蚀；门铰耳孔与轴度是否偏离、变形；连接链条是否松动；链条扣是否牢固	目视检查，记录病害数量
2	门框的混凝土门孔是否变形、开裂、露筋、混凝土脱落；锁孔位置是否偏离、破损；密封条是否凹凸不平、有伤痕、缺损；门框与混凝土连接部位是否有松动、位移，门框几何尺寸是否有变形	目视检查，记录病害数量
3	传感器的底座是否有位移、变形、锈蚀破损	目视检查，记录病害数量
4	门总体结构外观表面是否平整、光滑；油漆是否完整、是否有毛刺	目视检查，记录病害数量
5	千斤顶是否有锈蚀、脱焊、破损；千斤顶底座混凝土是否有开裂、脱落、破损	目视检查，记录病害数量
6	周边积水、渗水是否对人防门的结构有影响	目视检查，记录病害数量

5.1.2 地铁隧道病害检测计划

根据隧道结构设施情况，隧道结构设施检查分为年度检查、季度检查、双周检、周检、专项检查和特殊检查。

（1）年度检查即年检，是指每年秋季对隧道设备定期进行全面、全方位检查的工作。年检是对本年度设备进行全面鉴定、评估并为编制次年设备维修计划提供依据。

（2）季度检查即对结构耐久性或设施功能存在影响，但不直接影响结构和运营安全的病害，纳入季度检查范围，检查项目如表 5-12、表 5-13 所列。

（3）隧道区间日常检查按固定频率进行，检查结果作为预警及下一周期生产计划工作内容确定的依据。地下区间结构日常检查频率为每 2 周 1 次，对于存在砂性土区段、监测数据超标段以及结构受损段的区间，检查频率为每周 1 次。

表 5-12 盾构隧道季检项目

检查对象	检查内容	频率	备注
混凝土管片	缺角、裂缝、掉块	1 次/季度	
井接头	混凝土开裂、掉块、破损	1 次/季度	
旁通道、泵站及集水井	集水井进水暗管堵塞	1 次/季度	
	混凝土开裂、掉块、破损	不定期	防汛检查
中间风井	混凝土开裂、掉块、破损	1 次/季度	
整体道床	道床混凝土裂缝、破损；管片与排水沟	1 次/季度	

表 5-13　　非盾构法隧道季检项目

检查对象	检查内容	频率	备注
顶板	混凝土开裂、掉块、破损	1次/季度	
侧墙	混凝土开裂、掉块、破损	1次/季度	
整体道床	混凝土开裂、掉块、破损	1次/季度	
泵站及集水井	混凝土开裂、掉块、破损	1次/季度	
	集水井进水暗管堵塞	不定期	防汛检查

(4) 专项检查：是指某段隧道发生突发事故，或表观检查达到A级及以上，或监测数据超标时，在隧道外观检查的基础上，根据病害特征针对一些重点部位采用监测、探测、取芯、耐久性检查相结合等方式所做的全面的、深度的检查。专项检查的内容和频率根据相关专题会议的要求而定。

(5) 特殊检查：指对特殊建筑物和构筑物的检查。具体为井接头、旁通道或泵站等。检查时要特别注意端头井井圈及进出洞10环管片、旁通道左右各10环管片的病害情况及旁通道薄弱部位的检查。在周检和双周检中完成。

5.1.3 城市道路隧道检查与检测

城市道路隧道检查分为经常性检查、定期检查和特殊检查。

1. 经常性检查

隧道经常性检查应主要检查各结构部件的功能是否完好、有效，运行是否正常，以发现需改善的设施缺陷和对通行有影响的设施缺陷应做好检查记录，并及时处置。对缺损严重、危及安全运行，且无法判断其损坏原因的，提出特殊检查的要求。

经常性检查的周期为每天1次，并记录缺陷状况。

经常性检查内容应包含：①路面及检修道的明显缺陷；②隧道内装饰面砖及其他装饰材料是否有起拱、脱落现象；③变形缝是否有损坏情况；④横截沟、边沟等排水设施是否良好，是否有积泥堵塞现象；⑤隧道内设备箱门、通道门、交通信号、标志标线是否完好；⑥隧道内车行道的渗漏水状况；⑦构筑物的表面是否清洁；⑧车行道上是否有影响运行的障碍。

2. 定期检查

隧道定期检查是由从事隧道养护工作的专业工程师组织，配以必要的仪器进行检查，检查时应填写“设施定期检查表”，记录缺陷情况，并作状态评价。根据定期检查的情况，编写检查报告，对检查时存在的缺陷进行记录，并对原因、程度、严重性等方面作出分析后进行及时处理，若发现重大病害、隐患应报有关部门。运营6～10年以上的隧道应进行首次结构服役性能检测鉴定，下一次服役性能检测的时间根据上一次检测的鉴定结果确定。隧道结构服役性能鉴定的工作内容应包括结构使用条件和结构性能的检查，以及结构服役状态的评定。隧道结构的检查应查明隧道使用条件及其变化、查验与检测隧道结构及其材料的性能、分析隧道结构及其材料的性能变化。隧道结构性能评定包括耐久性、适用性和安全性三个方面，应采用统一的隧道结构服役状态等级表示。

定期检查内容、周期和方法应符合表 5-14 中的要求。

表 5-14　　定期检查内容、周期和方法

项目		内容	周期	方法
路面	水泥混凝土	路面强度、平整度、抗滑等指标	年	仪器
	沥青混凝土			
结构	混凝土结构	是否变形、缺损、裂缝、腐蚀、渗漏、露筋	年	仪器、目测
	联络通道	是否有沉降、缺损、裂缝、渗漏	年	仪器、目测
	各段间剪力键	是否有沉降、缺损、裂缝、渗漏	年	仪器、目测
	竖井与管段接合处	是否有沉降、缺损、裂缝、渗漏	年	仪器、目测
附属设施	风塔	混凝土是否有缺损、裂缝、沉降，变形缝是否漏水	季	仪器、目测
	排水设施	沟槽内是否有淤积，金属管道是否畅通，管道是否被腐蚀，盖板是否翘起、碎裂、有响声	季	仪器、目测
		是否变形、缺损、裂缝、渗漏，横截沟截流效果	年	
	光过渡段	防水层、侧墙伸缩缝是否漏水，遮阳板是否缺损	周	仪器、目测
		是否变形、缺损、裂缝、渗漏、露筋	年	
	装饰层	表面是否完好，是否有缺损、变形、压条翘起，节点是否牢固	年	目测

运营隧道服役性能检查鉴定应包括初步检查、详细检查和服役状态等级评定。

初步检查工作应按如下方式执行：①资料收集；②现场踏勘；③编写初步检查报告，并进行技术验收。

详细检查应按如下方式执行：①执行详细检查前应根据检查要求和初步检查报告编制详细检查的工作大纲；②详细检查工作大纲应进行技术评审；③现场工作；④编制详细检查报告。详细检查过程中若发现预定的工作大纲中存在缺项、采样的代表性不足或测试数据存在较大偏差等情况，应进行补充检查。

隧道结构服役状态鉴定工作应包括隧道结构使用条件核定、构件服役状态等级评定、结构连接服役状态等级评定、结构区段服役状态等级评定以及隧道整体服役状态等级评定等内容。根据检查、评定结果提交隧道结构服役状态鉴定报告。

3. 特殊检查

隧道特殊检查由专业检测单位进行检查，并做出检查报告，对结构整体性能、功能状况作分析鉴定。在进行特殊检查时应充分收集资料，包括竣工图、材料检验报告、施工记录、历次定期检查资料和维修资料。根据隧道病害状况和性质，宜采用适当的仪器设备以及现场勘探、试验等特殊手段和科学方法，查明、阐述检查部位的损坏原因及程度，确定隧道的技术状态，并提出结构部件和总体修理、加固或改善方案。

特殊检查主要检查隧道内受影响的主要结构部位和直接影响车辆通行的部位，包括柱、梁、板、井、管片、连接件、防水结构等，车行道及通道中的其他附属设施。特殊检查对结构中出现的一般缺陷，可采用目测的方法进行检查。

隧道在下列情况下应进行特殊检查：①应急检查：设施遭受车辆撞击、沉船撞击、锚击、地震、台风、火灾、化学剂腐蚀、超限车辆通过等出现结构损伤。②专门检查：经常性和定期检查中难以判明是否安全的设施；为达到或提高设计承载等级而需要进行修复加固以及改建、扩建的设施；超过设计年限还需延长使用的设施。

应急检查应由上级隧道管理机构的专职隧道养护主管工程师主持。专门检查应由专职隧道养护主管工程师主持，委托有资质的检测部门或具有相关能力的科研设计单位、工程咨询单位实施。

4. 安全保护区检查

隧道安全保护区检查是在隧道安全保护区域内进行限制性施工作业时，在限制性作业期间及后续阶段对隧道进行的安全监测。限制性施工作业应按相关规定办理行政许可及签订保护协议；安全保护区日常巡视由养护单位负责，养护监理单位不定期巡查；检测应由有隧道检测专业资质的单位实施。

隧道安全保护区监测内容包括：①安全保护区域范围内地面沉降、土体侧移；②隧道控制截面的变形监测；③隧道管片张开量、渗水量等；④管理部门认定的影响隧道安全的其他监测内容。

5.2 地下工程结构变形检测

5.2.1 地铁隧道变形的控制指标

变形控制指标根据内容可以分为沉降控制指标和收敛控制指标。当数据情况达到规定指标时需要采取相应的治理措施进行整治。

1. 沉降控制指标

当隧道的沉降数据同时满足以下条件时，需采用注浆的方法进行维修处理。

(1) 连续 6 个月差异沉降速率大于 0.02 mm/d；

(2) 沉降曲线斜率大于 1.6‰；

(3) 沉降曲线曲率半径小于 3 000 m。

2. 收敛控制指标

当单圆通缝隧道、单圆错缝隧道的收敛数据满足以下条件时，需进行贴芳纶布或加钢环及堵漏处理。

Φ6.2 m单圆通缝拼装隧道水平直径收敛值为80～100 mm时进行贴芳纶布及堵漏处置，大于100 mm时加钢环；错缝拼装隧道水平直径收敛值大于等于50 mm时进行贴芳纶布及堵漏处置，大于80 mm时加钢环。

连续3个单月收敛增加3 mm或年度增量大于10 mm及以上，结合实际情况处置。

5.2.2 地铁隧道结构变形监测

地铁隧道发生的主要变形是垂直位移、隧道收敛变形、水平位移等。结构安全监测按监测周期可分为长期监测和监护监测两大类。

长期监测主要采用“定期体检”的方式，监测主体结构随所在地层变化而引起的隆沉和地铁运营而引起的结构变形，主要监测内容为垂直位移监测和隧道收敛变形监测。监护监测是在地铁保护区范围内进行各种工程施工时，为了及时了解施工对地铁结构的影响程度、确保地铁结构安全，而依法进行的地铁结构的监护监测。

为确保运营线路的安全及稳定，不受邻近建造工程的影响，必须监测地铁隧道、高架、结构及装置所受到的应力(应变)、变形以及震动等影响。监测工作通过不同测量方法进行，并按需要辅以工程仪器。

按照监测目的可划分为沉降监测、收敛监测、水平位移监测及远程监控等。

沉降监测：受周边建设施工活动、邻近加卸载等条件影响，隧道易发生不均匀沉降，而采取的确定结构竖直方向尺寸变化的测量手段。

收敛监测：受地面加卸载、邻近地铁施工及隧道质量影响，隧道发生横向收敛变形，多呈“横鸭蛋”形状，而采取的确定结构净空尺寸变化的测量手段。

水平位移监测：地铁结构受到一侧的土体加卸载时，会发生一定的侧向位移。和纵向沉降一样，会导致圆形隧道内管片错台、渗漏水、结构开裂等病害产生。主要采用极坐标法，在影响范围之外稳定的区域布设控制点，用高精度全站仪施测。该方法可根据需要采取人工方法，也可选取具备自动测量功能的“测量机器人”型全站仪全自动测量。

远程监控：针对工程不同需要，在不同场合各自的应用环境下，从不同角度对工程实行远程监控。通过几个部分的联合使用，相互配合、取长补短，全面反映工程建设的各种信息，把握工程进展和质量控制情况，完成远程监控，实现控制安全风险的目的。

5.2.3 隧道变形监测频率

长期沉降，地下区间每半年监测一次，地面及高架区间每年监测一次；基岩标联测与长期沉降同期实施；重点区段原则上每月监测一次，遇有变形速率过大等异常情况加密实施；圆形隧道结构长期收敛监测每年实施一次。

5.3 地铁隧道结构变形检测方法

5.3.1 长期沉降检测

长期监测作为运营地铁的定期体检工作，在地铁隧道结构检测中的应用主要有长期沉降监测和长期收敛监测。

1. 长期沉降监测

长期沉降监测作为掌握地铁线路纵向差异沉降的重要手段，存在“线路长、精度要求高、工作量大、仅能夜间施工”等诸多难点。在布点、控制网布设、精度要求、监测方法、监测频率、数据处理等方面都有着严格的要求。

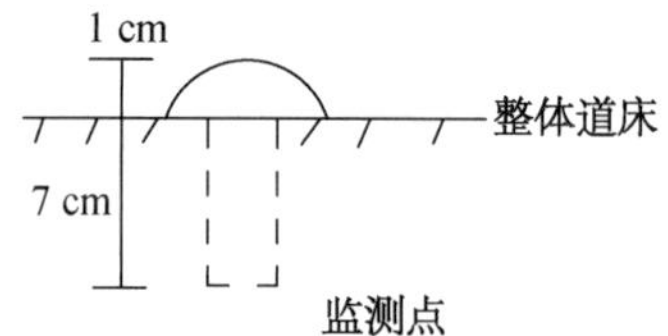

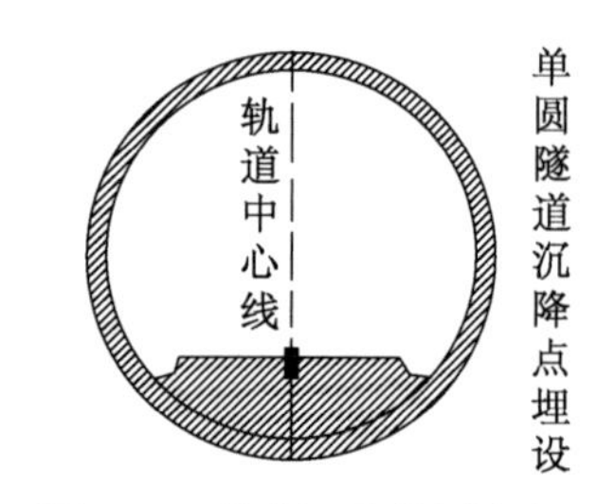

图 5-1 道床沉降监测点埋设示意图

(1) 监测点布设

监测点为永久设施，监测点应选用优质的不锈钢材料制作，其位置结合结构特点布置：道床部分按每幅道床结构块两端各埋设一个监测点(间隔 60 cm)，幅内按 6 m 左右布设一个监测点，监测点布设于轨道枕木中间，在枕木上钻孔后埋入不锈钢标志，用环氧树脂封固，监测点顶部圆帽略高于道床面(图 5-1)。浮置板道床区段的监测点宜布置于隧道管片结构上。

地面高架段除在道床上按上述要求埋设观测点外，在每个桥墩立柱上设一对监测点，埋设于离地面 0.5 m 左右高度的柱身上，采用顶部呈半球形不锈钢标志(图 5-2)。高架段 U 形梁徐变监测点布设沿线路前进方向每根梁设置 7 个监测点，其中 4 个布设在支座正上方，3 个平均分布在中轴线的 1/4,1/2,3/4 处。

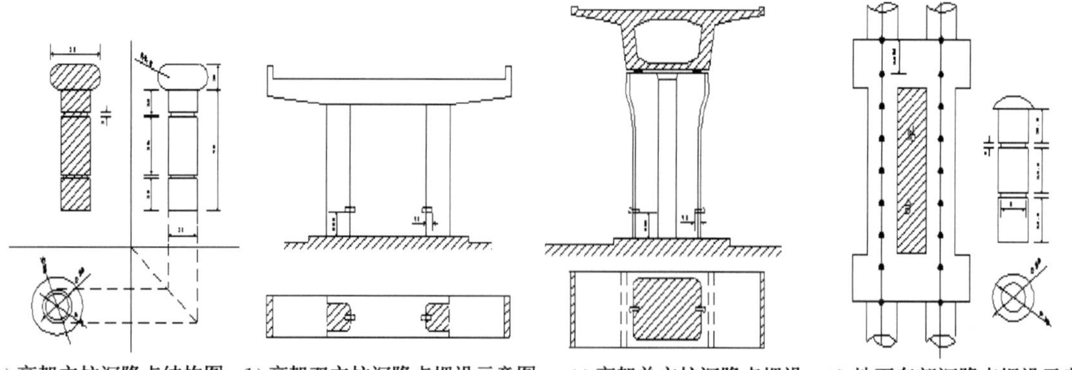

(a) 高架立柱沉降点结构图 (b) 高架双立柱沉降点埋设示意图 (c) 高架单立柱沉降点埋设 (d) 地下车部沉降点埋设示意图

图 5-2 高架立柱沉降监测点埋设示意图

地面车站仿照地面高架段布设监测点，尽可能利用建设期间布设的符合监测要求的监测点，以便与前期监测数据的利用和接续。

(2) 测量实施

长期沉降监测的高程控制应从基岩标作为起算依据。沿线专为轨道交通布设的城市普通水准点附合于基岩标上。地面路线测量，地面、地下(高架)路线联测参照《国家一、二等水准测量规范》(GB/T 12897—2006)二等水准测量技术要求，从地铁车站出入口附近的城市水准点至地铁站台工作点组成二等水准路线，通过联测，将地面控制测量的高程值传递到轨道交通运营的站台层的工作点上。在轨道交通两车站的上、下行线内分别布设二等水准路线，从一个车站站台工作点出发，两条水准路线闭合到相邻车站的站台工作点，车站间地下水准路线构成一个小的水准闭合环。沉降点测量采取“中视法”进行，一般在地铁停止运营半小时后再进行地铁线路的测量任务。

具体实施过程中，一等沉降监测变形观测点的高差中误差控制在±0.3 mm，相邻观测点的高差中误差控制在±0.1 mm；二等沉降监测变形控制点的高差中误差控制在±0.5 mm，相邻观测点的高差中误差控制在±0.3 mm。

正常状况下，长期沉降监测频率如下：地下部分 2 次/年，地面及高架部分 1 次/年。局部差异沉降大的区段根据需要加密监测，如每月 1 次。每条地铁线路监测在 3 个月内完成内外业工作。列车投入运营初期应适当加密至每年 3～4 次。

(3) 数据处理

监测点高程计算按测线进行，计算时以平差后的控制网节点成果进行。计算公式为

$$W = \sum_{i=1}^{n} h_i - (H_B - H_A) \tag{5-1}$$

$$H_{E(A)} = H_A + \sum_{k=1}^{n} h_k - \frac{k}{n} w \tag{5-2}$$

式中 H_A，H_B——控制网节点 A，B 高程平差值；

W——测线闭合差或附合差；

h——测段高差；

k——A 点到待求点 E 的测段数；

n——测线总测站数；

$H_{E(A)}$——由 A 点起算的待求点 E 的高程。

由同名点的两次高程差得到各监测点的沉降量。计算公式为

$$BC_i = H_i - H_{i-1} \tag{5-3}$$

$$LJ_i = H_i - H_0 \tag{5-4}$$

式中 BC_i——本次沉降量；

LJ_i——累计沉降量；

H_0——首次高程；

H_i——各次平差高程；

i——观测次数计数。

根据各监测点的沉降量和里程绘制本次、累计沉降曲线图，计算地铁结构的变形曲率半径、累计差异沉降坡度、差异沉降速率等指标。将长期沉降测量采集的数据成果根据曲率半径、差异沉降坡度及沉降速率等控制指标进行计算，可初步梳理出变形异常的区段，结合结构的损伤、渗漏水状况及线路周边影响等因素综合分析，为后期的维护治理提供依据。

（4）测量质量控制

每年将测量仪器送有资质单位检校；每半月对测量仪器的"i 角"进行检测；测量时，每测站前后视距大于 3 m，小于 50 m。往返测高差不符值、附合线路闭合差、环闭合差严格按照二等水准测量要求实施。沉降监测变形控制点的高差中误差控制在±0.5 m。竖尺员竖水准尺时应严格保持气泡居中，转站时避免点位放错。

5.3.2 长期收敛检测

长期收敛监测是为了了解圆形隧道的断面椭圆度变化情况。在新线投入运营的前2年，可用全断面扫描法每年进行一次，以全面了解圆形隧道的初始状态。投入运营以后，可每2年一次，采用对边直径测量法测量圆形隧道的横直径变化。长期收敛测量可采用固定测线法、全断面扫描法及满足要求的其他收敛测量方法。

1. 全断面扫描法

全断面扫描法测量收敛采用具有无棱镜测距功能的高精度全站仪，在同一竖向剖面内设置仪器对中点、定向点和检核点，收敛断面应垂直于隧道中线。选用的全站仪测角精度指标应不低于 2″级，测距精度指标不低于$\pm(3\ \text{mm}+2\times10^{-6}\times D)$。断面上的测点宜按 20～30 cm 步长等密度采集，采集点应包含起点、终点、拼装缝等特征点，断面上每段线型（直线或圆弧）的观测点不应少于5点，宜采用全站仪的机载数据采集软件，实现自动采集。

数据处理可采用计算机编程的方式，采用最小二乘法，按照一定的模型，如圆形、椭圆形等拟合出截面的形状；对圆形隧道截面的每块管片的圆弧形状，相邻管片的旋转角度进行具体分析；将横直径、纵直径的实测值与设计值比较等。如图 5-3 所示。数据处理成果应包括水平直径在内的全断面变形数据，应进行不同期数据的比较分析，成果以表格和展开图的形式表达。

全断面扫描法的优点是能全面了解圆形隧道的截面状况。缺点是采用无棱镜反射方式进行测距，采用拟合的方式进行数据处理，精度稍低。用全断面扫描法测量收敛，每环都要采集上百个数据，在运营隧道施工窗口时间紧张的情况下也不适用。一般在隧道建成后，正式投入运营前，可采用全断面扫描法全面了解圆形隧道的截面收敛变化。

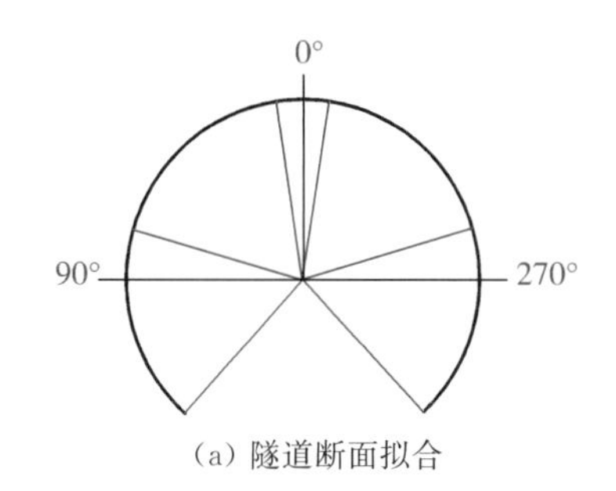

(a) 隧道断面拟合

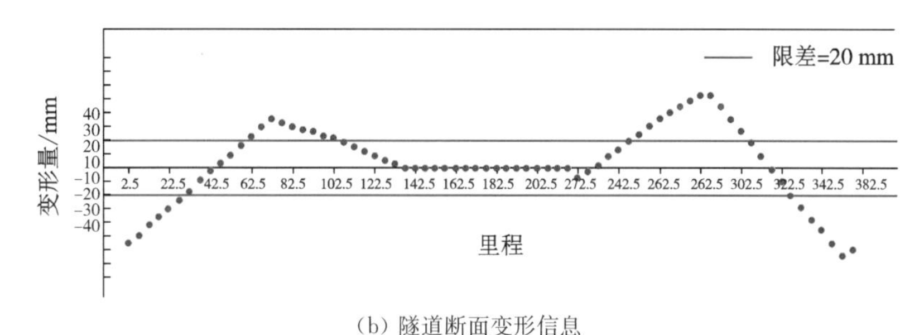

(b) 隧道断面变形信息

图 5-3 全断面扫描法测量收敛数据处理

2. 固定测线法

固定测线法收敛断面宜结合沉降点位置、按 5 环左右的间隔布设;区间隧道的第一环、最后一环、旁通道两侧应布设收敛断面;每个收敛断面宜沿水平直径设置固定测线,不同拼装方式的盾构法隧道按相关参数设置;固定测线两端可采用“十”字形标志,标志应能长期保存;当采用具有无合作目标激光测距功能的全站仪观测时,全站仪测距精度应不低于$\pm(3\ \text{mm}+2\times10^{-6}\times D)$。观测前应测定无合作目标测距短测程改正常数,并对观测边长进行改正。每次应正、倒镜观测三维坐标一测回,按公式(5-5)计算测线长度。正、倒镜观测较差不大于±2 mm 时取均值,否则应重测。

$$S=\sqrt{(X_{\mathrm{A}}-X_{\mathrm{B}})^2+(Y_{\mathrm{A}}-Y_{\mathrm{B}})^2+(Z_{\mathrm{A}}-Z_{\mathrm{B}})^2} \tag{5-5}$$

当采用手持测距仪观测时,应选用测距标称精度不低于±1.5 mm 的激光测距仪。使用前应检测测距仪无合作目标短测程改正常数。观测时,测距仪应分别对中、瞄准固定测线的两个端点,每条测线应独立进行 3 次读数,互差不大于 2 mm,取均值作为本次观测成果。收敛测量成果应进行短测程常数差的改正。

5.3.3 工程监护监测

在轨道交通安全保护区内建造或拆除建筑物、构筑物,从事打桩、挖掘、地下顶进、爆破、架设、降水、地基加固等作业或堆土堆物、绿化造景以及其他大面积增加或者减少荷载的活动会使地铁结构产生纵向沉降、水平位移,地下隧道还会产生收敛变形,进行以上施工作业时宜进行地铁监护监测测量。工程影响监护测量对象应包括：轨道交通正线、联络线、出入线等线路的道床结构、盾构法隧道的管片、高架梁和墩柱；车站和矩形隧道的侧墙，站台层的立柱；车站出入口、风井、冷却塔、电梯、变电站、电缆沟等其他需保护的轨道交通结构。

监测技术作为监护项目施工期间及时了解地铁结构变形的手段，对地铁结构的监控保护和及时整治有着重要的意义。下面从沉降监测、收敛监测、位移监测、倾斜监测四个方面介绍监护监测技术。

5.3.3.1 监护沉降监测

监护沉降监测目前以人工监测方式为主，对轨道交通影响较大的项目应配合自动化监测，采用自动化监测后人工监测项目的频率可适当降低。自动化监测在上海地铁中应用较多的方法有静力水准仪法、电子水平尺法。

1. 人工测量法

监护监测中，采用人工进行沉降监测时，道床沉降观测点一般布设在轨枕中部，浮置板道床区段的观测点宜布设于盾构法隧道段的管片、高架段的梁板、明挖区段的底板等结构上，碎石道床段的观测点宜根据现场结构状况合理布设；风井、冷却塔、垂直电梯、变电站、电缆沟等附属设施的观测点宜在结构角点布设；出入口的观测点宜在地面出口、中部平台、下部与车站接缝的两侧布设；站台层的立柱观测点结合实际情况布设。监测点按照邻近工程施工影响的范围布设，如基坑工程按照开挖深度的 4～6 倍外扩影响范围布点。布点时应本着不重复布设、不破坏道床结构的原则尽量布设永久监测点，用于长期沉降监测。

测量时通过上、下联测来确定基准点和工作基点的稳定性。测量变形点时，一般从隧道或高架车站内的工作基点开始，在地铁结构的上、下行线内分别布设二等水准闭合路线，变形点则采用中视法进行测量。

沉降监测在施工前连续测 2 次取平均作为初值。施工阶段的监测频率根据施工的工况结合运营地铁的施工窗口时间要求，进行调整。以邻近地铁的基坑施工为例，在桩基及地基加固施工阶段每周监测一次；在基坑围护结构施工、降水施工、开挖施工期间每周至少监测 2 次；在地下结构回筑施工阶段每周监测一次；上部结构施工期间每月监测一次。在监测数据报警或施工出现险情时，应加密监测频率。

人工测量法测沉降直观、经济，但是在地铁运营期间无法实施，只能在夜间列车停运时的有限时间实施，可作为一般监护工程测量地铁结构沉降的主要方法，在采用自动化法测沉降时，也可采用人工测量法辅助验算。

2. 静力水准仪法

静力水准测量的工作原理，是利用液体通过连通管，使多个容器实现液面平衡，测定基准点、观测点到液面的垂直距离，这两个垂直距离之差，就是两点间的高差。用传感器测量各观测点容器内液面的高差变化量，计算求得各测点相对于基点的相对沉降量。

如图 5-4 所示，设共布设有 n 个观测点，1 号点为相对基准点，初始状态时各测量仪器安装高程相对于（基准）参考高程面 ΔH_0 间的距离则为 Y_{01}，…，Y_{0i}，…，Y_{0n}（i 为测点代号，$i=0, 1, \cdots, n$）；各观测点安装高程与液面间的距离则为 h_{01}，h_{0i}，…，h_{0n}，则有：

$$Y_{01}+h_{01}=Y_{02}+h_{02}=\cdots=Y_{0i}+h_{0i}=\cdots=Y_{0n}+h_{0n} \tag{5-6}$$

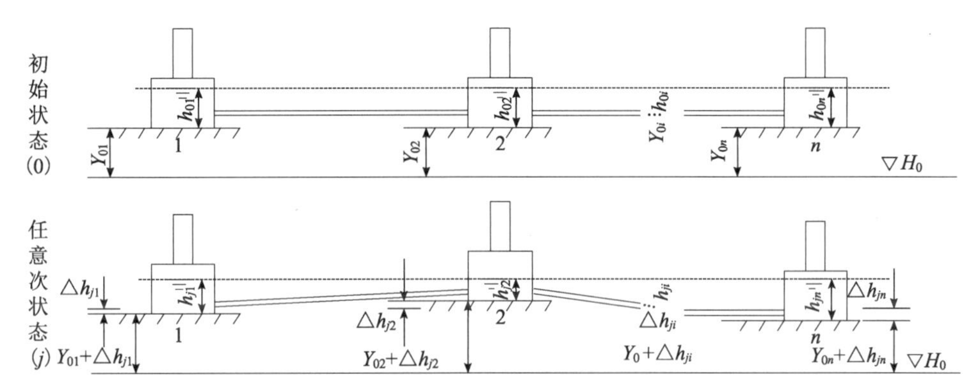

(a) 静力水准仪测沉降原理

(b) 地铁隧道内布设静力水准仪

图 5-4　静力水准仪法测地铁沉降

当发生不均匀沉降后，设各观测点安装高程相对于基准参考高程面 ΔH_0 的变化量为：Δh_{j1}，Δh_{j2}，…，Δh_{ji}，…，Δh_{jn}（j 为测次代号，$j=0, 1, \cdots, n$）；各观测点容器内液面相对于安装高程的距离为 h_{j1}，h_{j2}，…，h_{ji}，…，h_{jn}。由图 5-4(a)可得：

$$\begin{aligned}(Y_{01}+\Delta h_{j1})+h_{j1}&=(Y_{02}+\Delta h_{j2})+h_{j2}=(Y_{0i}+\Delta h_{ji})+h_{ji}\\&=(Y_{0n}+\Delta h_{jn})+h_{jn}\end{aligned} \tag{5-7}$$

则 j 次测量 i 点相对于基准点 1 的相对沉降量为

$$H_{i1} = \Delta h_{ji} - \Delta h_{j1} \tag{5-8}$$

由式(5-7)可得：

$$\begin{aligned}\Delta h_{j1} - \Delta h_{ji} &= (Y_{0i} + h_{ji}) - (Y_{01} + h_{j1}) \\ &= (Y_{0i} - Y_{01}) + (h_{ji} - h_{j1})\end{aligned} \tag{5-9}$$

由式(5-6)可得： $$(Y_{0i} - Y_{01}) = -(h_{0i} + h_{01}) \tag{5-10}$$

将式(5-10)代入式(5-9)得：

$$H_{j1} = (h_{ji} - h_{j1}) - (h_{0i} - h_{01}) \tag{5-11}$$

通过传感器测得任意时刻各测点容器内液面相对于该点安装高程的距离 h_{ji}（含 h_{j1} 及首次的 h_{0i}），则可求得该时刻各点相对于基准点的相对高程差。如把任意点 $g(g = 1, 2, \cdots, i, \cdots, n)$ 作为相对基准点，将 f 测次作为参考测次，则按式(5-12) 同样可求出任意测点相对 g 测点（以 f 测次为基准值）的相对高程差 H_{ig}：

$$H_{ig} = (h_{ij} - h_{ig}) - (h_{fj} - h_{fg}) \tag{5-12}$$

一般以静力水准测线的一端或者两端作为基准点。当监测范围较大，受到隧道坡度的影响时，需要布设多条水平静力水准测线，每条测线的首尾相接在隧道同一环上作为转点。静力水准自动化测量的精度不宜低于±0.2 mm。

静力水准仪测量法观测沉降，精度可达 0.01 mm，具有很强的敏感性，也很容易受到列车振动、温度及湿度变化的干扰，实际测量及数据分析时可以考虑将这些因素剔除。当静力水准仪的基准点也处于影响范围内时，应当采用人工水准测量的方式对基准点定期联测并进行修正。

采用静力水准仪法测量地铁沉降时，数据采集器采集的数据可通过无线网络的方式上传至服务器。这样就能在地铁运营时达到实时监测的目的。静力水准仪法已经广泛应用于邻近地铁的深、大基坑施工的监护监测中。但这种方法也具有安装调试技术要求高、成本较高等特点。

3. 电子水平尺法

电子水平尺是将一个电解质倾斜传感器固定在一根刚性金属梁内，这种倾斜传感器实际上是一个精密的气泡式水准仪，电桥电路随倾斜变化输出相应变化的电压信号，数字采集系统即可采集计算。电子水平尺用于地铁沉降监测时，两端用锚栓固定于整体道床上，监测段内结构物发生倾斜大小即可按公式 $L \cdot (\sin\theta_1 - \sin\theta_0)$ 求得（L 为尺长，θ_1 为现测倾斜角，θ_0 为初始倾斜角），如图 5-5 所示。

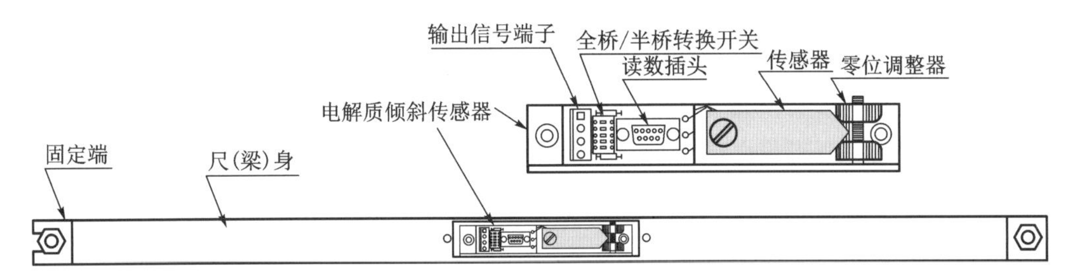

(a) 电子水平尺工作构造图

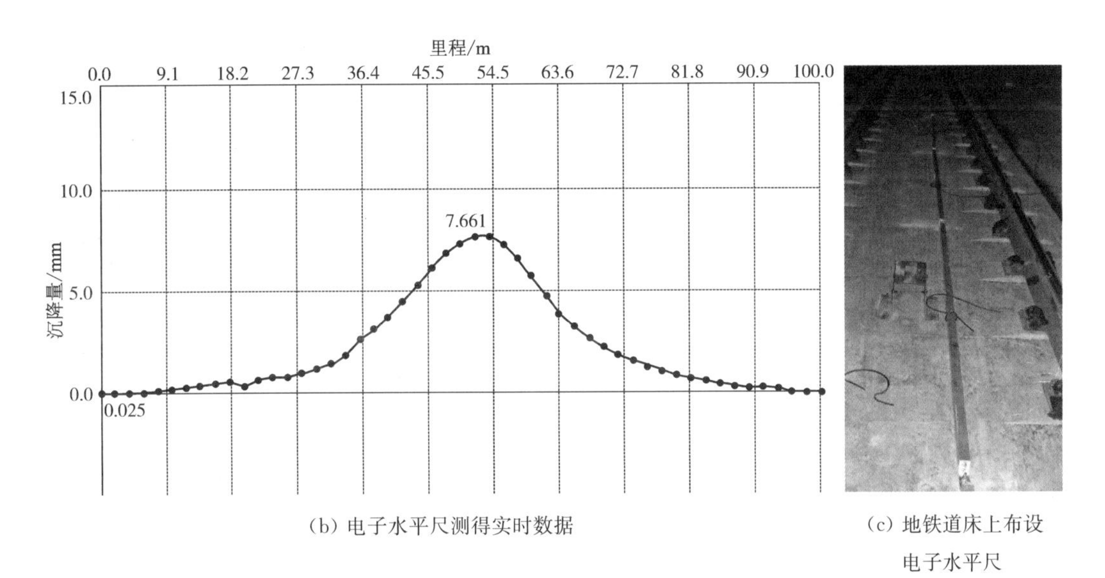

(b) 电子水平尺测得实时数据

(c) 地铁道床上布设电子水平尺

图 5-5　电子水平尺法测地铁沉降

采用电子水平尺测量地铁沉降,相对精度可达到 0.1 mm,通过通信接口传输至处理终端计算机,可实现每分钟更新实时数据。但该方法采用多根电子水平尺搭接传递,测量过程中的传递误差会累计,实际实施时,一般将影响范围外的电子水平尺两端起始点强制归零,可有效避免测量时数据漂移。当监护工程对地铁影响比较大但范围较小时使用该方法,尤其在地铁或者其他大直径市政管道穿越既有运营地铁时,电子水平尺可在穿越过程中实时了解既有地铁结构的沉降变化情况,以电子水平尺的测量数据作为依据修改盾构施工推进时的推进速度、设定土压力等参数。目前,电子水平尺法在信息化施工、控制地铁变形、提高施工质量等方面都取得了显著的效果,已成为地铁及其他市政管道交叉穿越既有线路的首选沉降监测手段。

5.3.3.2　监护收敛监测

监护收敛监测一般也应用长期收敛中的全断面扫描法或者固定测线法。施工作业项目位于隧道结构正上方或正下方,且工程影响风险等级为特级项目,宜加密布设。为了了解短期内隧道收敛椭圆度的变化，可以对直径测量法进行改进，采用全站仪自动监测，在隧道内设计直径位置布设用于激光测距的反射目标，如固定棱镜、反射片等，这样可以大大提高对边直径测量法的精度。

为了解决地铁运营期的收敛测量问题，可以利用自动化收敛测量。

如图 5-6 所示，在隧道管壁直径的位置上安装测距仪固定支架，并将高精度激光测距仪固定在支架上，设置激光测距仪采集数据的频率，通过无线通信方式可在地铁运营期间实时了解地铁结构的收敛变化情况。

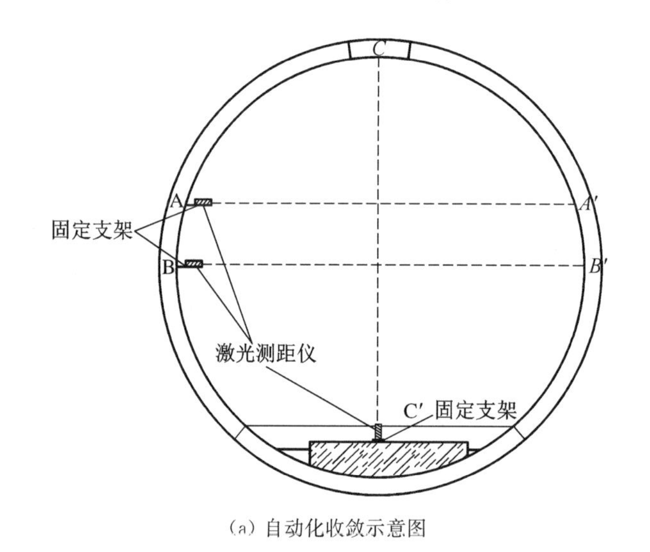

(a) 自动化收敛示意图

(b) 隧道内布设固定支架测量收敛

图 5-6　自动化收敛测量

5.3.3.3　监护位移监测

水平位移观测区段长度小于 300 m、通视条件良好时，水平位移测量可采用视准线法、小角度法或自由设站基准线法等方法实施。范围较大或通视条件不佳时，可采用导线网、边角网等形式布设水平位移控制网。随着仪器的进步，极坐标法在地铁监护监测中得到了越来越多的应用。该方法可以采用人工实施，也可以根据项目的情况，采用带有目标识别功能的全站仪进行自动化测量。

如图 5-7 所示，采用极坐标法测量地铁结构的平面位移，将全站仪置于隧道中，并在远离影响范围处布设 3 个以上棱镜作为后视点，用于更新测站坐标以及测站定向。在影响区域内则布设监测棱镜，全站仪通过测量棱镜坐标，并将坐标投影到监测断面上，可以得到相对于监测断面的横向和纵向位移量。该方法的所有功能还可以通过软件进行操控，并将测量数据通过无线网络方式传送到控制终端，即可实现自动化实时监测地铁结构平面位移。

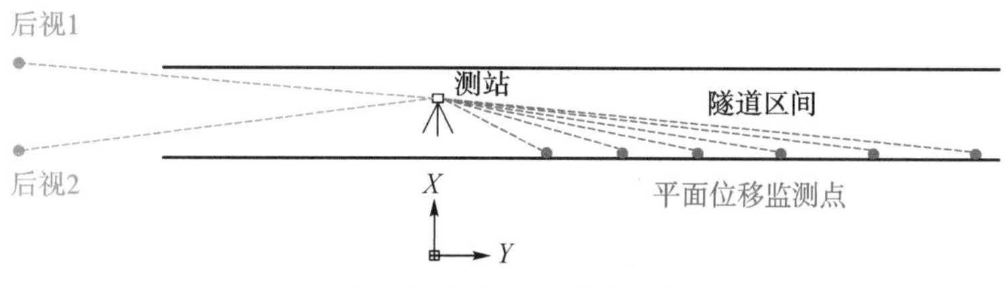

(a) 极坐标法测量平面位移示意图

(b) 现场布设测站及棱镜

图 5-7　极坐标法测量地铁平面位移

5.3.3.4　监护倾斜监测

倾斜测量适用于高架墩柱、明挖区间或车站的侧墙等轨道交通结构的倾斜观测，在结构的上、下部竖向对应设置观测标志。倾斜测量应根据现场观测条件，选用投点法、全站仪坐标法、倾斜仪法或差异沉降法等观测方法，也可采用精度满足要求的其他倾斜测量法。

投点法适用于每个测站观测一个倾斜方向的变形量；全站仪坐标法能在同一测站对监测对象在两个正交方向的倾斜变化量进行观测；当采用倾斜传感器观测时，可采用倾斜计、电水平尺等传感器；当采用差异沉降法进行倾斜观测时，应在需要观测的倾斜方向上对应设置沉降观测点。

5.4　城市地下道路隧道变形检测

5.4.1　盾构法隧道变形检测

1. 沉降检测

(1) 检测要求

① 隧道沉降检测应符合现行国家标准《国家一、二等水准测量规范》(GB/T 12897—

2006)的要求；

② 应采用基岩标作为越江隧道的高程基准点；

③ 隧道外埋设的水准检测基准标应为多层套管式深层标，埋设深度应大于隧道底板，特殊情况下，埋设深度可等于隧道底板；

④ 深层标每年宜与基岩标联测 2 次；

⑤ 观测精度须按二等精密水准标准实施；

⑥ 隧道内观测点的埋设，应根据设计要求布置，如设计无明确要求，可按下列要求布置：矩形段每节四个角防撞墙上各设一个测点，圆形段每 30 m 设一个测点，竖井与隧道接合处等特殊部位应增加布设测点。

(2) 检测周期

① 盾构法隧道沉降检测的周期应为每季 1 次；

② 发现隧道有突变、本次沉降量大于前两次检测平均值 2 倍或隧道保护区域内有地基施工等异常情况应增加检测频率。

(3) 检测方法

① 布设由基岩标作为起算点的首级高程控制网和以深层标作为工作基点的二级监测网；

② 首级高程控制网测量，外业测量应按照现行国家标准《国家一、二等水准测量规范》(GB/T 12897—2006)中一等水准测量的有关要求执行；

③ 二级监测网测量采用二等附合水准路线，以隧道两端的基准标作为二等水准路线的高程控制点，路线沿隧道上、下行线走向布设，用射灯照明，上、下行线构成水准路线闭合环。水准观测应按照现行国家标准《国家一、二等水准测量规范》(GB/T 12897—2006)中二等水准测量的有关要求执行；

④ 各点高程值平差计算后，即进行本次变形量和累计变形量计算，各计算数据须经过验算后方可提交使用。

(4) 检测评价

① 每次检测后，应提交检测结果评价及沉降曲线图等，如发现沉降量大和异常情况时，应及时提交分析报告和处理意见；

② 每年度应提交年度检测报告，报告应包括以下内容：检测情况介绍、检测精度评定、检测结果评价、异常情况说明、初步结论、沉降曲线图、沉降异常情况的综合分析，提出处理意见。

2. 收敛变形检测

(1) 检测要求

① 对隧道管片区域应定期进行横向、竖向收敛变形检测；

② 在隧道盾构段与工作井连接处布设一个变形监测断面，盾构段内每 100 m 设置一个变形监测断面；

③ 收敛变形检测点宜直接布设在隧道环片上。

(2) 检测周期

① 在隧道通车前,应进行第一次全线所有测点的测量,得到测量的初始值;

② 监测频率应为第一年每季 1 次,以后为每半年 1 次。

(3) 检测方法

① 测点布设

隧道变形监测点的布设(图 5-8):隧道内离防火板 30～40 cm 的距离布设两个点(B 点,C 点),两个监测点相对水平,并且在一个断面上。距离行道板向上 150～160 cm 的两侧各布设两个点(A 点, D 点),两个监测点相对水平并且在同一个断面上。

监测点采用固定点的形式埋设(图 5-8 中 A, B, C, D 监测点),可为小棱镜装置,通过膨胀螺栓将小棱镜固定在环片上。

② 横向直径、竖向距离变形观测

隧道横向直径、竖向距离的观测采用独立坐标系,利用全站仪的棱镜模式观测,获得 A, B, C, D 四点的三维坐标。

③ 横向直径、竖向距离变形计算

根据三维坐标值计算出 A, D 两点的距离以及 B, C 两点的距离。相邻两次观测的距离变化就是隧道的横向直径变形量,即通过测量 B, C 两点的长度及 A, D 两点距离变化反映隧道横向直径的长度变化。竖向距离即用空间高程计算高差求得竖向距离,即用 B 点的高程减去 A 点的高程,求得 A, B 两点的竖向距离,用 C 点的高程减去 D 点的高程,求得 C, D 两点的竖向距离。相邻两次所得的竖向长度值相减,即为隧道竖向距离变形量。测量计算模拟图如图 5-9 所示。

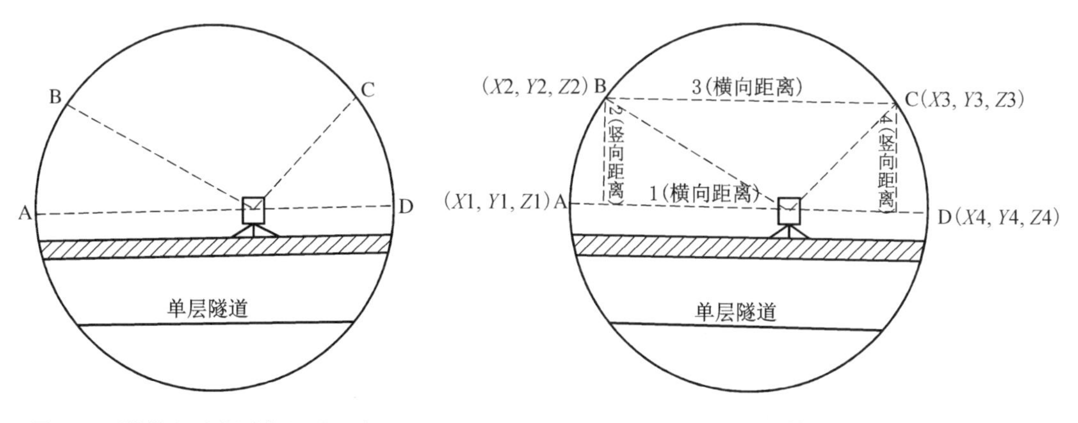

图 5-8 隧道变形监测点埋设示意图

图 5-9 测量计算模拟图

(4) 检测评价

① 每次检测后,应提交检测结果评价及位移曲线图等,如发现变形大和异常情况,应及时提交分析报告和处理意见;

② 每年度应提交年度检测报告，报告应包括以下内容：检测情况介绍、检测结果评价、异常情况说明、初步结论、位移曲线图、变形异常情况的综合分析，提出要求及处理意见。

5.4.2 沉管隧道变形检测

1. 沉管隧道沉降检测

(1) 检测要求

① 隧道沉降检测应符合现行国家标准《国家一、二等水准测量规范》(GB/T 12897—2006)的要求；

② 应采用基岩标作为越江隧道的高程基准点；

③ 隧道外埋设的水准检测基准标应为多层套管式深层标，埋设深度应大于隧道底板，特殊情况下，埋设深度可等于隧道底板；

④ 深层标每年宜与基岩标联测两次；

⑤ 观测精度应按二等精密水准测量标准实施；

⑥ 沉管隧道内观测点的埋设，应根据设计要求布置，如设计无明确要求，可按下列要求布置：沉管段的每节管段平面四个角各布置一个沉降监测点，如有必要，可在管段中间增加监测点，每节管段大于 20 m 时在边侧中间宜增加监测点。

(2) 检测周期

① 沉管隧道建成早期沉降未稳定(宜为 2 年内)，检测频率为每 2 周 1 次；

② 沉降基本稳定后(宜为 2 年后)，检测频率为每季 1 次；

③ 在发现结构沉降变化速率发生异常时，应增加检测频率。

(3) 检测方法

① 布设由基岩标作为起算点的首级高程控制网和以深层标作为工作基点的二级监测网。

② 首级高程控制网测量，外业测量应按照现行国家标准《国家一、二等水准测量规范》(GB/T 12897—2006)中一等水准测量的有关要求执行。

③ 二级监测网测量采用二等附合水准路线，以隧道两端的基准标作为二等水准路线的高程控制点，路线沿隧道上、下行线走向布设，用射灯照明，上、下行线构成水准路线闭合环。水准观测应按照现行国家标准《国家一、二等水准测量规范》(GB/T 12897—2006)中二等水准测量的有关要求执行。

④ 各点高程值平差计算后，即进行本次变形量和累计变形量计算，各计算数据须经过验算后方可提交使用。

(4) 检测评价

① 检测结果提交的内容包括本次高程、本次沉降量、本次沉降速率、累计沉降量、累计沉降速率、沉降曲线图；

② 每次完成检测后应作小结，每年应根据检测情况作分析报告；

③ 通过分析报告内容与设计数值比较分析后,作出检测评定。

2. 沉管隧道水平位移检测

(1) 检测要求

① 检测布点应在每节沉管接口处及其与两端岸边段隧道的接口处;

② 检测点应分别布置在每节沉管的四个角上;

③ 当管段较长时,应在管段中间设水平位移检测点。

(2) 检测周期

① 检测频率初期为(一般为 2 年)每月 1 次,以后为每季 1 次;

② 在发现结构沉降变化速率发生异常时,应增加检测频率。

(3) 检测方法

① 靠近路面的检测点设置成仪器台形式,靠近顶板的检测点采用固定小棱镜的形式;

② 检测方法采用自由坐标系,X 方向定义为隧道横向,Y 方向定义为里程方向,在隧道二道口处各设置一座固定仪器台,作为水平变形检测基准点,隧道内变形监测控制网采用单孔网状布置,并在隧道中部进行联测。

(4) 检测评价

① 检测结果应包括各检测点的坐标值、各方向本次位移量、累计位移量,并整理成图表形式,作为位移分析评价的依据;

② 相邻管段间的相对位移可采用三相位移计进行检测,检测布点、检测周期、报告分析等同水平位移检测。

3. 沉管隧道垂直剪力键的检测

(1) 检测要求

① 垂直剪力键检测内容为垂直剪力键的上下相对位置变化和橡胶支座接触情况,应进行定期观察记录;

② 检测布点应在每节沉管接口处及其与两端岸边段隧道的接口处。

(2) 检测周期

垂直剪力键的检测周期应为每月 1 次。

(3) 检测方法

采用三相位移计检测。

(4) 检测评价

① 检测结果应包括各方向本次位移量、累计位移量,并整理成图表形式,作为位移分析评价的依据;

② 每次完成检测后应作分析小结,每年应根据检测情况作分析报告。

4. 沉管隧道管段接缝检测

(1) 检测要求

① 管段接缝应定期观察记录,确定是否有开裂、漏水等病害;

② 管段接缝损坏的状态应由设计单位根据水平位移和水准检测资料进行换算得出，三相的安全状态应控制在设计提供的警戒值内。

(2) 检测周期

管段接缝的检测周期应为每 2 个月 1 次。

(3) 检测方法

对管段接缝应定期进行观察记录，确定是否开裂、渗漏，并记录外观和水质情况。

(4) 检测评价

① 检测结果应包括本次开裂情况、裂缝值及历次裂缝值，并整理成图表形式，作为分析评价的依据；

② 每次完成检测后应检测终值，每年应根据检测情况作分析报告。

5. 沉管段接头压缩和张开量检测

(1) 检测要求

① 确定管段接头压缩量是否存在异常；

② 确定当前的管段接头压缩量是否在警戒值内；

③ 检测应包括每个管段接头的压缩量。

(2) 检测周期

每周 1 次，必要时应加密观测频率。

(3) 检测方法

游标卡尺测量止水带压板之间的垂直间距，若遇到两块压板之间错位的情况，则取垂直距离进行测量。

(4) 检测评价

① 接头压缩量测量方法、计算方法及警戒值应由该隧道原设计单位提出，管理单位遵照执行；

② 每次完成检测后应对比历次检测数据，作出相应曲线并分析。

5.4.3 盾构法双层隧道变形检测

1. 沉降检测

(1) 检测要求

① 隧道沉降检测应符合现行国家标准《国家一、二等水准测量规范》(GB/T 12897—2006)的要求。

② 应采用基岩标作为越江隧道的高程基准点。

③ 双层隧道外埋设的水准检测基准标应为多层套管式深层标，埋设深度应大于隧道底板，特殊情况下，埋设深度可等于隧道底板。

④ 深层标每年宜与基岩标联测 2 次。

⑤ 双层隧道内观测点的布置，应根据设计要求布置，如设计无明确要求，可按下列

要求布置：圆形隧道从圆形隧道工作井的接头开始，每隔 30 m 在隧道内侧防撞墙上分别设置 1 个观测点，在连接通道处与隧道两侧防撞墙上布设 2 个观测点，连接通道内侧墙(地)上布设 4 个观测点；工作井的测点布置在防撞墙处，设置 4 个点；矩形段的测点布置在防撞墙处，每段平面四个角各设置 1 个测点。

(2) 检测周期

① 双层隧道初期沉降未稳定的(一般为 2 年内)，检测频率应为每月 1 次；

② 沉降基本稳定后(一般为 2 年后)，检测频率应为每季 1 次；

③ 在发现结构沉降变化速率发生异常时，应增加监测频率。

(3) 检测方法

① 布设由基岩标作为起算点的首级高程控制网和以深层标作为工作基点的二级监测网。

② 首级高程控制网测量，外业测量应按照现行国家标准《国家一、二等水准测量规范》(GB/T 12897—2006)中一等水准测量的要求执行。

③ 二级监测网测量采用二等附合水准路线，以隧道两端的基准标作为二等水准路线的高程控制点，路线沿隧道上、下行线走向布设，用射灯照明，上、下行线构成水准路线闭合环。水准观测应按照现行国家标准《国家一、二等水准测量规范》(GB/T 12897—2006)中二等水准测量的有关要求执行。

④ 各点高程值平差计算后，即进行本次变形量和累计变形量计算，各计算数据须经过验算后方可提交使用。

(4) 检测评价

① 每次检测后，应提交检测结果评价及沉降曲线图等，如发现差异沉降量大和异常情况，应及时提交分析报告和处理意见；

② 每年度应提交年度检测报告，报告应包括以下内容：检测情况介绍、检测精度评定、检测结果评价、异常情况说明、初步结论、沉降曲线图，根据检测结果和资料对沉降的异常情况进行综合分析，并提出处理意见。

2. 收敛变形检测

(1) 检测要求

① 对隧道管片区域应定期进行横向、竖向收敛变形检测；

② 在隧道盾构段与工作井连接处，布设 1 个变形监测断面，盾构段内，每 100 m 设置一个变形监测断面；

③ 收敛变形检测点宜直接布设在隧道环片上。

(2) 检测周期

① 在隧道通车前，应进行第一次全线所有测点的测量，得到测量的初始值；

② 监测频率为第一年每季 1 次，以后为每半年 1 次。

(3) 检测方法：参见本书“5.4.1 盾构法隧道变形检测”中“2. 收敛变形检测”的检测

方法。

(4) 检测评价:参见本书“5.4.1 盾构法隧道变形检测”中“2.收敛变形检测”的检测评价。

3. 牛腿检测

(1) 检测要求

① 牛腿的检查内容为裂缝、缺损、锈膨胀等;

② 牛腿的检查部位为沉降和形变变化量较大的位置。

(2) 检测周期

① 隧道初期沉降未稳定的(一般为 2 年内),检测频率为每月 1 次;

② 沉降基本稳定后(一般为 2 年后),检测频率为每季 1 次;

③ 在发现结构沉降变化速率发生异常时,应增加检测频率。

(3) 检测方法

① 采用目测法,在检查时对发生的缺陷应作部位、状况、程度等详细记录;

② 检测时如发现影响结构的缺陷,应及时作加固补强处理。

(4) 检测评价

① 每次检测后,应提交检测结果评价,如发现有裂缝等异常情况,应进行分析,并提出处理意见;

② 每年度应提交年度检测报告,报告应包括以下内容:检测情况介绍、检测结果评价、异常情况说明、初步结论。

5.5 城市其他类型地下结构检查与检测

地铁与地下道路隧道检查与检测如前所述,而对其他类型的城市地下结构如地下街、地下停车场、地下综合管廊等的检查与检测论述如下。

地下结构在运营阶段应进行常规检测。在经历地震、火灾、爆炸等灾害和异常事故后应进行应急检测。

地下结构健康监测内容应根据城市地下空间的行业性质和特点,有针对性地选择和确定技术方案,并应覆盖病害发生部位,检测内容和频次应根据地下空间使用功能和人群聚集程度等因素综合确定。

5.5.1 检查内容及要求

1. 常规检测

常规检测应根据地下结构特点选择检测点,其内容应符合表 5-15 的规定。

表 5-15 地下结构经常性检查内容

检查部位		检查项目	检查方法
主体		漏水	目视等
		地下水酸碱度	采用酚酞试纸测试检测全部可见漏水点
		表面缺陷(缺掉棱角、混凝土剥落、裂缝)	目视、开裂宽度测定、锤击检查
接头	接头的移动	轴向、垂直、水平向的伸缩量,温度、湿度	用游标卡尺测定接头的变化
	接头部位和止水带	渗(漏)水和变质情况	目视、锤击检查
	止水钢板	止水钢板的腐蚀、焊接处的损伤	目视
地层	地基	结构和基础间空隙、垂直下沉、水平位移等	下沉计、三维测量系统、地质雷达等
	覆盖土砂	土砂的堆积	声波探测、三维测量系统

2. ***震后应急检测***

地下结构在经历地震后应急检测的内容应符合表 5-16 的规定。

表 5-16 地下结构在经历地震后应急检测的内容

检查部位		需要检查的状态	检查项目	检查方法
主体结构检查	混凝土构件	地震烈度达到Ⅳ度(0.02g)及以上时	开裂、漏水、剥离	目视、开裂宽度测定、锤击检查
	钢构件	地震烈度达到Ⅵ度(0.08g)及以上时	漏水、变形	目视、锤击、变形测量
接头构件检查	接头变形	地震烈度达到Ⅲ度(0.008g)及以上时	轴向伸缩量,上下、左右位移量	游标卡尺测量
			接头、止水带的渗(漏)水和变质情况的检查	目视、锤击检查
	止水钢板	地震烈度达到Ⅳ度(0.02g)以上时	止水钢板的变形焊接处的损伤	目视、超声波探测
其他部位检查	地基	地震烈度达到Ⅲ度(0.008g)以上时	与经常性检查相同	与经常性检查相同
	覆盖土砂	地震烈度达到Ⅳ度(0.02g)以上时	确认覆土厚度	声波测试、三维测量系统
	沉管移动	地震烈度达到Ⅵ度(0.08g)及以上时	垂直、水平方向的移动	参考经常性检查方法

3. 火灾或异常事故后应急检测

地下结构在经历火灾或异常事故发生后应急检测的内容应符合表 5-17 的规定。

表 5-17　　地下结构在经历火灾或异常事故发生后的检测内容

异常事故	检查部位		需要检查的状态	检查项目	检查方法
火灾	主体检查	混凝土构件	火灾发生后	开裂、剥离	目视及锤击、超声波法
		钢结构（端部钢板）	接头附近发生火灾	变形	目视及测定变形量
	接头检查	止水钢板	接头附近发生火灾	止水钢板变形、焊接处损伤	目视、超声波探测
爆炸事故	主体检查	混凝土构件	爆炸事故发生后	开裂、漏水、剥离	目视、锤击、超声波法，漏水流量测量
		钢结构（端部钢板）	接头附近发生爆炸事故	漏水、变形	目视、变形量测量
	接头检查	止水钢板	接头附近发生爆炸事故	止水钢板变形、焊接处损伤	目视、锤击、超声波探伤等
异常潮位发生	主体检查	混凝土构件	潮位变化超过设计允许范围时	开裂、漏水	目视、锤击、超声波法，漏水流量测量
		钢结构（端部钢板）	潮位变化超过设计允许范围时	漏水、变形	目视、变形测量、漏水流量测量
车辆事故发生	主体检查	混凝土构件	内壁等发现有冲击痕迹时	开裂、剥离	目视、锤击、超声波检测等
船舶沉没及其他	主体检查	混凝土构件	锚落在地下结构上或有可能沉船	开裂、漏水	目视及锤击、超声波检查
		接头变形量	地下结构上有沉船	轴向、垂直、水平方向变形量	三维测量系统或游标卡尺测量
	接头检查	止水钢板	—	止水钢板变形、焊接处损伤	目视、锤击、超声波检测
疏浚	—	—	疏浚作业	确认覆盖层厚度	声波探测或常规测量

5.5.2　地下结构健康检测与监测

地下结构健康检测与监测应包括地下结构渗漏水检测、缺陷检测、结构检测、环境检测等内容。穿越水系和建(构)筑物或有特殊要求等地段的监控测量项目应根据设计要求确定。

地下结构健康检测与监测应按表5-18执行，测量精度及指标应符合设计要求。

表5-18　　地下结构健康检测与监测要求

项目名称		检测方法	备注
渗漏水		照相，流量测试仪器等	渗漏水部位全检
裂缝	宽度	裂缝显微镜或游标卡尺	裂缝部位全检，并利用表格或图形的形式记录裂缝位置、方向、密度、形态和数量等要素
	长度	米尺测量	
	深度	超声波法、钻芯取样	
结构缺陷检测	外观质量缺陷	目视、尺量和照相	缺陷部位全检，并利用图形记录
	内部缺陷	地质雷达法、声波法和冲击反射法等非破损方法，辅以局部破损方法进行验证	结构拱顶和拱肩处，3条线连续检测
	衬砌厚度		每20 m(曲线)或50 m(直线)一个断面，每个断面不少于5个测点
	混凝土碳化深度	用浓度为1%的酚酞酒精溶液(含20%的蒸馏水)测定	每20 m(曲线)或50 m(直线)一个断面，每个断面不少于5个测点
	钢筋锈蚀程度	地质雷达法或电磁感应法等非破损方法，辅以局部破损方法进行验证	每20 m(曲线)或50 m(直线)一个断面，每个断面不少于3个测区
混凝土强度		回弹法、超声回弹综合法、后装拔出法或钻芯法	每20 m(曲线)或50 m(直线)一个断面，每个断面不少于5个测点
横断面测量	衬砌变形	全站仪、水准仪或激光断面仪等测量	异常的变形部位布置断面
	结构轮廓	激光断面仪法或全站仪法等	每20 m(曲线)或50 m(直线)一个断面，测点间距≤0.5 m
	结构轴线平面位置	全站仪测中线	每20 m(曲线)或50 m(直线)一个测点
	隧道轴线高程	水准仪测高程	异常的变形部位
差异沉降		水准仪测高程	异常的变形部位
结构应力		应变测量	根据监测仪器施工预埋情况选做

5.6　隧道结构病害预警制度及结构评估

隧道变形采用分级报警制度，对隧道进行分级卡控，产生的隧道变形按星级逐批进行处置，隧道病害按等级分批治理。下面主要介绍隧道的预报预警制度及结构评估。

5.6.1 隧道结构安全状态评估

1. 表观病害

依据目前地下空间结构病害检查标准，表观病害主要包括渗漏水和结构损伤两大类。其中，渗漏水病害按照渗漏等级和表现形式分为湿迹、渗水、滴漏、漏泥沙等(表 5-19)，结构损伤按照病害表现形式分为裂缝和破损两种。

表 5-19 常见渗漏水现象的定义

渗漏水现象	定义
湿迹	地下混凝土结构背水面，呈现明显色泽变化的潮湿斑，无水分浸润感觉
渗水	地下混凝土结构背水面有水渗出，墙壁上可观察到明显的流挂水迹，检查人员用干手触摸可感觉到水分浸润，手上会沾有水分
涌水	地下混凝土结构背水面有水不断涌出，涌水速度大于 100 mL/min
水膜	地下混凝土结构背水面出现大面积渗水，沿结构面连续流成动态帘幕状，渗漏速度大于 100 mL/min
水珠	地下混凝土结构背水面的顶板或拱顶，可观察到悬垂的水珠，且滴落间隔时间超过 1 min
滴漏	地下混凝土结构背水面的顶板或拱顶，渗漏水滴落速度大于 1 滴/min 且小于 300 滴/min
线漏	地下混凝土结构背水面的顶板或拱顶，渗漏水滴落速度大于 300 滴/min，呈渗漏成线或喷水状态
渗泥沙	地下混凝土结构背水面有泥沙渗出，检查人员用干手触摸泥沙，有明显颗粒感或黏稠感

2. 结构沉降

根据监测规程，沉降监测按照高架区段一年一次，地下区段一年两次的频率实施。长期沉降监测数据分级控制指标如下：

(1) 曲率半径 R 不小于 3 000 m。轨道专业在考虑列车运营平顺度的时候，轨道高低容许偏差应小于 4 mm/10 m，所对应的曲率半径为 3 000 m，假设钢轨和道床以及隧道管片紧密连接，对隧道结构曲率半径控制指标选取 3 000 m。

(2) 差异沉降坡度不大于 0.16%。对于连续大范围的差异沉降，可选取差异沉降坡度作为衡量结构变形的指标。

(3) 1 年不均匀沉降速率不大于 0.6 mm/月。如不均匀沉降持续发展至累计沉降曲线曲率半径超标或差异沉降坡度超标，则采取治理措施。

3. 收敛变形

上海地铁全网络盾构隧道收敛变形实施一年一次测量，测量范围为各线路圆形隧道部分直径收敛测量，每 5 环测一个断面，旁通道、端头井及收敛超过 9 cm 区段加密测量。

5.6.2 隧道结构预警

根据《车站隧道结构设施维护规程》进行隧道结构巡检，包含了隧道巡检的内容、范围、周期及预警要求等内容，其中病害等级内容及预警处置要求如表 5-9 所示。通过隧道巡检，为隧道安全状态的监控及综合分析及时提供准确的隧道病害信息，更好地为隧道后期维护治理提供依据。

隧道表观检查预警及控制体系如表 5-20 所列。

表 5-20　　检查预警指标内容

病害等级	病害内容	报警时间	响应时间
AA	涌水；严重的会有堆积的渗泥沙；隧道内成水膜状的连续渗流；线漏(每分钟 300 滴以上)；顶部纤维加固件及防排水设备破损等有侵限危险的情况；顶部嵌缝条悬垂有侵限危险(或悬垂大于 20 cm)；旁通道隔断门及人防门松动等有侵限危险的病害	即刻上报	当天启动
A	管片腰部渗水每 10 环大于 3 环；腰部同侧 5 环以上连续湿迹；整体道床排水沟与管片脱离；道床开裂、排水沟开裂等病害；轨枕与整体道床离缝；底部环纵缝渗水每 10 环大于 5 环；管片顶部张开可见螺栓；腰部严重压损；轻微渗泥沙(无堆积)；纵缝嵌缝条翘头 10 环大于 3 环；旁通道处渗漏水	次日上报	10 个工作日
BB	除 AA 级、A 级以外的日常检查发现的其他渗水；人防门、防淹门门体结构病害；顶部灌浆浆液固结体悬垂；嵌缝条轻微翘头	定期上报	20 个工作日
B	专项检查所发现的顶部开裂有掉块危险；掉块露筋等病害；达不到国家二级防水要求的湿迹		30 个工作日
C	满足国家二级防水要求的湿迹；面积小于 0.01 m^2 且不露筋的轻微病害	只检不修	

注：对于砂性土地段，任何类型的渗漏水均作为 A 类处理。

5.6.3 隧道结构检测评估

隧道检查后需对上述病害等级进行汇总并评估，单个区间按照表 5-21 评定，对区间单行线统计隧道检查状态评定细目表，判定相应病害的劣化等级。由汇总好的区间状态评定表进一步汇总出隧道整条线的状态评定表，每条线根据病害等级汇总分析，按照表 5-22 评定。

表 5-21　　某线路某区间上行隧道检查状态评定细目表

里程(管片编号)	位置	劣化项目	数量	照片	劣化等级
1625	顶部	损伤	1	(略)	B
1335—1344	腰部	渗水	5	(略)	A

表 5-22　某线路隧道检查状态评定汇总表

劣化项目	劣化等级	数量(环或 m)	占隧道总数百分比
渗水	BB	220 环	220/30 000=0.733%
损伤	B	110 m	0.037%

5.7 工程检测实例

5.7.1 地铁工程检测实例

5.7.1.1 工程概况

某项目包括办公楼 T1，T2 两栋塔楼、酒店、商业裙房，基坑开挖面积约 48 000 m²，开挖深度最深约 34.5 m。基坑与地铁结构设施位置关系：地块邻近轨道交通 A 号线区间隧道及 B 号线车站，项目拟与车站连接，部分商业裙房位于区间及车站正上方。施工区域与轨道交通结构关系如图 5-10 所示。

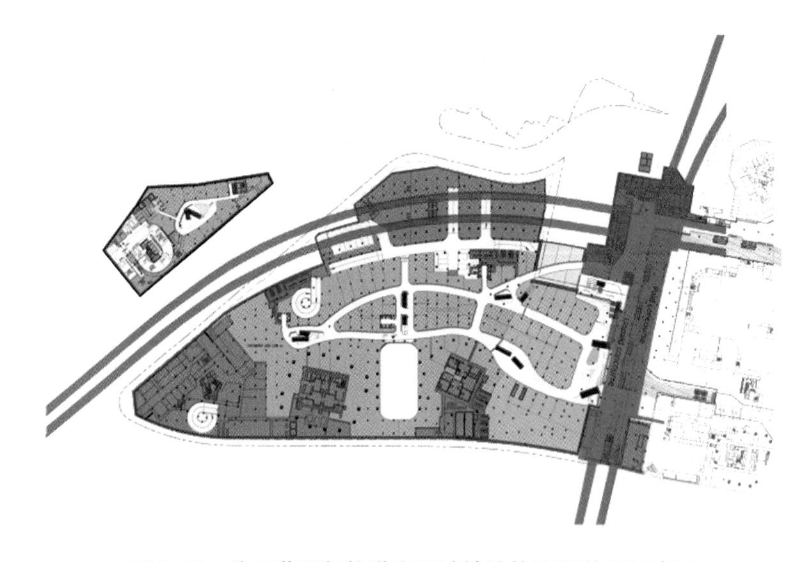

图 5-10　施工范围与轨道交通地铁结构平面关系示意图

5.7.1.2 监护测量观测点布置

1. 沉降人工测量

地面基准网一般采用几何水准进行观测，布设成闭合、附合或节点网。高程基准点作为沉降测量的起始依据，直接影响测量成果的可靠性，其稳定性十分重要。因此基准点要求稳定可靠，并远离施工影响区域，如图 5-11 所示。

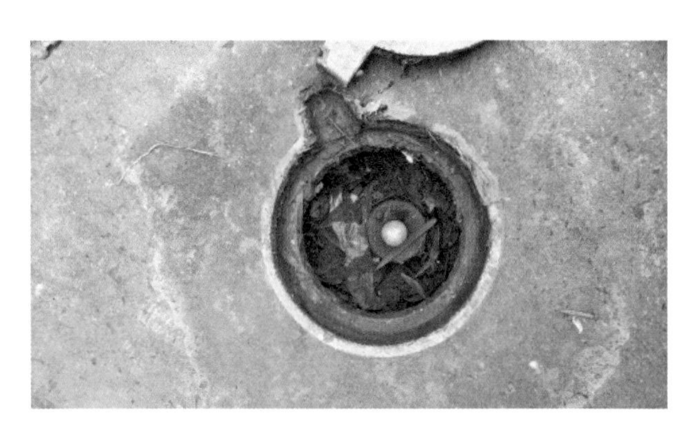

图 5-11 基准点之记图

2. 水平位移人工测量

本方案拟在地铁 A 隧道上、下行线两侧施工影响范围外各设置 3 个平面位移测量基准点（表 5-23），在上、下行线测量范围内各设置 6 个测站点（表 5-24）；拟在 B 隧道上行线施工影响范围外设置 5 个平面位移测量基准点，在上行线测量范围内设置 1 个工作基点。

表 5-23 平面位移测量基准点

线路	基准点点号	测站点/工作基点点号	合计
A 号线	上行线：9JS1～9JS6 下行线：9JX1～9JX6	上行线：9ZS1～9ZS5 下行线：9ZX1～9ZX5	22
B 号线	上行线：11JS1～11JS5	上行线：11ZS1	6

表 5-24 结构测点

监测对象	布点原则
A 号线上、下行线，B 号线上行线地铁结构	（1）布点范围 A 号线 574 m（连接通道 128 m），B 号线 237 m； （2）布点间距：施工区域对应范围内按约 5 m 的间距布设，延伸范围内按约 10 m 的间距布设； （3）布设位置：区间隧道布设于靠近施工区域一侧环片内壁下部，车站结构布设于两侧地墙内壁，采用固定支架安装强制对中基座； （4）由于通视要求，测点宜与道床沉降观测点同环布设

注：观测点布设均美观大方，安装位置及尺寸不影响车站及隧道的正常使用和车辆的正常通行，不影响被测量体的结构性能。

3. 隧道管径收敛人工测量

受施工影响的轨道交通 A，B 号线区间隧道布设管径收敛观测点，见表 5-25。

表 5-25　收敛观测点

监测对象	布点原则
A，B 号线上、下行线隧道	(1) 布点范围：A 号线 507 m(连接通道 128 m)，B 号线 74 m； (2) 布点间距：施工区域对应范围按约 5 m 的间距布设，延伸范围内按约 10 m 的间距布设； (3) 布设位置：测量单圆隧道大直径，一条直径均有 2 个端点

4. 车站侧墙倾斜人工测量

B 号线车站与基坑共墙区域及车站南侧端头井布设倾斜观测点，见表 5-26。

表 5-26　倾斜观测点

监测对象	布点原则
B 号线车站侧墙	(1) 布点范围：B 号线 130 m； (2) 布点间距：按照约 10 m 的间距布设； (3) 布设位置：布设于站台层施工侧的地墙内壁上，一个倾斜监测断面均有上、下 2 个端点(2 点/断面)

5. 沉降自动化测量

受施工影响的轨道交通 A，B 号线上、下行线地铁结构布设沉降自动化观测点(静力水准仪测量系统)，见表 5-27。

表 5-27　沉降自动化观测点

监测对象	布点原则
A，B 号线上、下行线地铁结构	(1) 布点范围：A 号线 788 m(连接通道 128 m)，B 号线 451 m； (2) 布点间距：施工区域对应范围内按约 5 m 的间距布设，2 倍延伸范围内按约 10 m 的间距布设，其余延伸范围内按约 20 m 的间距布设； (3)布设位置：尽量与道床沉降观测点同环布设，具体安装位置根据高差及布点条件调整

注：观测点布设均美观大方，安装位置及尺寸不影响车站及隧道的正常使用和车辆的正常通行，不影响被测量体的结构性能。

6. 隧道管径收敛自动化测量

受施工影响的 A，B 号线区间隧道内布设管径收敛自动化观测点(激光测距仪测量系统)，见表 5-28。

表 5-28　管径自动化观测点

监测对象	布点原则
A，B 号线上、下行线隧道	(1) 布点范围：A 号线 507 m(连接通道 128 m)，B 号线 74 m； (2) 布点间距：施工区域对应范围按约 5 m 的间距布设，延伸范围内按约 10 m 的间距布设； (3) 布设位置：测点安装在隧道标准块内壁上，采用固定支架安装激光测距仪，与管径收敛人工监测点同环布设

注：观测点布设均美观大方，安装位置及尺寸不影响车站及隧道的正常使用和车辆的正常通行，不影响被测量体的结构性能。

7. **车站侧墙倾斜自动化测量**

B号线车站与基坑共墙区域及车站南侧端头井布设倾斜自动化观测点(电子水平尺测量系统),见表5-29。

表5-29 B号线车站与基坑共墙区域及车站南侧端头井布设倾斜自动化观测点

监测对象	布点原则
B号线车站侧墙	(1) 布点范围:B号线130 m; (2) 布点间距:按照约10 m的间距布设; (3) 布设位置:与倾斜人工观测点同位置布设

注:观测点布设均美观大方,安装位置及尺寸不影响车站及隧道的正常使用和车辆的正常通行,不影响被测量体的结构性能。

5.7.1.3 监护测量方法

人工测量仪器使用前,仪器应开箱晾置半小时以上,使仪器与外界气温趋于一致。使用电子水准仪前进行不少于20次单次测量的预热;每次使用全站仪观测前,实时测量现场环境温度(测量温度时温度计应离开人体和地面1.5 m以外),将测量的温度输入全站仪进行气象改正。

自动化测量系统采用的传感器性能和量程均满足工程需要,采用的通信和供电系统为避免干扰列车均做隔离处理。

1. **沉降人工测量**

本项目采用吴淞高程系统,沉降测量采用精密水准测量方法。

(1) 沉降测量技术要求

根据上海市工程建设规范《城市轨道交通结构监护测量规范》(DG/TJ 08—2170—2015)相关要求,沉降测量基准网地面段水准测量按《国家一、二等水准测量规范》(GB/T 12897—2006)中二等水准测量的技术要求进行(表5-30)。隧道内水准测量视线长度和视线高满足表5-31的要求,其余技术要求按《国家一、二等水准测量规范》(GB/T 12897—2006)中二等水准测量的要求进行(表5-32)。

表5 30 沉降测量的主要技术要求

等级	测站高差中误差/mm	往返较差,附合或环线闭合差/mm	检测已测高差之较差/mm
二等	±0.3	$\pm 0.3\sqrt{n}$	$\pm 0.4\sqrt{n}$

注:表中n为测站数。

表5-31 视线长度和视线高要求

视线长度D/m	视线高度/m
$D \leqslant 15$	三丝均位于尺面上
$15 < D \leqslant 35$	≥0.25
$35 < D \leqslant 50$	≥0.55

表 5-32　　　　水准观测主要技术要求

等级	仪器型号	水准尺	视线长度/m	前后视距差/m	前后视距累计差/m
Ⅱ	DNA03	铟瓦尺	≤50	≤1.5	≤6.0

(2) 沉降测量观测措施

地铁隧道及车站内进行水准测量夜间作业难度大、时间紧、精度要求高。本项目拟采用 Leica DNA03 电子水准仪(仪器参数见表 5-33,标称精度为每公里往返测高差中误差±0.3 mm)及其配套铟钢条码尺。

表 5-33　　　　水准仪参数表

	型号	技术参数
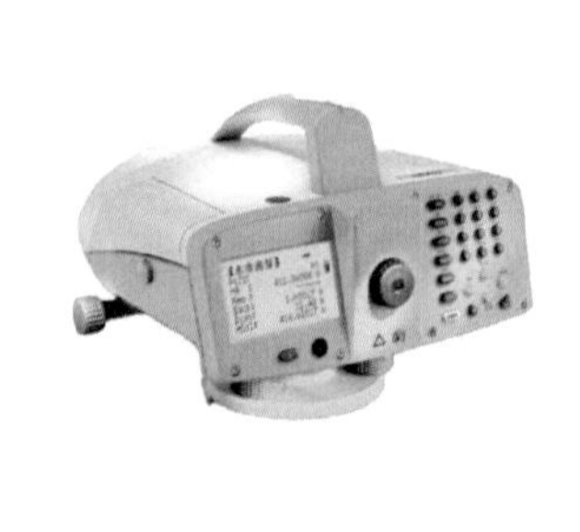	每公里往返测高程精度	铟钢尺±0.3 mm
	放大倍率	24
	测量范围	铟钢尺 1.8～60 m
	最小读数	0.01 mm
	单次测量时间	3 s
	GEB111/GEB121 使用时间	可供操作 12 h / 24 h
	补偿范围	±10″
	补偿精度	0.3″
	工作温度	−20～50℃

(3) 数据处理

历次内业计算前,首先按前述的技术要求对外业记录进行检查,严格控制往返测高差、水准环闭合差、视距差等外业控制指标,各项参数合格后方可进行内业平差计算。

基准网初期进行两次独立观测,误差范围内取均值确定各基准点的初始高程。历次检测高程值与原采用值进行比较,当检测的高程值与原采用值的差值大于 2 倍高程中误差时采用新值,否则采用原值。为减少质变修正影响,故在修正时,一般只修正变形量大的一半。如果修正频率过高,则另选基准点。

历次沉降测量起讫于工作基点,构成闭合或附合水准路线,按测站数进行闭合差分配,计算各观测点的高程。历次高程与上次高程比较计算本次变化量,与初始高程比较计算累计变化量。沉降量以下沉为负值,上抬为正值。

2. 水平位移人工测量

根据《城市轨道交通结构监护测量规范》(DG/TJ 08—2170—2015),A 号线测量范围较大,水平位移测量采用导线法实施;B 号线监测区段长度小于 300 m 且通视条件良好,水平位移测量采用自由设站基准线法实施。

本工程拟采用 Leica TM50 型全站仪进行测量，仪器参数见表 5-34。

表 5-34　全站仪参数表

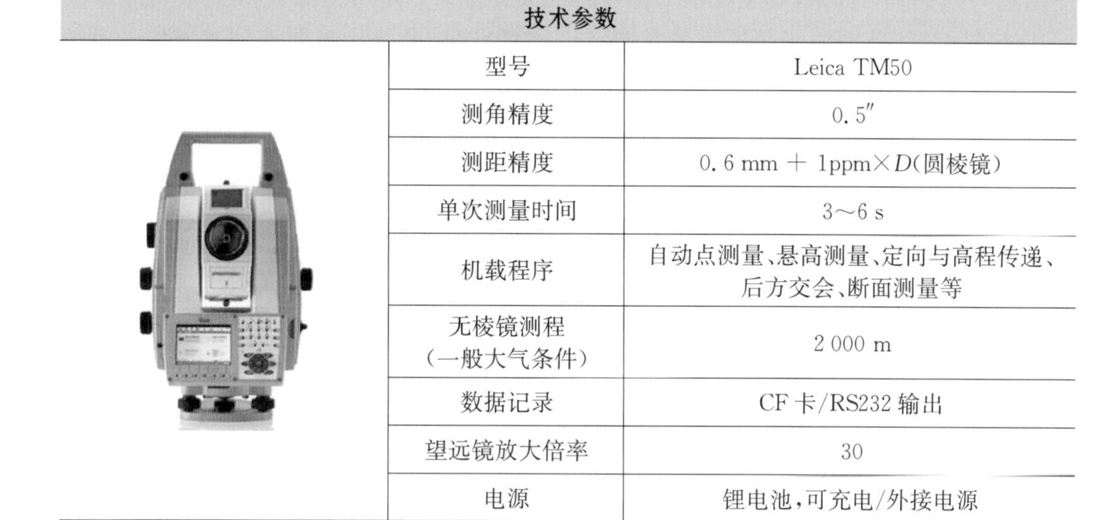

技术参数		
	型号	Leica TM50
	测角精度	0.5″
	测距精度	0.6 mm + 1ppm×*D*(圆棱镜)
	单次测量时间	3～6 s
	机载程序	自动点测量、悬高测量、定向与高程传递、后方交会、断面测量等
	无棱镜测程（一般大气条件）	2 000 m
	数据记录	CF 卡/RS232 输出
	望远镜放大倍率	30
	电源	锂电池，可充电/外接电源

（1）水平位移测量技术要求

根据《城市轨道交通结构监护测量规范》(DG/TJ 08—2170—2015)变形测量要求，导线每测站左、右角闭合差不应大于 $2m_\beta$，水平位移控制测量技术要求见表 5-35—表 5-37。

表 5-35　水平位移控制测量技术要求

相邻点边长/m	相邻点点位中误差/mm	坐标分量中误差/mm	测角中误差 m_β/(″)	最弱边相对中误差
300	±3.0	±2.0	±1.8	≤1/100 000

表 5-36　水平角观测要求

仪器类型	测回数	半测回归零差	一测回内 2C 互差	同一方向值各测回互差
DJ05	4	3″	5″	3″

表 5-37　电磁波测距技术要求

仪器精度等级	每边测回数		一测回读数间较差限值/mm	单程测回间较差限值/mm
	往	返		
≤±(2 mm+2×10^{-6}×*D*)	2	2	±3	±5

（2）坐标系统及变形量计算

采用独立平面直角坐标系。

A 号线测量坐标系统 X 轴大致平行于线路走向，Y 轴垂直于 X 轴；X 坐标值大致与里程值匹配；为计算方便，Y 值满足所有控制点与观测点坐标值不出现负值即可。基于所建立的平面坐标系，本工程水平位移测量主要为 Y 分量的变化量。

B 号线监测范围两侧最外侧的基准点组成基准线，通过计算测点到基准线的垂距作为位移观测值，其垂距差值作为水平位移变化量。

(3) 水平位移控制网观测实施

水平位移基准网按方向观测法进行 4 测回观测，初期进行两次独立观测，误差范围内取均值确定各基准点的坐标值。水平位移每次测量前，对设站点进行 1 测回测量检测，检查设站点之间相对稳定关系，满足水平位移测量技术要求后方可进行水平位移测量。

测量期内基准网每月观测一次，检查平面基准点之间相对稳定关系，计算的新坐标与原坐标值比较，较差大于 2 倍误差时采用新坐标值，否则采用原值。

(4) 历次水平位移观测点的观测

Leica TM50 型全站仪是集自动目标识别、自动照准、自动测量、自动记录于一体的测量系统，水平位移观测测站仪器整平对中后，利用 Leica TM50 型全站仪自动照准功能照准目标点依次测量各观测点坐标。

(5) 数据处理

水平位移初期测量独立观测两次，误差范围内取均值确定。历次坐标值(距离值)与上次坐标值(距离值)比较计算本次位移量，与初始值比较计算累计位移量。水平位移量以向施工区域位移为正值，反之为负值。

3. 隧道管径收敛人工测量

收敛人工测量采用固定测线法，使用仪器型号为 Leica TCRA1201 型全站仪，仪器参数见表 5-38。

表 5-38　　全站仪参数表

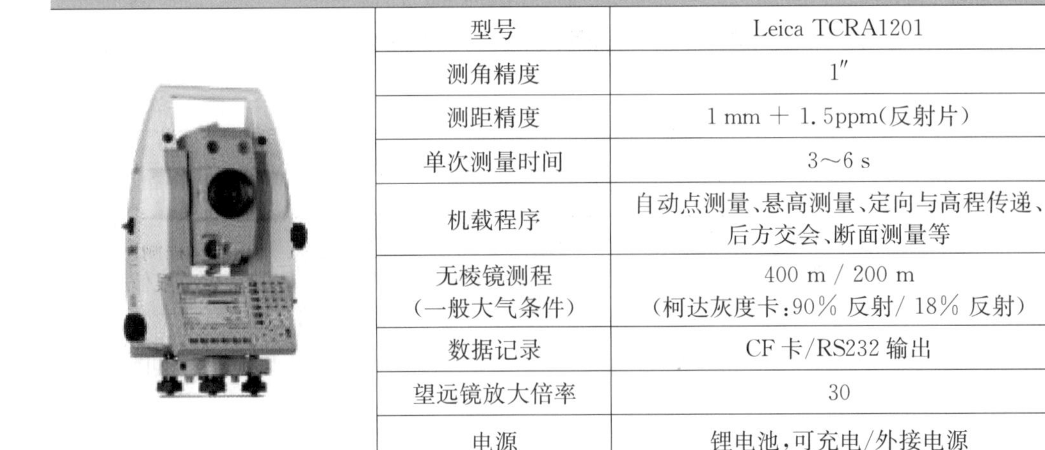

技术参数	
型号	Leica TCRA1201
测角精度	1″
测距精度	1 mm + 1.5ppm(反射片)
单次测量时间	3～6 s
机载程序	自动点测量、悬高测量、定向与高程传递、后方交会、断面测量等
无棱镜测程(一般大气条件)	400 m / 200 m (柯达灰度卡：90% 反射/ 18% 反射)
数据记录	CF 卡/RS232 输出
望远镜放大倍率	30
电源	锂电池，可充电/外接电源

（1）管径收敛观测点埋设

沿环片左右两侧接缝中间位置分别往下量取0.813 m至环片两侧对称分布的A，A′两点，粘贴专用测量反射片，即取A，A′两点间的空间距离作为管径初始值。管径收敛观测点埋设示意图见图5-12。

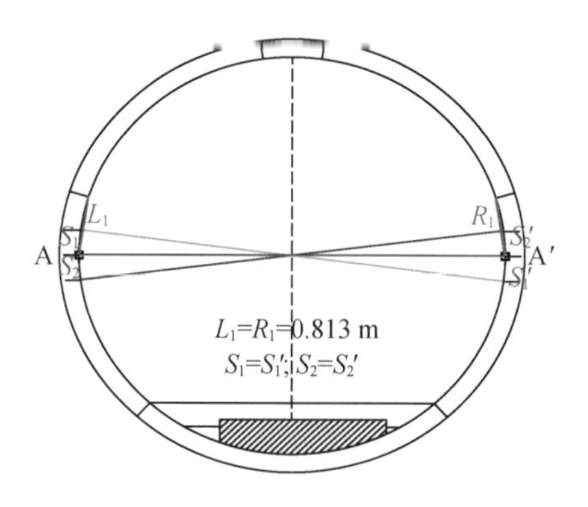

图5-12　管径收敛观测点埋设示意图

（2）管径收敛测量方法

在仪器整平后测定图5-13所示的A，A′点反射贴片的空间三维坐标，反算AA′点的空间距离作为其所在环片的管径测量值。通过对前期收敛测量项目精度统计表明：采用此测量方法测量收敛断面，可以做到直径法收敛测量精度优于±1 mm。

全站仪管径收敛测量应固定仪器，初始值测量需独立测量两测回取平均，正常测量时一测回内正倒镜管径值取平均。

（3）收敛测量技术要求

根据《城市轨道交通结构监护测量规范》（DG/TJ 08—2170—2015）变形测量要求，隧道管径收敛测量技术要求见表5-39。

表5-39　收敛测量技术要求

全站仪测距精度	测回数	半测回观测较差限值/mm
$\leqslant\pm(2\ \text{mm}+2\times10^{-6}\times D)$	1	±2

（4）数据处理

A—A′距离D根据全站仪自由设站极坐标法测定的两点三维坐标反算，将各次测量值与原始值进行比较，即可得隧道的管径收敛变形情况。变化量为正表示拉长，为负表示收缩。

$$D=\sqrt{(x-x')^2+(y-y')^2+(z-z')^2} \tag{5-13}$$

各观测点的本次变化量、累计变化量与设计值（R=5.5 m）比较变化量，观测值及变化量均取位至0.1 mm。

4. 车站侧墙倾斜人工测量

测量车站侧墙垂直于基坑边线方向倾斜率，采用的仪器与管径收敛测量仪器一致。

（1）倾斜测量方法

倾斜测量采用测距法。测站点布设在与倾斜方向成正交的方向线上。观测点沿着对应测站点的建筑物主体竖直线，在顶部和底部上下对应布设。观测时，在测站点安置仪器,一测回测定上下两点的平距差 ΔD、高差 ΔH。

(2) 数据处理

计算方法如下:

$$倾斜量\ P=\Delta D=D_{上}-D_{下},倾斜率\ f=P/\Delta H \tag{5-14}$$

历次倾斜率与上次倾斜率比较计算本次变化量,与初始值比较计算累计变化量。根据参数依据测站至上下两点的水平距离判断倾斜方向。倾斜率及变化量均取位至0.1‰。

5. 沉降自动化测量

(1) 沉降自动化测量方法

沉降自动化测量采用静力水准仪进行测量,该系统由传感器、数据采集装置、一套计算机监控管理系统组成。静力水准仪在隧道内的布置见图5-13。

数据采集装置放置在测量仪器附近,对所接入的仪器按照监控主机的命令或预先设定的时间自动进行控制、测量,并就地转换为数字量暂存于数据采集装置中,根据监控主机的命令向主机传送所测数据,并向管理中心传送经过检验的数据及入库,测量技术人员对存储的数据进行处理和分析。

图5-13 隧道内静力水准仪布置图

该仪器依据连通管的原理,用传感器测量每个观测点容器内液面的相对变化,再通过计算求得各点相对于基点的相对沉降(隆起)量,与基准点相比较即可得测点的绝对沉降(隆起)量。

仪器指标见表5-40。

表5-40 静力水准仪主要技术指标

测量范围/mm	10, 20, 30, 40, 50 mm 可选	80, 100 mm
分辨率/(mm/字)	0.01	0.01
线性度	≤0.5%FS	≤0.7%FS
环境温度/℃	−20~60	−20~60
湿度环境(相对湿度)	0~100%	0~100%

精度估算:本工程拟采用量程为20 mm的静力水准仪,按照仪器的标称精度计算,测量精度可达到20 mm×0.5%=0.1 mm。

（2）数据处理

将历次高程与上次高程比较计算本次变化量，与初始高程比较计算累计变化量。沉降量以下沉为负值，上抬为正值。自动化沉降数据与人工数据定期进行比对。

（3）人工联测要求

使用期间加强系统维护，自动测量数据应定期与人工测量值比较，发现异常时及时修复自动化测量系统。基点定期采用人工测量方法进行联测修正。

6. 隧道管径收敛自动化测量

（1）管径收敛自动化测量方法

隧道管径收敛自动化测量系统由激光测距仪、数据采集及传输装置、计算机监控管理系统组成。

数据采集装置放置在测距仪附近，对所接入的仪器按照监控主机的命令或预先设定的时间自动进行控制、测量，并就地转换为数字量暂存于数据采集装置中，并根据监控主机的命令向主机传送所测数据，测量技术人员对存储的数据进行处理和分析。初始值测量需独立测量四次取平均，正常测量时测量两次取平均。通过对前期收敛测量项目精度统计表明：采用激光测距仪测量模式测量收敛断面，可以做到直径法收敛测量精度优于±1 mm。采用的仪器参数如表 5-41 所列。

表 5-41　　测距仪主要技术指标

<table>
<tr><th colspan="3">仪器参数及测量方法</th></tr>
<tr><td rowspan="2">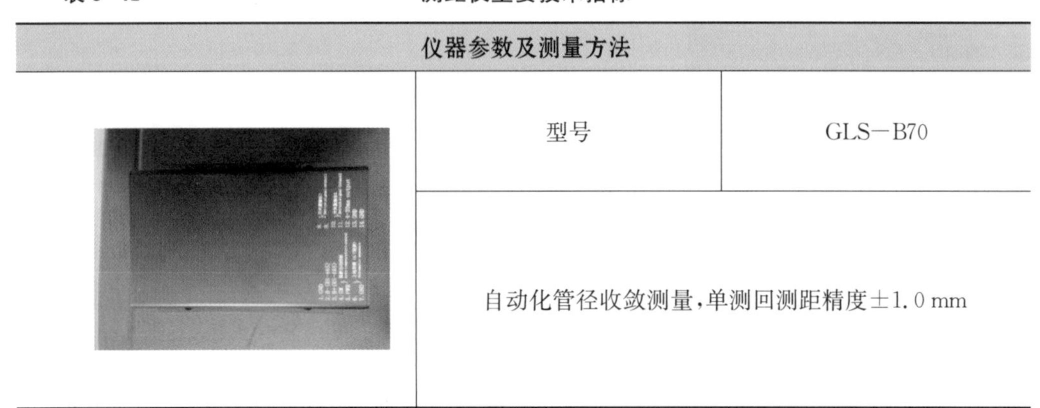</td><td>型号</td><td>GLS－B70</td></tr>
<tr><td colspan="2">自动化管径收敛测量，单测回测距精度±1.0 mm</td></tr>
</table>

（2）自动化管径收敛观测点埋设

沿环片一侧拼缝中间位置 A 点往下量取 0.813 m 至 B 点（图 5-14），在 B 点处水平安置激光测距仪、配套的无线数据采集器模块及 DC12V 电源，并确保激光测距仪测程内无遮挡物且激光光斑位于环片上。若 B 点遇到障碍物遮挡时，可将 B 点向上（或“向下”，或“左右”）移动一定距离，调整激光测距仪测线方向，尽量使激光测距仪测线方向与环片圆心方向一致，定期采用人工管径收敛值验证自动化管径收敛测量值。

（3）数据处理

激光测距仪收敛测量两测回值在误差范围内时取均值。变形量为正表示拉伸，为负表示收缩。自动化管径收敛日常测量的数据与人工管径收敛数据定期进行比对。

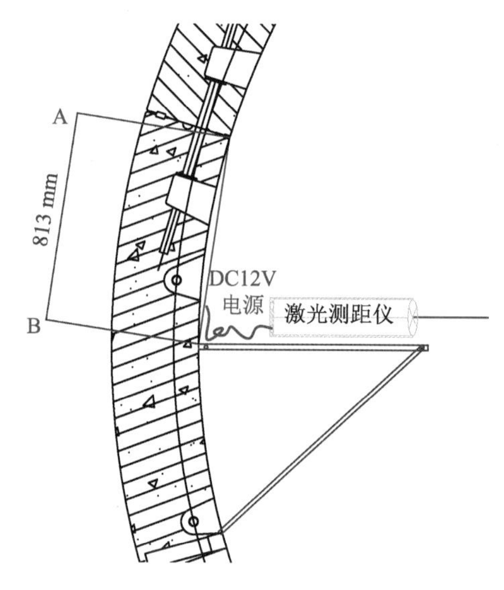

图 5-14　自动化管径收敛观测点埋设示意图

7. 车站侧墙倾斜自动化测量

(1) 倾斜自动化测量方法

倾斜自动化测量系统由电子水平尺、数据采集传输装置和电脑监控管理系统组成。

数据采集装置放置在电子水平尺附近，对所接入的仪器按照监控主机的命令或预先设定的时间自动进行控制、测量，并就地转换为数字量暂存于数据采集装置中，并根据监控主机的命令向主机传送所测数据，测量技术人员对存储的数据进行处理和分析。初始值测量需独立测量四次取平均，正常测量时测量两次取平均。电子水平尺的主要技术指标如表 5-42 所列。

表 5-42　　电子水平尺主要技术指标

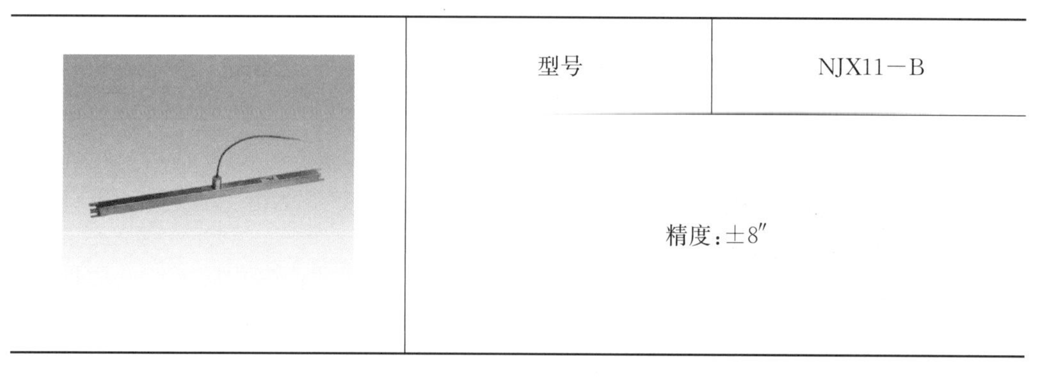

	型号	NJX11－B
	精度：±8″	

(2) 数据处理

倾角测量两测回值在误差范围内时取均值。变形量为正表示向基坑内方向倾斜，为负表示向基坑外方向倾斜。观测值及变化量均取位至 1″。

5.7.2　城市公路隧道检测实例

城市公路隧道是山区城市市内交通干道的瓶颈工程，隧道的安全运营是保障城市公共交通活动正常的基础，城市隧道病害检测及运营状态评定对于深入了解城市隧道的技术状况和安全状况有重要意义。

重庆市是典型的山城，特殊的地理环境孕育了别具一格的立体交通特点，除了是公认的桥梁之都外，市内还有数十座城市隧道，也是名副其实的隧道之城。重庆市渝州隧道、李家花园隧道、鹅岭隧道、朝天门隧道、龙家湾隧道、黄沙溪隧道等 6 座城市隧道进行了病害检测，6 座隧道的概况统计见表 5-43。

表 5-43　　重庆市主城区 6 座隧道概况统计

隧道名称	隧道长度/m	洞型
渝州隧道	左线 348，右线 270	小净距双洞双车道隧道
朝天门隧道	左线 540，右线 533.8	小净距、连拱双洞双车道隧道
黄沙溪隧道	428	小净距隧道
龙家湾隧道	左线 690，右线 683	分离式双洞单向行驶双车道隧道
鹅岭隧道	143	单洞三车道隧道
李家花园隧道	148.6	单洞双车道隧道

根据《公路隧道养护技术规范》(JTGH 12—2003)要求和以往隧道病害检测评估经验，隧道外观病害检测主要包括衬砌裂损、渗水、混凝土剥落等病害的类型、位置和特征参数，并根据检测结果进行评价。隧道衬砌表观病害主要用肉眼进行检查并绘制病害展布图，必要时利用裂缝探测仪对典型裂缝深度、宽度进行检测。

1. 衬砌混凝土强度检测

除隧道衬砌表观病害外，衬砌混凝土强度是了解隧道运营环境中的耐久性和劣化特征的重要内容，根据《超声回弹综合法检测混凝土强度技术规程》(CECS 02:2005)要求，每个断面检测 5 个测区，在每一测区的混凝土表面分别测量 3 个声速值及 16 个回弹值。

2. 隧道净空断面尺寸检查

检测隧道净空断面几何尺寸轮廓，包括净高、净宽。直线段每 50 m 测量一个断面，曲线段测量断面适当加密。

3. 地质雷达检测

综合分析当前无损检测领域的各种新技术和新方法，结合公路隧道工程实际情况，为了满足公路隧道相关质量检测项目的要求，采用地质雷达方法进行质量检测是当前隧道衬砌无损检测领域非常有效的方法。

地质雷达技术检测隧道衬砌质量的原理是利用高频电磁波(主频为数百兆赫兹)，以宽频带短脉冲的形式，在隧道衬砌面通过发射天线传播电磁波到隧道衬砌内，经过不同的层面反射后返回至衬砌面，被接收天线接收，并将接收到的信号经过数字处理，形成直观的图像，这些数字信号和图像同时储存在雷达主机中，再将雷达主机中的数据传输到计算机中，利用计算机对接收到的信号进行分析、处理，从而判断隧道衬砌的质量。

在隧道的拱顶、左右拱腰及左右边墙各布置 1 条测线，一共布置 5 条测线，如图

5-15所示。由于隧道内可能进行施工或局部存在障碍物,实际测线位置会存在一定误差。

采用地质雷达检测的项目包括:

(1) 二次衬砌和初期支护厚度;

(2) 衬砌混凝土的均匀性、连续性与密实性;

(3) 拱背(指二次衬砌与初期支护以及初期支护与围岩之间)空洞或欠密实区、位置和范围。

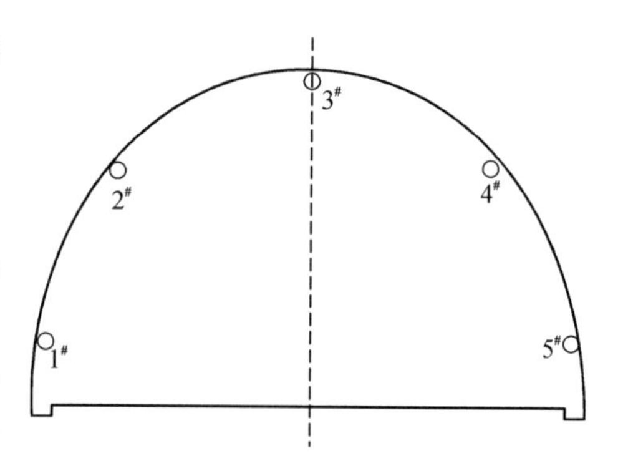

图 5-15 探地雷达法检测测线布置图

针对隧道初期支护施工质量检测的具体情况,天线选择主要从分辨率、穿透能力和稳定性三个方面进行综合衡量。天线频率越高,分辨率越强,但穿透能力越差;天线频率低,分辨率降低,但穿透能力强。根据现场试验结果,采用 900 MHz 增强型天线对初衬质量进行检测,其探测深度在 0.5 m 左右。

在选定测量天线、标定测距之后,需进行测量参数的选择试验。根据以往现场测试经验,确定主要测量参数如下:

(1) 测试速度控制在 5 km/h 左右;

(2) 每道包括 512 个时间采样点;

(3) 900 MHz 天线的时间窗记录长度为 15 ns;

(4) 采用多点分段增益,由浅至深线性增益;

(5) 采用连续采集方式,每 5～10 m 在记录上做一个标记。

6　地下工程结构状态与评价

任何结构物都有其寿命，地下工程也是如此。为了尽可能延长地下工程的使用寿命，就必须掌握地下工程在使用过程中发生或可能发生的各种病害，并推断病害发生的原因，评价结构物的损伤程度，研究是否采取相应的措施和对策，以延长其寿命，提高其服务功能。从地下工程结构劣化曲线（图 6-1）可以看出结构物及时维护的重要性和必要性。

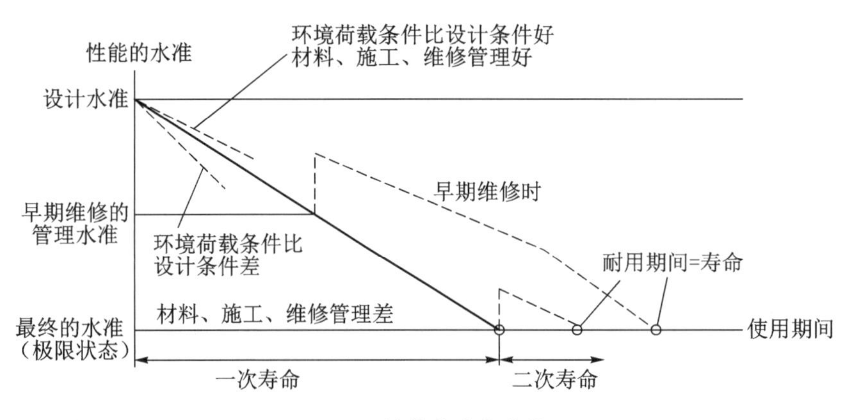

图 6-1　结构物劣化曲线

地下工程结构评价，是指结构在长期使用过程中会受到自然与人为破坏，通过测定结构关键性指标，检查结构是否受到损伤，结合损伤识别技术，确定损伤部位，评估损伤程度，预测结构剩余有效寿命，最终为制订合理的养护方案提供依据。

6.1　城市地下工程结构状态

城市地下工程结构状态受到地下工程常见病害的影响。常见地下工程病害主要有渗漏水、衬砌和混凝土结构裂损与腐蚀、结构变形和杂散电流等。本节将围绕目前常见病害说明城市第下工程结构状态。

6.1.1　渗漏水

渗漏水病害主要是指地下结构物在运营过程中，地下水、地表水直接或间接地以渗漏、涌出等形式进入地下结构物内，并产生不利影响。地铁盾构隧道渗漏水的位置主要在衬砌管片的接缝、管片自身小裂缝、注浆孔和螺栓孔等处，渗漏水定义与分类列于表 6-1，各部位渗漏水形式列于表 6-2。其中，管片接缝处为防水重点。通过对我国现阶段投入运营的地铁隧道渗漏水状况调查显示，几乎所有的隧道区间都存在不同程度的渗漏水。图 6-2 所示为上海地铁 2 号线区间隧道渗漏水情况。图 6-3 所示为某地铁车站渗漏水情况。

表 6-1　　渗漏水病害分类及定义

渗漏水病害	定义
湿迹	隧道管片内表面呈现明显色泽变化的潮湿斑
渗水	水渗入管片，导致管片内表面水分浸润
滴漏	水量达到一定程度时，从上方滴落
漏泥沙	因渗水通道扩大或防水失效，渗水量增加，同时夹带泥沙

表 6-2　　盾构隧道渗漏水部位

部位	渗水	滴漏	线漏	漏泥
管片接缝	√	√	√	√
注浆孔	√	√	√	
螺栓孔	√	√	√	

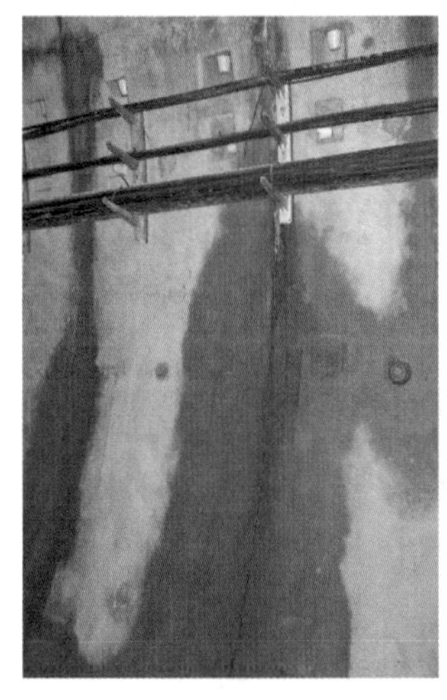

图 6-2　上海地铁 2 号线部分区段隧道渗漏水情况

地下工程结构渗漏水主要与混凝土结构的裂缝、防水匹配、设防原则与质量监控四类因素有关。混凝土结构中存在温度裂缝、收缩裂缝、塑性裂缝、膨胀裂缝和结构裂缝，大体积混凝土还存在施工缝和变形缝，这些缝都可为地下水提供渗流通道。防水匹配问题包括防水材料与基面匹配、设计与施工匹配以及防水材料之间的匹配。在设防原则上应注重在建设初期提高地下结构的防水能力，而不是靠后期的堵漏和维修，应在结构形式和防水材料的选取上即考虑防水要求。在质量监控方面，要提高地下工程结构的防水效果，就必须从防水设计、材料选择、防水队伍选择、防水施工、工程监理等方面严格审查、监督，实行全员、全面和全过程严格管理。

图 6-3　某地铁车站渗漏水情况

渗漏水对地下结构和周边环境将产生严重的负面影响，主要体现在以下几点：

(1) 渗漏水促使混凝土结构风化、剥蚀，造成混凝土结构破损，有些隧道和地下连续墙渗漏水中含有侵蚀介质，对混凝土结构造成腐蚀，降低混凝土结构的承载能力。

(2) 渗漏水造成地表水和含水层水大量流失，破坏周围水环境，造成环境灾害；严重渗水引发地面和地面建筑物的不均匀沉降和破坏。

(3) 渗漏水使地下结构物内环境潮湿，降低轮轨黏着力，加速钢轨和扣件以及管线设备的锈蚀，加速轨枕和胶垫片的失效，缩短线路设备的使用寿命，同时，恶化地下结构物的养护环境，对隧道正常养护产生一定影响，尤其是在电力牵引区段和有冻害地区，危害较大。

(4) 在电力牵引区段，隧道顶部漏水，造成接触网短路跳闸、放电，影响运营安全。

(5) 在寒冷和严寒地区，隧道内渗漏水造成边墙结冰、顶部挂冰，侵入隧道建筑界限，甚至造成衬砌冻胀裂损，影响行车安全。

(6) 地下工程结构渗漏水可能影响其正常使用，对结构的内部装饰及使用设施造成损坏，如在客流量较大的车站，渗漏水严重将可能直接导致车站通行能力下降。

6.1.2　地下工程结构裂损与腐蚀

6.1.2.1　衬砌裂损

由于形变和松动压力作用、地层沿隧道纵向分布及力学形态的不均匀作用、温度和收缩应力作用、围岩膨胀或冻胀性压力作用、腐蚀性介质作用、施工中人为因素、运营车辆的循环荷载作用和杂散电流腐蚀等，隧道衬砌会产生裂缝和破损，影响隧道的正常使用。图 6-4 所示为某地铁隧道衬砌裂损情况。

造成衬砌裂损的原因包括设计、施工和运营等方面。

地铁隧道设计时，围岩级别划分不准、衬砌类型选择不当，造成衬砌管片与实际荷载不相适应都可引发裂损病害。客观上，因隧道穿越地层的工程地质和水文地质条件

图 6-4　某地铁隧道衬砌裂损情况

复杂多变，而勘察工作的数量和深度有限，大量的隧道都只有较少的地质钻孔，在设计阶段难以取得准确、完整的地质资料，可能出现一些地段的围岩级别划分不准。衬砌类型选择不当的情况，如果在施工中得不到纠正，或施工中对正确的设计进行了错误的变更，都会造成这些地段的衬砌结构与围岩实际荷载不相适应。

地铁隧道在修建时受技术条件的限制，施工参数选择不当、管理不善和衬砌管片自身的质量不良，都会造成管片裂损。

地铁隧道投入运营后，在车辆的循环荷载和杂散电流腐蚀作用下，会引起衬砌管片的裂损。此外，周围环境的改变也会造成衬砌管片与地层中实际荷载不相适应，从而导致衬砌裂损。

6.1.2.2　地下车站结构开裂

地下车站混凝土结构开裂是十分复杂的系统性问题，目前认为主要集中在以下五个方面：材料选择、环境条件、结构设计、约束影响和施工技术。

1. 材料选择

混凝土原材料质量不良或配合比设计不当，可引起混凝土的开裂与渗漏。从混凝土原材料来看，水泥安定性不合格、砂石中含泥量或石粉含量过大、使用反应性骨料或风化岩、使用水化热过高的水泥等都可能引起混凝土开裂。混凝土本身不均匀也会导致结构产生变形，砂浆过多会使结构产生较大收缩，在水化、硬化过程中产生局部的约束效应，当该应力大于混凝土的抗拉强度时，便会导致宏观裂缝的出现与扩展。

2. 环境条件

环境条件对地下混凝土结构开裂的影响主要体现在三个方面：温度、湿度及地基的不均匀沉降。由于施工因素，地下结构物混凝土顶板两面的温度场与湿度场可能存在着很大的差异。此外，某些地下结构采用单侧墙结构时，其两面的温度场与湿度场也有很大的差异。由于地下建筑结构有时采用的是大体积混凝土，在凝结和硬化过程中，会释放出大量的热。在外界的温度场、湿度场的差异与混凝土自身产生的热量场的共同作用下,混凝土将受到第二类荷载的作用,当变形受到约束时即产生较大的拉应力。地下建筑结构布置在软土地基时,会因基础的不均匀沉降而使结构受到强迫变形,从而导致结构开裂。

3. **结构设计**

结构设计一般包括结构选型、荷载计算、基坑围护结构设计、内衬设计、结构楼板和梁的设计、抗浮设计等。结构设计主要是估算各种荷载的大小并对各主要构件作强度与抗裂的设计。但如果选型不当或估算荷载与真实情况有较大的偏差,都会造成在选用混凝土等级和配筋设计方面出现失误,造成混凝土抗裂性能不足而出现开裂。

4. **约束影响**

当混凝土结构属于大体积混凝土时,温差或干缩引起的收缩变形较大,当这种变形由于约束而得不到恢复时,将会产生拉应力,拉应力一旦超过混凝土的抗拉强度,就会造成混凝土开裂。约束对混凝土结构开裂的影响,一般是通过室内试验对小型构件进行模拟分析,且多集中于轴向约束程度的研究。在工程中,大体积混凝土的浇筑是分次进行,且有间隔期。分次分批浇筑的做法会造成前期浇筑混凝土的收缩变形受后期浇筑混凝土的约束而得不到释放,混凝土结构产生拉应力,当拉应力过大时就导致混凝土开裂渗漏。这种因混凝土浇筑的顺序而造成的约束,对混凝土的开裂来说也是很重要的一种约束类型。

5. **施工技术**

从我国目前的研究实践来看,在施工技术方面影响混凝土开裂的环节主要有混凝土的拌制、振捣、运输、浇筑、养护,施工缝、变形缝、伸缩缝的设置,以及泄压装置的处理等。具体来讲,混凝土的拌制、振捣等过程是为了改善混凝土本身的物理性质,尤其是增加其密实性,减少内部微裂缝与微孔洞,从而大大降低宏观裂缝的形成概率。施工缝等人工缝的设置主要是体现"放"的防裂抗渗原则,实质上是为了尽量降低由温度、胀缩、不均匀沉降等因素产生的第二类荷载对大体积混凝土开裂的影响。而一些泄压措施则体现了"排"的防裂抗渗原则,尤其是对于地下水压大、涌水量多的特殊环境,一般通过在桩间埋设泄压管或在底板下设置排水盲沟,以静力释放地下水的浮力,这些泄压措施可减少主体结构承受的水压,从而降低混凝土结构开裂的可能性。

6.1.2.3 地下工程结构腐蚀

近年来,地下工程结构在运营过程中亦出现过不少因腐蚀引起的问题,如上海打浦路隧道因渗漏而封闭大修,北京地铁隧道内部水管因腐蚀而穿孔,香港地铁因杂散电流腐蚀引起煤气管穿孔泄漏等,这些都表明地下混凝土结构已遭到较严重的腐蚀。

地下空间由于其环境特殊性,地下工程混凝土所遭受的侵蚀要比普通工程混凝土更复杂也更严重,地铁则是其中的代表。首先,地铁工程的主体混凝土结构往往处于地下水丰富、透水性强的地层中，而我国地下水特别是浅层地下水受污染比较严重，富含氯离子、硫酸根离子等侵蚀性介质，因此，地铁工程混凝土结构长期处于地下水浸泡中，遭受着地下压力水的溶蚀，酸性地下水的侵蚀，含有硫酸盐、Cl^- 离子的地下水的侵蚀等。此外，还有隧道内大气中 CO_2 的碳化作用。由于地铁所处环境的特殊性，地铁工程混凝土结构还长期遭受着干湿交替、列车运行振动等不利因素的影响。与海港工程中的桩、墩、台等并不完全一样，地铁混凝土长期处于结构外侧与水接触、结构内侧为空气的条件。因空调使用、列车通过等原因，地铁车站混凝土表面的含水量下降，而施工缝和裂缝的渗漏以及地面排水等因素，加之地下水的不断补充，使地铁混凝土结构经常处于干湿交替状态，在很大程度上促进了侵蚀的发展。其次，地铁工程中普遍存在着杂散电流腐蚀现象，会对轨道沿线的埋地金属和混凝土结构内的钢筋产生严重的腐蚀作用，对混凝土结构安全性构成极大的威胁。杂散电流腐蚀与地下水介质共同腐蚀的情况较为常见。再次，岩基、列车通过会对钢筋混凝土产生静或动的荷载作用，势必会对结构产生一些破坏，加剧外部侵蚀介质的渗透。

处于含水土层中的衬砌管片，内侧临空，背后的环境水容易沿衬砌的毛细孔或其他孔洞渗流到衬砌内侧，造成隧道渗漏水。在某些特定的环境地质条件下，溶解于水中的一些侵蚀性介质，对衬砌混凝土和密封材料产生物理或化学的侵蚀作用。

衬砌管片受到物理性侵蚀的种类主要有冻融交替部位的冻胀性裂损和干湿交替部位的盐类结晶性胀裂损坏两种。前者主要发生在寒冷和严寒地区衬砌混凝土充水的部位。由于普通混凝土是一种非均质的多孔性材料，其毛细孔、施工孔隙等易被环境水渗透，充水的混凝土衬砌部位，受到反复的冻融交替冻胀作用，产生和发展冻胀性裂损病害。后者主要发生在石膏、芒硝和岩盐的环境中，渗透到混凝土衬砌表面毛细孔和其他缝隙的盐类溶液，在干湿交替条件下，由于低温蒸发浓缩析出白毛状或棱柱状结晶，产生胀压作用，促使混凝土由表及里，逐层破裂、疏松脱落。

衬砌混凝土遭受化学腐蚀，按主要腐蚀性介质和腐蚀破坏机理的不同分为硫酸盐侵蚀、镁盐侵蚀、软水溶出性侵蚀、碳酸性侵蚀和一般酸性侵蚀五种。

衬砌腐蚀的危害主要有以下几点：

(1) 造成衬砌混凝土裂损，甚至产生粗大的裂纹，在一定程度上降低了隧道衬砌的承载能力和结构的稳定性，影响运营安全。

(2) 使衬砌混凝土结构松散，逐层疏松剥落，导致强度逐渐降低。

(3) 造成衬砌混凝土结构龟裂隆起，在漏水孔口积聚白色沉淀物或悬垂成钟乳石，严重时侵入建筑限界，对行车安全造成威胁。

含侵蚀性介质环境水的存在和衬砌混凝土的不良设计或施工所造成的抵御侵蚀能力的低下是衬砌腐蚀的主要原因。此外，有害气体和杂散电流的存在，也会造成衬砌结构的腐蚀。

6.1.3 结构变形

隧道投入使用后，受到列车、人、流体等移动循环荷载的持续作用，以及隧道周围工程地质条件的影响和人类活动的影响，隧道结构会发生各种变形。近年来，随着地铁和市政工程建设的发展，隧道的结构变形所产生的问题逐渐突出，其对隧道正常使用所产生的影响已不容忽视。以地铁隧道为例，隧道结构变形表现为隧道结构纵向沉降或隆起、隧道横向水平位移和隧道管径收敛变形三个方面，这三方面变形互相影响、互为因果，任何一种变形都会直接或间接地引起其他各方面的变形。图 6-5 为上海地铁 1 号线、2 号线纵向沉降曲线。

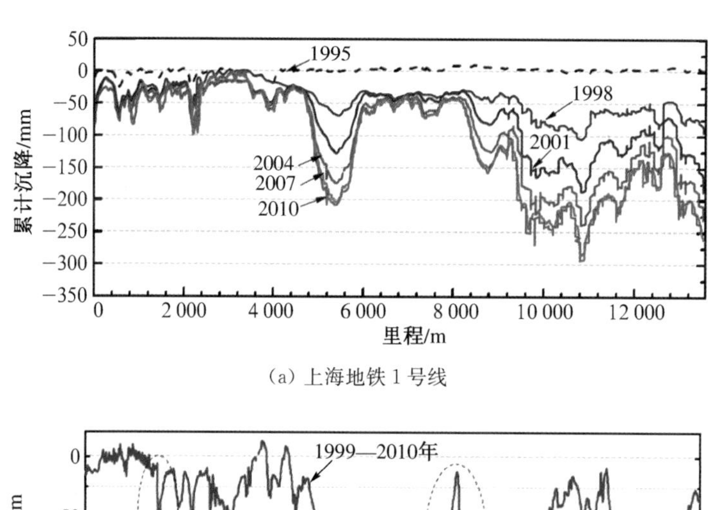

(a) 上海地铁 1 号线

(b) 上海地铁 2 号线

图 6-5　上海地铁隧道纵向沉降曲线图

隧道变形的因素非常复杂，既有施工过程中产生的，也有运营和使用过程中产生的；既有自身承载能力差引起的，也有周围环境变化引起的。各阶段的主要因素也有所不同。通过对隧道长期运营和使用过程中的结构变形影响因素进行分析，主要因素有以下几个方面。

1. 隧道下卧土层固结的影响

隧道下卧土层固结是一个长期的过程，位于其上的隧道必然随着此固结过程而产生沉降变形。不同下卧土层由于固结特性的差异，产生的固结沉降量差异很大，达到沉降稳定所需时间也各不相同，导致隧道因纵向土质分布不均匀而产生差异沉降。

在实际工程中，压缩模量较低、灵敏度较高的饱和软弱黏土，对扰动的反应较敏感，经盾构施工扰动后总沉降量大，且沉降持续时间长。压缩模量较高、灵敏度较低的饱和砂性土，扰动后总沉降量较小且持续时间较短。一般情况下，隧道下卧土层类别变化处正是隧道发生较大不均匀沉降的地方。例如，上海打浦路越江隧道投入使用后，下卧土层接近砂性土的区间段，在投入运营 16 年间，沉降增量只有 40～50 mm，而下卧层为松软的淤泥质粉质黏土的区间段，其沉降增量大于 100 mm，二者相差近 1 倍。图 6-6 为上海打浦路越江隧道纵向沉降曲线图。

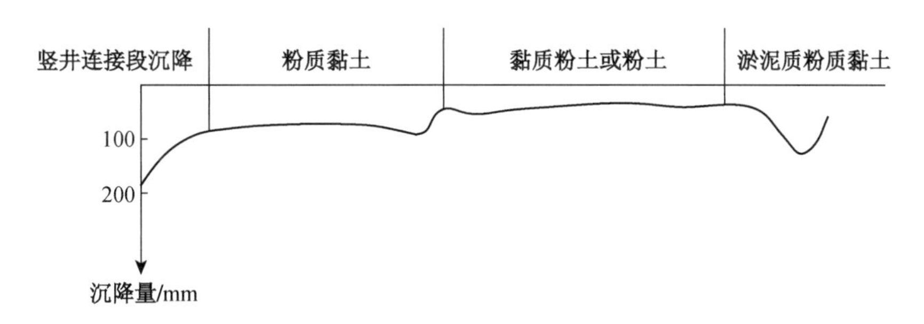

图 6-6　上海打浦路越江隧道纵向沉降曲线

对于密实砂土、硬黏土等压缩模量较高土层中的隧道来说，其上方地面的累计沉降较小，一般都能控制在 20 mm 以内；对于淤泥质黏土、松砂等压缩模量较低土层中的隧道来说，其上方地面沉降较大，常出现 35 mm 以上，甚至 80 mm 以上的沉降，反映在隧道本身沉降上也有相同的规律。

2. 隧道邻近建筑施工的影响

处于城市环境中的隧道在其使用阶段不可避免地会受到其邻近工程活动的影响。邻近隧道的基坑开挖会对隧道产生很大的变形影响，基坑开挖使连续墙后的土层产生新的位移场，土体位移以竖向位移为主。但是，由于隧道自身刚度相对土层较大，隧道会对土体的这种变形趋势产生一种抵抗作用，这种抵抗作用使得作用在隧道上的偏差应力进一步增大，从而使隧道产生较为显著的变形。

为此，必须严格控制隧道邻近建筑活动，特别要严格控制隧道保护区内的各种建筑活动以减小地层损失。对施工中易受扰动的土体进行合理加固，同时应加大控制地下水开采和回灌力度，调整开采层次，减少由于地层沉降引起的整条隧道的不均匀沉降，保证隧道安全。

3. 隧道上方沿轴线方向加载、卸载的影响

隧道上方增加地面荷载，会增加隧道沉降量和不均匀沉降。隧道因地表加载而产生的沉降和不均匀沉降具有以下特点：地表加载时的有效压缩厚度比一般基础沉降的有效压缩厚度大，沉降稳定时间也长，即使是较小的地表加载引起的下卧土层沉降也很大，特别是在较大面积地面堆载的情况下，当隧道下部压缩土层很厚时，产生的沉降和不均匀沉降就更大。

在已有隧道上方进行基坑开挖，由于基坑的开挖会引起坑内土体的回弹，从而引起地铁区间隧道的上抬变形。此外，隧道本身的先期卸载也会加剧隧道的上抬变形。

4. 地铁区间隧道与车站结构性质不同产生的影响

处于同一地质条件下的车站与区间隧道由于结构性质不同，车站的自重与隧道相比要大，因此，车站沉降量比隧道沉降量要稍大一些。这种差异沉降会使区间隧道和车站之间产生较大的拉应力，当拉应力增大到一定程度将会破坏它们之间的连接部分，这对列车的安全运行非常不利。

5. 已有桩基础的沉降造成周围地基土产生附加沉降所产生的影响

桩基础沉降引起隧道位移主要表现在总位移和沉降曲率两个方面。在桩基沉降较大、地铁隧道距离桩基础很近时，桩基沉降就有可能产生超过地铁隧道允许总位移的沉降值，导致较大的纵向不均匀沉降。

桩基沉降引起隧道的总位移值在允许范围内，但沉降曲线可能在某一局部出现剧烈变化(即曲率过大)，将造成列车运行不平稳。桩基础计算表明，靠近桩基周边的土体沉降曲线变化幅度较大，在该范围内需对隧道采取相应的保护措施。

6. 城市地面沉降的综合影响

隧道埋于地层中间，不可避免地会受到城市地面沉降的综合影响。城市地面沉降是一个亟待解决的世界性问题。根据上海市水务局的一份资料表明，上海市地面沉降的历史最高平均沉降量为 110 mm。通过对已有的资料研究分析，地表沉降量与城市建设施工和地下水的开采密切相关，凡是工程建设集中的地方，地面就形成沉降漏斗区，漏斗区的地层沉降远大于其他地区的沉降，当隧道穿越沉降漏斗区时，位于漏斗区内隧道的沉降明显比漏斗区外隧道的沉降大，长期积累下去，就会产生严重的纵向不均匀变形。

7. 隧道施工工艺和施工设备对变形的影响

施工期的隧道沉降是隧道总沉降的重要部分。以城市隧道常见的盾构隧道为例，施工期间隧道变形主要是由于盾构推进时对周围土体的扰动以及注浆等施工活动引起的，一般包括以下五个方面的因素。

(1) 开挖面前方土体的扰动。

(2) 盾尾后注浆不及时、不充分。

(3) 盾构在曲线推进或纠偏推进中造成超挖。

(4) 盾壳对周围土体的摩擦和剪切造成隧道周围土层的扰动。

(5) 盾构挤压推进对土体的扰动。

8. 移动循环荷载对隧道的影响

地铁隧道在正常运营期间，还会受到地铁列车振动荷载的长期循环作用。虽然研究表明，列车振动荷载引起的结构振动位移很小，以及它引起的隧道结构内力增量与水、土压力引起的内力相比较小(弯矩、轴力、剪力都不超过水、土压力引起的相应值的10%),但在列车振动荷载长期循环持续作用下,隧道下卧的饱和砂土层有液化的可能性以及饱和黏土有振陷的可能性,其后果可能使隧道产生很大的变形。

9. 地震影响

由于隧道处于地层之中,与土相互作用,地震的作用机理及结构反应极其复杂。1955年日本阪神地震中,地下车站结构受到严重破坏,区间隧道也有纵向、水平裂缝发生。饱和粉土与粉细砂土在地震中的液化问题应该特别引起重视。地层液化对隧道变形的影响主要表现在土层大量震陷或地层液化对隧道产生向上的浮力,这些均会导致隧道结构纵向的巨大不均匀变形,使隧道结构内力急剧增大,从而导致隧道结构的破坏。

6.1.4 杂散电流的腐蚀

杂散电流病害主要发生在地铁隧道中。地铁车辆通常采用直流牵引供电系统,额定电压为DC1 500 V、额定牵引电流高达3 000 A。这一强大的直流牵引供电系统所产生的地铁杂散电流将对沿线两侧1 000 m范围内的各类地下金属管道造成严重的电腐蚀。

在地铁直流牵引系统中,地铁列车走行钢轨是作为直流回流用的,而要使钢轨与大地始终保持完全绝缘是很难做到的。因此,流经钢轨的部分直流回流就有可能从钢轨“泄漏”至道床、隧道主体结构钢筋和隧道内各类金属构件上,甚至流出隧道,泄漏到隧道以外的大地中。这类泄漏电流即称为杂散电流。

如果地铁沿线附近的地下敷设了金属管道,地铁杂散电流就会从地铁车辆一端沿管壁流向牵引变电所一端。由于以牵引变电所为中心的地域属负电位地带,此时杂散电流又经金属管道流回大地,再从大地回流至牵引变电所。在杂散电流的整个流程中,杂散电流由金属管道流回大地,在管壁部位发生电解作用而使管道受到严重侵蚀。

由直流电工作的运输系统引起的电腐蚀完全不同于普通自然腐蚀,即使金属管道埋地时间很短,也可能发生电腐蚀,计算表明:1A的杂散电流每年可产生9 110 g的铁金属腐蚀。典型的旧式运输系统每300 m长度可以产生20～200 A的大地电流。虽然新一代的运输系统经过适当设计,旨在把大地杂散电流减小到最低水平,但是由于经济和其他因素的制约,杂散电流难以进一步减小,因此,杂散电流引起的腐蚀仍相当普遍。地铁设施、地铁附近的混凝土结构物中的钢筋以及埋地管线都可能因受到杂散电流的作用而发生腐蚀。

6.2 地下工程结构状态评价体系的建立

地下工程结构的工作条件十分复杂,其运营的安全状态不仅与设计、施工水平有关，而且受地质条件、水文条件，车辆通行次数和载重情况、维修养护条件和运营年限等因素的影响。以往进行地下工程结构安全评估时仅用单项指标进行分析，存在一定的不足，各个单项指标之间的关系从表面上看是互相独立的，实际上相互之间存在一定的耦合关系，如变形、渗漏水及裂缝之间互有影响。这就导致了单指标分析有时难以准确评价地下工程结构的安全状况。影响结构安全的各个因素的作用，原本次要的影响因素可能转化为主要的影响因素。若不考虑这些变化，将得出不符合实际情况的结论。因此，在评价地下工程结构状态时，不仅要考虑单个指标反映的局部性态，还要考虑多个指标所反映的整体性态。为此，需要按照综合评价问题的一般原理和步骤对地下工程结构安全状态评估问题进行研究。

为实现对地下工程结构状态的评价，首先需要对影响结构状态的因素进行分析，确定评价指标，以此为基础，合理地构造结构评价的层次化指标体系；然后根据所组成指标体系的各评价指标的特性，建立各评价指标的判定标准，实现对各评价指标的判定；再根据结构状态评价的特点，采用一定的方法，确定各评价指标的权重；最后根据上述层次化的指标体系和指标判定标准，采用一定的评价模型，以实现对地下工程结构状态进行定量评价的目的。因此，对地下工程结构状态评价可从评价指标体系、评价指标的判定标准、指标权重、评价模型等几个方面展开研究。

1. 评价指标的选取原则

评价指标是定量研究地下工程结构状态的基础，选取的评价指标是否恰当，将直接影响到最终的评价结果是否合理、可靠。评价指标选取太多，会使得评价指标数量庞大，可能造成指标间信息重复，相互间干扰；评价指标选取太少，可能使所选取的指标缺乏足够的代表性，指标信息覆盖不全，会产生片面性。这些都会影响评价结果的准确性。因此，为了使所选取的评价指标具有足够的代表性，指标的选取应遵循以下原则。

(1) 科学性原则

评价指标必须概念明确，具有一定的科学内涵，能够反映地下工程结构状态某一方面的特征。

(2) 完备性原则

评价指标应该尽可能全面、完整地反映地下工程结构状态的重要特征和重要影响因素，使评价结果准确可靠。

(3) 简洁性原则

在实际评价工作中，评价指标并非越多越好，关键在于评价指标在评价过程中所起到作用的大小。因此，在保证重要特征和影响因素不被遗漏的前提下，应尽可能选择主要的、有代表性的评价指标，从而减少评价指标的数量，便于计算和分析。

(4) 独立性原则

各评价指标应能相对独立地反映地下工程结构状态某一方面的特征，各评价指标之间应尽量排除兼容性。

(5) 可操作性原则

评价指标应能通过已有手段和方法进行度量,或能在评价过程中通过经研究可获得的手段和方法进行度量。有些指标虽然很合适,但不容易得到或无法得到,就不切实可行,缺乏可操作性。

(6) 层次性原则

将地下工程结构状态评价指标体系这个复杂问题分解为多个层次来考虑,形成一个包含多个子系统的多层次递阶分析系统,从而全面地对地下工程结构状态进行逐步深入的评价。

2. 评价子项目拟定

从地下工程结构健康综合评价指标的层次性特征来看,评价指标可分为底层评价指标和多层中间评价指标。地下工程结构的整体健康状况由各组成部分的健康状况来综合反映,而各组成部分的健康评价又可采用不同的健康评价方法,具体包括数学监控模型法、检测法、模型试验及结构计算分析法、人工巡查法等。此外,还包括设计复核、施工复核等。地下工程结构健康综合评价指标的拟定可以从结构的破坏特点、各种健康评价方法子项目的拟定等角度来综合考虑。

(1) 数学监控模型法的子项目拟定

数学监控模型法子项目的拟定根据隧道及地下工程结构设置的监测类别及项目而定。监测类别及项目的设置一般根据结构级别的不同而有所不同,地下结构物级别一般在二级以上,主要有下列监测类别及项目:

① 工作条件监测:包括结构区气温、降雨、通风、照明等监测;

② 渗流监测:包括结构体内水压力、渗流量、水质分析等监测;

③ 变形监测:包括水平位移和垂直位移、施工接缝和裂缝等监测;

④ 应力监测:包括混凝土应力、应变、钢筋应力、钢板应力、混凝土温度等监测;

⑤ 其他监测:包括近结构区边坡稳定、局部结构应力应变、地震反应、水力学项目、地表沉降等监测,可根据具体需要选设。

(2) 人工巡查法的子项目拟定

一般混凝土结构都设有人工巡查项目,这也是健康评价的重要方法。从范围上,人工巡查应包括附属设备;从内容上大致可划分为变形和渗流两大类,如混凝土的错动、裂缝、破损、伸缩缝变化、溶蚀、渗漏情况,裂缝处渗水量及浑浊度,地表岩石松动、裂缝变化等。

(3) 检测法、模型试验及结构计算分析法的子项目拟定

检测法、模型试验及结构计算分析法有时也会因特殊目的用于地下结构的健康评价,其子项目拟定需要根据具体情况确定,如具体进行了哪些检测项目、哪些方面的模型试验等。

(4) 设计复核和施工复核的子项目拟定

在地下工程结构设计、施工时,由于设计技术、施工技术的限制,或当时相应规范的

不健全等，有可能造成一些隐患，因此在运行多年以后需要以现行规范为标准，进行设计复核和施工复核。设计复核主要包括对地下工程结构的等级标准复核、结构布置复核、强度复核、稳定复核等；施工复核主要包括材料的选择型号复核、施工方法复核、施工质量复核等。

6.2.1 渗漏水评价指标和标准

分项评价指标等级与地下工程结构健康状态的对应关系如表 6-3 所示。

表 6-3　　健康状态与评价等级

健康状态	健康	亚健康	病变	病危
等级	A	B	C	D

1. 渗漏水部位

在地下工程中，不同部位的渗漏水病害对结构安全产生的影响不同。渗漏水所发生的部位，按区间隧道的断面特征可以分为顶部渗漏、侧壁处渗漏和侧壁脚处渗漏；按具体结构构件部位可以分为管片连接处渗漏、管片注浆孔及手孔处渗漏和管片混凝土裂缝渗漏。按照各个部位的渗漏水病害对结构安全影响程度的大小将其排序，得到相应的两组不等式：顶部渗漏>侧壁处渗漏>侧壁脚处渗漏，管片混凝土裂缝渗流>管片接缝处渗流>管片注浆孔及手孔处渗漏，分别赋值为 3，2，1。根据排列组合原理，任何一个部位渗漏水对结构安全的影响程度就是上述两组不等式任意两个元素的组合，利用赋值乘积将其定量化。容易得到，最大的量化评价值为 9，表示对渗漏水影响最大；最小值为 1，表示对结构安全影响最小。如表 6-4 所示。

表 6-4　　渗漏水部位的量化评价值

断面特征	结构构件		
	顶部(3)	侧壁处(2)	侧壁脚处(1)
混凝土裂缝处(3)	9	6	3
接缝处(2)	6	4	2
压浆孔和手孔处(1)	3	2	1

注：括号中数字为根据对应部位的渗漏水对结构影响程度大小的赋值。

渗漏水部位的评价等级标准如表 6-5 所示。

表 6-5　　渗漏水部位的评价等级标准

渗漏水部位量化评价值	0～2	2～5	5～7	7～9
等级	A	B	C	D

2. 渗漏水流量

渗漏水的流量通常是指隧道平均每天每平方米的渗流量。英国水工协会对隧道渗流水按其流量分为0～U级，见表6-6。

表6-6　　英国水工协会对隧道渗流水的分级

最大允许渗流量/[L·(m²·d)⁻¹]	无渗漏水或无明显渗漏水	1	3	10	30	100	无限量
等级	0	A	B	C	D	E	U

按照我国《地下工程防水技术规范》(GB 50108—2008)的要求，地铁隧道的防水等级为二级，即要求任何100 m²的隧道内表面上的渗漏水量每昼夜小于20 L，衬砌接缝处不允许漏泥沙和呈现滴漏，拱底块在嵌缝作业后不允许有渗水。在这种情况下，实际渗漏量为每昼夜0.025～0.2 L/m²。由于地铁隧道的实际渗漏量值小，且随时被正常的人工通风及列车运行时的活塞风带走一部分，这给检测工作带来了困难。用渗流水流量的表象形式将渗漏水分为四个等级。

(1) 微渗。混凝土面潮湿，有湿渍，手触有潮湿感，但没有水流淌的痕迹，灯光照射下无反光水迹。

(2) 慢渗。混凝土表面潮湿，有水印，手触摸有水，擦干渗水部位，经过一段时间又会见到水渗出，并慢慢形成积水，灯光下可见流水反光水迹。

(3) 漏水。擦干漏水面，立刻见到渗漏处有水渗出，在管片顶部呈滴水状，侧壁淌水，在侧壁脚处形成积水。

(4) 涌水。混凝土面可见漏水孔眼或裂缝，形成水流，漏水量较大，侧壁淌水，在侧壁脚处形成积水。

渗漏水流量的评价等级见表6-7。

表6-7　　渗漏水流量的评价等级

渗漏水流量	微渗	慢渗	漏水	涌水
等级	A	B	C	D

3. 渗漏水范围

渗流水的形式可分为“点”式、“线”式和“面”式，如管片压浆孔及螺栓孔等处的渗漏为“点”式渗漏；裂缝、管片拼装接缝等处的渗漏为“线”式渗漏；管片由于一片片的蜂窝麻面及混凝土酥松引起渗漏为“面”式渗漏。

以任意100 m²防水面积上的“点”式渗漏中渗漏点数占总点数的百分比α_1、“线”式渗漏中的渗漏长度占总接缝和裂缝的百分比α_2以及“面”式渗漏中湿迹面积占该防水面积的百分比α_3之和α，来反映渗漏水范围的大小。在山岭隧道的等级划分中通常以10%和20%为分界点，将渗漏水范围分为三个等级，这里考虑到城市地下工程的等级更高，且范围相同的渗漏水造成的危害更大，故以 2%，7%和 15%作为分界点，将渗漏水范围分为四个等级，见表 6-8。

表 6-8　　渗漏水范围的评价等级

α/%	0～2	2～7	7～15	>15
等级	A	B	C	D

4. 渗漏水 pH 值

我国《铁路桥隧建筑物劣化评定标准—隧道》(TB/T 2820.2—1997)和我国《公路隧道养护技术规范》(JTG H12—2003)中，将渗漏水 pH 值对隧道衬砌腐蚀的影响程度定量地分为四级。虽然上述标准均是针对公路和铁路隧道衬砌混凝土而制定的，但是由于该指标仅涉及侵蚀性环境水与混凝土材料之间的相互作用，而未涉及隧道修建的施工工法与运营管理等。因此，从实用性和使用广泛性的角度考虑，基于渗漏水 pH 值的定量判定标准采用表 6-9 中的判定标准。

表 6-9　　渗漏水 pH 值与腐蚀等级

腐蚀等级	渗漏水 pH 值	对混凝土的损坏
A	>8.0	—
B	6.1～7.9	在混凝土使用初期要注意
C	5.1～6.0	表面易损坏
C/D	4.1～5.0	在较短时间内表面凸凹不平
D	<4.0	水泥溶解崩溃

5. 防（排）水设施等级

防(排)水设施状态的评价等级如表 6-10 所示。

表 6-10　　防(排)水设施状态的评价等级

防(排)水设施	健康等级	防(排)水设施	健康等级
完好	A	具备基本功能	C
功能良好	B	丧失基本功能	D

6.2.2　地下结构衬砌裂损的评价指标和标准

从衬砌结构裂损现状出发，确立四项评价指标：裂缝部位及走向、裂缝尺度、裂缝的发展趋势和衬砌表面破损程度。

1. 裂缝部位及走向

区间隧道混凝土管片按其开裂部位分为管片的顶部裂缝、侧壁处裂缝和侧壁脚处裂缝。裂缝按其走行方向可以分为纵向裂缝、环向裂缝和斜向裂缝，其中，纵向裂缝包括混凝土管片上和纵向接缝处的裂缝，环向裂缝同样也包括混凝土本身和接缝处的裂缝。综合考虑裂缝部位和走向，其量化评价值和评价等级分别如表 6-11 和表 6-12 所示。

表 6-11　　裂缝部位及走向的量化评价值

部位走向	顶部(3)	侧壁脚处(2)	侧壁处(1)
斜向裂缝(3)	9	6	3
纵向裂缝(2)	6	4	2
环向裂缝(1)	3	2	1

注：括号中数字为根据裂缝部位对结构影响程度大小的赋值。

表 6-12　　裂缝部位及走向的评价等级

裂缝部位及走向量化评价值	0～2	2～5	5～7	7～9
等级	A	B	C	D

2. 裂缝尺度

裂缝尺度主要由裂缝长度、宽度和深度决定，三方面相互影响，相互制约。不同尺度的裂缝对管片的抗渗、钢筋的防锈、混凝土的防碳化能力的影响不同，所以，将裂缝尺度作为评价衬砌裂损的一项指标。

单一裂缝长度和宽度的评价等级见表 6-13。

表 6-13　　单一裂缝长度和宽度的评价等级

裂缝宽度 b/mm	裂缝长度 l/mm		
	$l>10$	$10\geqslant l>5$	$5\geqslant l$
$b>5$	C/D	B/C	B/C
$5\geqslant b>3$	C	B/C	B
$3\geqslant b$	A/B	A/B	A/B

任意 100 m² 裂缝长度的影响用裂缝度 C_d 来表示，混凝土管片单位面积上各种裂缝的长度之和，即

$$C_d = \frac{\sum L_1 + \sum L_2 + \sum L_3}{A}(\mathrm{m/\ m^2}) \tag{6-1}$$

式中 L_1——任意 100 m² 混凝土管片面积上环向裂缝长度(m)；

L_2——任意 100 m² 混凝土管片面积上纵向裂缝长度(m)；

L_3——任意 100 m² 混凝土管片面积上斜向裂缝长度(m)；

A——混凝土管片上任意 100 m^2面积。

中国台湾铁路隧道裂缝的评级标准认为，隧道衬砌上具有多数宽度达 3 mm、长度达 5 m 的裂缝时，需立刻采取整治措施，参照这个标准，结合我国地铁隧道的定期检查结果，将裂缝度 C_d以 5%和 20%作为分界点，可将裂缝度划分为三个等级，分别赋值 1，2，3。

对于裂缝的宽度，同一条裂缝上的宽度是不均匀的，控制裂缝宽度是指较宽区段的平均宽度。根据混凝土结构对裂缝的定义，以及国内外设计规范及有关试验资料，混凝土最大裂缝宽度的控制标准如下：

(1) 无侵蚀介质，无防渗要求，最大裂缝宽度为 0.3～0.4 mm。

(2) 轻微侵蚀，无防渗要求，最大裂缝宽度为 0.2～0.3 mm。

(3) 严重侵蚀，有防渗要求，最大裂缝宽度为 0.1～0.2 mm。

对任意 100 m^2混凝土衬砌管片上裂缝宽度的最大值以 0.4 mm 和 0.3 mm 两个界限值将其划分为三个等级，从小到大分别赋值 1，2，3。

裂缝深度按以下标准划分为四个等级：

(1) $h \leqslant 0.1H$，表面裂缝。

(2) $0.1H < h < 0.5H$，浅层裂缝。

(3) $0.5H \leqslant h < H$，纵深裂缝。

(4) $h = H$，贯穿裂缝。

其中，H 为结构厚度，h 为裂缝深度。从表面裂缝到贯穿裂缝分别赋值 1，2，3，4。

综合以上因素，以裂缝尺度影响系数 M 作为该评价指标的量化标准，即

$$M = L\phi D \tag{6-2}$$

式中 L——裂缝尺度的赋值；

ϕ——裂缝宽度的赋值；

D——裂缝深度的赋值。

根据裂缝尺度影响系数 M 的大小将裂缝尺度划分为四个等级，见表 6-14。

表 6-14　裂缝尺度的评价等级

裂缝尺度影响系数 M	0～4	4～10	10～20	20～36
等级	A	B	C	D

3. 裂缝的发展趋势

裂缝按其发展趋势可分为愈合裂缝、闭合裂缝、运动裂缝和不稳定裂缝。

愈合裂缝是指地下防水工程或其他防水结构，在水头压力不高的情况下，产生 0.1～0.2 mm 的裂缝时，开始出现渗漏，水通过裂缝与水泥结合，形成氢氧化钙，生成胶凝物质胶合了裂缝。此外，氢氧化钙碳化形成碳酸钙结晶，使裂缝封闭。这种裂缝不影

响结构耐久性。

闭合裂缝是指结构的初始裂缝，在后期荷载作用下有可能闭合，但裂缝仍然存在，这种裂缝称为闭合裂缝。闭合裂缝对结构无害。

运动裂缝是指结构上的任何裂缝和变形缝，在周期性温度和反复荷载作用下产生周期性的扩展和闭合，这种裂缝称为运动裂缝。

还有些裂缝产生不稳定扩散，称为不稳定裂缝，应视其扩散部位，考虑加固措施。根据四种趋势的裂缝对衬砌结构安全影响程度的大小，将该指标分为四个等级，见表6-15。

表 6-15　　裂缝发展趋势的评价等级

裂缝发展趋势	愈合裂缝	闭合裂缝	运动裂缝	不稳定裂缝
等级	A	B	C	D

4. 衬砌表面破损程度

混凝土结构的表面缺陷主要有麻面、露筋、蜂窝、空洞等，衬砌管片采用预制管片，上述病害一般可以避免，衬砌表面破损主要是由于施工期间操作不慎和运营期间由于有害物质的污染侵蚀所造成的。根据日常监测情况定性地将破损分为无破损、微破损、破损和严重破损四种情况。

(1) 无破损：结构无目视可辨识的破损。

(2) 微破损：结构产生轻微破损。

(3) 破损：表面呈龟甲状，但无混凝土剥落情形。

(4) 严重范围：混凝土有严重剥落现象。

衬砌表面破损程度评价标准见表6-16。

表 6-16　　衬砌表面破损程度的评价等级

衬砌表面破损程度	无破损	微破损	破损	严重破损
等级	A	B	C	D

5. 衬砌厚度劣化

衬砌厚度劣化程度的评价等级如表6-17所示。

表 6-17　　衬砌劣化程度的评价等级

劣化程度(有效厚度/设计厚度)	$<1/2$	$1/2\sim2/3$	$>2/3$
等级	C	B	A

6. 起层和剥落

衬砌起层和剥落的评价等级如表6-18所示。

表 6-18　　衬砌起层和剥落的评价等级

部位	掉落可能性	
	有	无
顶部	D	A
侧部	C	A

6.2.3　结构变形的评价指标和标准

以下从结构纵向沉降或隆起、结构横向位移、隧道管径收敛变形和结构的差异沉降四个方面对隧道结构变形进行描述并确定相应的评价等级标准。

1. 结构纵向沉降或隆起

根据目前地铁隧道沉降的监测数据分析，初步得出以下沉降规律：

(1) 随时间推移，隧道逐渐下沉。

(2) 沉降趋势逐渐减缓。

(3) 地面环境改变对隧道沉降影响很大。

(4) 同等条件下，圆形隧道的沉降量要比矩形隧道的沉降量小。

结构沉降对地铁结构安全性影响不仅表现在累计沉降量上，沉降速率也在很大程度上反映了结构沉降对地铁结构安全性的影响程度。通过多年来对我国软土地层地铁隧道的纵向沉降监测，结果表明，目前纵向沉降还处于非稳定状态。按 100 mm，200 mm，350 mm 作为累计沉降量的分界值，按 1 mm/m，4 mm/m，8 mm/m 作为沉降速率的分界值，将上述两个指标划分为四个级别，见表 6-19。

表 6-19　　结构纵向沉降的量化评价值

沉降速率/($mm\cdot m^{-1}$)	累计沉降/mm			
	<100	100～200	200～350	>350
<1	1	2	3	4
1～4	2	4	6	8
4～8	3	6	9	12
>8	4	8	12	16

结构纵向沉降的评价等级见表 6-20。

表 6-20　　结构纵向沉降的评价等级

结构纵向沉降量化评价值	0～2	2～6	6～12	12～16
等级	A	B	C	D

2. 结构横向位移

结构横向位移是隧道在垂直于轴线方向上的水平位移，相对于纵向沉降，横向位移量要小得多，但是当位移量达到一定数值时，对结构安全所造成的危害甚至比纵向沉降还要严重。广州地铁运营有限公司将地铁横向水平位移的评判标准定为±8 mm之内，认为此时未发生水平位移变化。上海市地铁保护技术标准提出了邻近工程施工引起地铁隧道横向最终位移量的控制值为20 mm。参考以上数据，结构横向位移评价等级见表6-21。

表6-21　横向水平位移评价等级

横向水平位移量/mm	0～8	8～20	20～40	>40
等级	A	B	C	D

3. 隧道横向收敛变形

盾构隧道结构在自重作用下，管片环一般呈竖直直径小于水平直径的"横鸭蛋"椭圆形，经过整圆后，断面一般会呈斜椭圆形。运营期间，由于竖向荷载一般情况下大于水平荷载且衬砌外围土压不断趋向于均匀和对称，衬砌结构多呈"横鸭蛋"椭圆形，这种横向变形会随着时间的推移而逐渐增长，增长到一定程度就会对结构安全产生严重的威胁。

用断面在水平方向上椭圆长轴的增加量和在垂直方向上短轴的减少量来评价隧道的收敛变形。椭圆长轴的增加量和短轴的减少量是相互影响的，且短轴的减少会对结构限界造成影响，故以垂直方向的压缩量作为隧道横向收敛变形的评价指标，评价等级见表6-22。

表6-22　隧道横向收敛变形评价等级标准

断面压缩量/mm	20	20～33	33～50	>50
等级	A	B	C	D

4. 隧道结构差异沉降

盾构隧道的主体结构是由混凝土衬砌管片在纵、环向通过螺栓连接起来的柔性结构，由于区间穿越地层的特性不同，沿隧道纵向易发生差异沉降。差异沉降通常由曲率半径 R 和相对弯曲 ρ 两个指标来评价，分别用式(6-3)和式(6-4)表示：

$$R=\frac{c^2}{2\delta} \tag{6-3}$$

$$\rho=\frac{\delta}{2c} \tag{6-4}$$

式(6-3)和式(6-4)中各变量的定义如图 6-7 所示，其中曲线 ABC 为隧道纵向变形曲线。

上海市地铁保护标准规定，隧道变形曲线的曲率半径 $R \geqslant 15\ 000$ m，相对弯曲 $\rho \leqslant 1/2\ 500$。分别以 30 000 m，15 000 m，5 000 m 和 1/5 000，1/2 500，1/500 作为分界值，将曲率半径和相对弯曲划分为四个级别，并分别以 1，2，3，4 赋值，见表 6-23。

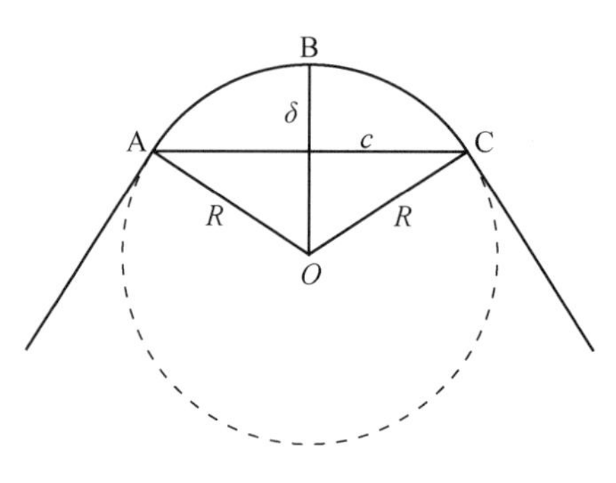

图 6-7　差异沉降变形计算示意图

表 6-23　结构差异沉降的量化评价值

相对弯曲 ρ	曲率半径/m			
	>30 000	15 000～30 000	5 000～15 000	<5 000
<1/5 000	1	2	3	4
1/5 000～1/2 500	2	4	6	8
1/2 500～1/500	3	6	9	12
>1/500	4	8	12	16

结构差异沉降的评价等级如表 6-24 所示。

表 6-24　差异沉降的评价等级

结构差异沉降的量化评价值	0～2	2～6	6～12	12～16
等级	A	B	C	D

上述差异沉降为结构绝对位移量。当考虑为结构相对位移量(位移量与结构跨度之比)时，其评价等级如表 6-25 所示。

表 6-25　相对位移量的评价等级

相对位移量	≤0.055%	≤0.05%	≤0.02%	≤0.01%
等级	A	B	C	D

注：表中裂缝主要以水平方向的裂缝或剪切裂缝为对象，对于横向裂缝，将判定结果相应降低 1 个等级；对于宽度为 0.3～0.5 mm 以上的裂缝，当分布密度大于 200 cm/ m²时，提高 1 个判定等级。

6.2.4　其他评价指标和标准

1. 联络通道

联络通道会形成非常不利的空间交叉结构受力形式，从结构的安全度看，存在显著的应力集中，使得与联络通道横通道相连接的盾构隧道环成为结构安全度最低的环节。综合联络通道的渗漏水情况和衬砌裂损状态，采用专家意见法定性地将其服务效果分为四个等级：A(优)、B(良)、C(中)、D(差)。

2. 线路曲率半径

《地铁设计规范》(GB 50157—2013)规定，线路平面曲线半径应根据车辆类型、列车设计运行速度和工程难易度经比选确定。一般情况下，正线线路平面的最小曲线半径不得小于 300 m，困难情况下不得小于 250 m；竖曲线的曲率半径一般情况下不得小于 3 000 m，困难情况下不得小于 2 000 m。根据这个规定，分别以 1 500 m，800 m，300 m 和 6 000 m，3 000 m，2 000 m 为分界值，将平面曲率半径和竖曲率半径划分为四个级别，见表 6-26。

表 6-26　　线路曲率半径的量化评价值

竖曲率半径/m	平曲率半径/m			
	>1 500(1)	800～1 500(2)	300～800(3)	<300(4)
>6 000(1)	1	2	3	4
3 000～6 000(2)	2	4	6	8
2 000～3 000(3)	3	6	9	12
<2 000(4)	4	8	12	16

注：括号中数字为根据线路曲率半径的范围对曲率半径的赋值。

线路曲率半径的评价等级见表 6-27。

表 6-27　　线路曲率半径的评价等级

线路曲率半径的量化评价值	0～2	2～6	6～12	12～16
等级	A	B	C	D

3. 环境水侵蚀程度

《铁路公务技术手册》中规定的环境水对混凝土衬砌侵蚀的判定标准如表 6-28 所示。

表 6-28　　环境水对混凝土衬砌侵蚀的判定标准

序号	侵蚀类型	侵蚀程度		
		弱侵蚀	中等侵蚀	强侵蚀
1	盐类结晶侵蚀(溶解性固体或蒸发残渣)/$(g \cdot L^{-1})$	10～15	16～30	>30
2	硫酸盐侵蚀(SO_4^{2-})/$(mg \cdot L^{-1})$	250～1 000	1 001～4 000	>4 000
3	镁盐侵蚀(Mg^{2+})/$(mg \cdot L^{-1})$	1 001～3 000	3 001～7 500	>7 500
4	溶出性侵蚀(HCO_3^-)/$(mg \cdot L^{-1})$	0.7～1.5	<0.7	
5	酸性侵蚀/pH	6.5～5.5	5.4～4.5	<4.5

对表 6-28 中的弱侵蚀、中等侵蚀、强侵蚀分别以 1，2，3 赋值，取五种侵蚀程度的量化值之积得到环境水对混凝土衬砌的量化评价值，相应的评价等级见表 6-29。

表 6-29　　环境水侵蚀的评价等级

环境水侵蚀的量化评价值	0～10	10～100	100～200	200～243
等级	A	B	C	D

4. 杂散电流的腐蚀程度

地铁结构与设备受到杂散电流腐蚀的危险性指标，应由结构表面向周围电解质漏泄的电流密度和由此引起的电位极化偏移来确定。电腐蚀性的直接定量指标是漏泄电流密度，其允许值应符合表 6-30 中的规定。

表 6-30　　地铁结构允许漏泄电流密度

材料与结构	允许漏泄电流密度 i_0/(mA · cm^{-2})
生铁	0.75
混凝土结构中的钢筋	0.60
钢结构	0.15

注：1. 表中数据为列车运行高峰 1 小时的平均值。
2. 漏泄电流密度的计算方法见《地铁杂散电流腐蚀防护技术规程》(CJJ49-92)。

根据地铁结构钢筋混凝土构件中钢筋的允许漏泄电流密度，将杂散电流的腐蚀程度分四个等级，见表 6-31。

表 6-31　　杂散电流腐蚀程度评价等级

钢筋泄露电流密度/(mA · cm^{-2})	0～0.6	0.6～1.5	1.5～3.0	＞3.0
等级	A	B	C	D

5. 地下结构空气质量

地下工程结构内空气污染的评价等级如表 6-32 所示。

表 6-32　　空气质量评价等级

污染等级	A	B	C	D
CO 浓度/ppm	≤500	≤250	≤250	＞300
烟雾浓度/m^{-1}	≤0.005	≤0.007	≤0.0075	＞0.009

6.3　地下工程结构状态评价方法

本章将模糊数学、人工神经网络和多元统计分析等学科知识应用到评价工作中，建立模糊综合评价模型、人工神经网络评价模型和主成分分析评价模型。这些评价模型较好地反映了评价对象的非线性和复杂性,使得评价结果更具科学性与合理性。

6.3.1 模糊综合评价模型

模糊性在客观世界处处存在,模糊数学是使用数学工具来研究和处理生活中存在的模糊现象。模糊数学绝不是把精确的数学模糊化,而是用精确的数学方法来处理现实生活中无法用数学描述的模糊现象,是架在形式化思维和复杂系统之间的一座桥梁。模糊数学在处理非数字化的、模糊的、难以定义的变量方面有独到之处,能通过合理的数学方法去描述变量、估计变量,将模糊的变量用数学的语言描述出来。

在风险评价中引入模糊数学的思想,是考虑到在实际工程项目中,许多风险因素性质和影响具有模糊性,常用模糊语言描述为"较低""低度""中度""高度""极高"等,这些模糊的描述无法用数字来准确地进行定量描述,而模糊数学可以将这些模糊信息以定量化形式表现出来。先用模糊数来表示项目的风险,然后采用模糊数学的方法进行模糊综合评价,得出一个定量化的描述,结果更加直观,也能取得更好的实际效果。

6.3.1.1 确定评价因素集、评价等级

因素集:$U=\{U_1, U_2, \cdots, U_i\}, (i=1, 2, \cdots, m)$

其中,U_i 为影响评价对象的一个因素,即因素集是以影响评价对象的各个因素为元素的一个普通集合。

评价集:$V=\{V_1, V_2, \cdots, V_j\}, (j=1, 2, \cdots, n)$

其中,V_j 表示每一因素所处状态的第 j 种决断(即评价等级),即评价集是专家利用自己的经验和知识对项目因素对象可能作出的各种评判结果所组成的集合。

6.3.1.2 利用层次分析法确定权重

权重集反映了因素集中各因素的重要程度,一般对各因素 $U_i(i=1, 2, \cdots, m)$ 赋予相应的权数 $a_i(i=1, 2, \cdots, m)$,这些权数组成的集合:$A=(a_1, a_2, \cdots, a_m)$ 称为因素权重集,简称权重集。

对于复杂多层次指标体系,若要让决策者直接给出某一层的若干指标对上一层次中与其相关的某项指标的权重,是比较困难的,若要求决策者直接给出最下层各项指标相对于最上层总目标的权重值,则更加困难。但是,如果让决策者分层两两比较各项指标对于同一层次中相关指标的重要性,却比较容易。在获得两两比较的结果之后,就可分层求出各项指标对于上一层次指标的权重值,从而可分层求得不同的权重值。

层次分析法的基本原理就是把复杂系统分解成各个组成因素,再将这些因素按支配关系分组形成递阶层次结构,通过两两比较的方式确定层次中各因素的相对重要性,

然后综合决策者的判断,确定决策方案相对重要性的总排序。层次分析法确定权重一般有以下四个步骤。

1. 建立层次结构

在深入分析所要研究的问题之后,将问题中所包含的因素划分为不同层次,包括最高层、中间层和最低层。其中,最高层是目标层,表示决策者所要达到的目标;中间层是准则层,表示衡量是否达到目标的判别准则;最低层是指标层。层与层之间的连线表示上下层之间各元素的相关关系。将同一层次的因素作为比较和评价的准则,对下一层次的某些因素起支配作用,同时它又是从属于上一层次的因素。对于复杂的决策问题,其目标可能不止一个,这时可将目标层扩展成两层,第一层为总目标,第二层为并列的分目标;其准则也可能不止一层,也可划分为准则层和指标层,如此类推。

2. 构造判断矩阵

建立层次结构模型之后,就可以在各层元素中进行两两比较,构造出比较判断矩阵。应用 AHP 主要是对每一层次中各元素的相对重要性给出判断,这些判断可以通过引入合适的标度(1~9 标度)用数值表示出来。判断矩阵 9 级标度及其含义见表 6-33。

表 6-33　　判断矩阵标度及其含义

标度	含义
1	表示两个元素相比,同样重要
3	表示两个元素相比,前者比后者稍重要
5	表示两个元素相比,前者比后者明显重要
7	表示两个元素相比,前者比后者强烈重要
9	表示两个元素相比,前者比后者极端重要
2, 4, 6, 8	表示上述判断的中间值

判断矩阵一般写成如下形式:

$$\mathbf{A}=\begin{bmatrix} a_{11} & a_{12} & \cdots & a_{1n} \\ a_{21} & a_{22} & \cdots & a_{2n} \\ \vdots & \vdots & \ddots & \vdots \\ a_{n1} & a_{n2} & \cdots & a_{nn} \end{bmatrix} \tag{6-5}$$

在矩阵 $\mathbf{A}=(a_{ij})_{n\times n}$ 中,a_{ij} 表示元素 i 与元素 j 的重要度之比,$a_{ii}=1$,$a_{ij}>0$,$a_{ij}=\dfrac{1}{a_{ji}}(i\neq j)$。

3. 单一准则下元素的指标权重计算

计算矩阵特征值和特征向量的方法很多,在精度要求不高的情况下,可以用近似方法计算特征值 $\lambda_{\max}$和特征向量 $\mathbf{W}$,最常用的有以下两种方法。

(1) 求和法

将判断矩阵按列归一化

$$\overline{a_{ij}} = \frac{a_{ij}}{\sum_{i=1}^{n} a_{ij}} \quad (i,\ j = 1,\ 2,\ \cdots,\ n) \tag{6-6}$$

每一列经归一化后的判断矩阵按行相加

$$\overline{W_i} = \sum_{j=1}^{n} \overline{a_{ij}} \quad (i,\ j = 1,\ 2,\ \cdots,\ n) \tag{6-7}$$

对向量 $\overline{\boldsymbol{W}} = (\overline{W_1},\ \overline{W_2},\ \cdots,\ \overline{W_n})^{\mathrm{T}}$ 作归一化处理

$$W_i = \frac{\overline{W_i}}{\sum_{i=1}^{n} \overline{W_i}} \quad (i = 1,\ 2,\ \cdots,\ n) \tag{6-8}$$

以此所得到的 $\boldsymbol{W} = (W_1,\ W_2,\ \cdots,\ W_n)^{\mathrm{T}}$ 即为所求特征向量。

按式(6-9)计算 $\lambda_{\max}$:

$$\lambda_{\max} = \sum_{i=1}^{n} \frac{(\boldsymbol{AW})_i}{nW_i} \quad (i = 1,\ 2,\ \cdots,\ n) \tag{6-9}$$

(2) 方根法

A 的元素按列相乘并开 n 次方,即

$$\overline{W_i} = \sqrt[n]{\prod_{j=1}^{n} a_{ij}} \quad (i = 1,\ 2,\ \cdots,\ n) \tag{6-10}$$

将 $\overline{W_i}$ 归一化即得排序权向量 $\boldsymbol{W}$ 的元素 W_i,即

$$W_i = \frac{\overline{W_i}}{\sum_{i=1}^{n} \overline{W_i}} \quad (i = 1,\ 2,\ \cdots,\ n) \tag{6-11}$$

4. 一致性检验

判断矩阵的检验有以下三个指标。

(1) 一致性指标 CI

$$CI = \frac{\lambda_{\max} - n}{n - 1} \tag{6-12}$$

式中 n——判断矩阵的阶数。

当 $\lambda_{\max}=n$, $CI=0$,为完全一致;当 $\lambda_{\max}>n$,判断矩阵不具有一致性,需要引入一致性指标,CI 值越大,判断矩阵的一致性越差。判断矩阵的维数($n\geqslant4$)越大,判断的一致

性将越差，故应放宽对高维判断矩阵一致性的要求，可以引入平均随机一致性指标 RI 进行修正。

(2) 随机一致性指标 RI

平均随机一致性指标是在多次(500 次以上)重复进行随机判断矩阵特征值的计算之后取算术平均值得到的。1～15 阶重复计算 1 000 次的平均随机一致性指标如表 6-34 所示。

表 6-34　　平均随机一致性指标 RI

矩阵阶数	1	2	3	4	5	6	7	8
RI	0	0	0.52	0.89	1.12	1.26	1.36	1.41
矩阵阶数	9	10	11	12	13	14	15	
RI	1.46	1.49	1.52	1.54	1.56	1.58	1.59	

(3) 一致性比率 CR

$$CR = \frac{CI}{RI} \tag{6-13}$$

当判断完全一致时，$CR = 0$。一般只要 $CR < 0.1$，就认为这个判断矩阵的一致性可以接受。

一般分四个步骤进行检验：

步骤一：求矩阵的最大特征值 λ_{max}，并按式(6-17)计算 CI 值；

步骤二：按矩阵阶数从表 6-34 中查出 RI 值；

步骤三：按式(6-18)计算 CR 值；

步骤四：如果 $CR<0.1$，检验通过，否则需对判断矩阵进行调整，再返回步骤一。

5. 层次总排序

经过上述两两比较评判，即可计算出最底层因素对于最高层(总目标)的相对重要性的排序权值，从而进行层次总排序。计算方法为各二级指标权重与其所属一级指标权重的乘积，即

$$c_j = a_i b_{ij} \quad (i,\ j = 1,\ 2,\ \cdots,\ n) \tag{6-14}$$

式中　c_j——层次总排序值；

a_i——层次结构一级指标的权重；

b_{ij}——一级指标下二级指标的权重。

6.3.1.3　建立隶属度

首先对因素集中的单因素 $U_i(i = 1,\ 2,\ \cdots,\ m)$ 作单因素评判，因素 U_i 对评价等级

$V_j(j=1, 2, \cdots, n)$ 的隶属度为 r_{ij}，则第 i 个因素 U_i 的单因素评判集为 $r_i=(r_{i1}, r_{i2}, \cdots, r_{in})$。

这样 m 个因素的评价集就构造出一个总的评价矩阵 $\boldsymbol{R}$，即每个被评价对象确定了从 $\boldsymbol{U}$ 到 $\boldsymbol{V}$ 的模糊关系 $\boldsymbol{R}$：

$$\boldsymbol{R}=(r_{ij})_{m\times n}=\begin{bmatrix} r_{11} & r_{12} & r_{13} & \cdots & r_{1n} \\ r_{21} & r_{22} & r_{23} & \cdots & r_{2n} \\ r_{31} & r_{32} & r_{33} & \cdots & r_{3n} \\ \vdots & \vdots & \vdots & \ddots & \vdots \\ r_{m1} & r_{m2} & r_{m3} & \cdots & r_{mn} \end{bmatrix}(i=1, 2, \cdots, m;\ j=1, 2, \cdots, n) \tag{6-15}$$

其中，r_{ij} 表示第 i 个因素 U_i 在第 j 个评价等级上的频率分布，一般将其归一化，使之满足 $\sum r_{ij}=1$。

评判顺序为：首先进行最低层次的模糊综合评判，其次由最低层次的评判结果构成上一层次的模糊矩阵，再进行上一层次的模糊综合，循此自上而下逐层进行模糊综合评判。

6.3.1.4 选择适当的算法进行模糊综合评判

$\boldsymbol{R}$ 中不同的行反映了某个被评价事物单因素对各等级模糊子集的隶属程度。用权向量 A 将不同的行进行综合，就可得到该被评事物从总体上来看对各等级模糊子集的隶属程度，即模糊综合评价结果向量。

引入一个模糊子集 B(决策集)，$B=(b_1, b_2, \cdots, b_n)$。一般令 $\boldsymbol{B}=\boldsymbol{A}\cdot\boldsymbol{R}$(• 为算子符号)，称为模糊变换。对于不同的模糊算子，就有不同的评价模型。直接相乘是较简单的模糊算子，其模糊综合评判模型为

$$\boldsymbol{B}=\boldsymbol{A}\cdot\boldsymbol{R}=(a_1, a_2, \cdots, a_m)\cdot\begin{bmatrix} r_{11} & r_{12} & r_{13} & \cdots & r_{1n} \\ r_{21} & r_{22} & r_{23} & \cdots & r_{2n} \\ r_{31} & r_{32} & r_{33} & \cdots & r_{3n} \\ \vdots & \vdots & \vdots & \ddots & \vdots \\ r_{m1} & r_{m2} & r_{m3} & \cdots & r_{mn} \end{bmatrix}=(b_1, b_2, \cdots, b_n) \tag{6-16}$$

6.3.1.5 综合决策

这一步主要是对评判指标进行计算、处理并依据指标处理的结果进行决策。一般情况下，评判指标的处理可采用最大隶属度法、模糊分布法和加权平均法。

1. 最大隶属度法

最大隶属度法以 B 中的 $\max\{b_1, b_2, \cdots, b_n\}$ 对应的评价等级作为评价结果。最大隶属度法仅考虑了最大评价指标的贡献，舍去了其他指标所提供的信息，这是很可惜的；当最大评价指标不止一个时，用最大隶属度法便很难决定具体的评价结果，可采用加权平均法。

2. 模糊分布法

这种方法直接把评价指标作为评价结果，或将评价指标归一化，用归一化的评价指标作为评价结果。归一化的具体做法如下：

先求各评价指标之和，即

$$b = b_1 + b_2 + \cdots + b_n = \sum_{j=1}^{n} b_j \tag{6-17}$$

再用原来的各个评价指标除以 b：$B = \left(\frac{b_1}{b}, \frac{b_2}{b}, \cdots, \frac{b_n}{b}\right) = (b'_1, b'_2, \cdots, b'_n)$ 为归一化的模糊综合评价指标，即 $\sum_{j=1}^{n} b'_j = 1$。

3. 加权平均法

取 b_j 为权数，对各个评价结果进行加权平均的值作为评价最后的结果，即

$$V = \frac{\sum_{j=1}^{n} b_j V_j}{\sum_{j=1}^{n} b_j} \tag{6-18}$$

如果评价指标 b_j 已经归一化，则

$$V = \sum_{j=1}^{n} b_j V_j \tag{6-19}$$

6.3.2 人工神经网络综合评价模型

1. 人工神经网络的基本概念

人工神经网络是根据生物神经网络的研究成果设计出来的，对复杂的非线性系统具有较高的建模能力及对数据良好的拟合能力。神经网络具有自组织、自学习、非线性动态处理及容错性强等特征，具有联想、推理和自适应识别能力，特别适合处理各种非线性问题。

人工神经网络模型有很多种，其中，BP 神经网络为使用最广泛的一种。BP 神经网络是典型的多层网络，标准的 BP 神经网络模型由三层神经元组成，左层为输入层，中间层为隐含层，右层为输出层，每层由若干神经元组成，层与层之间多采用全互联方式，同一层单元之间不存在相互连接(图 6-8)。对于结构性态评价问题，主要使用 BP 神经网

络的预测功能。

BP 神经网络模型处理信息的基本原理是：输入信号 X_i，通过中间节点（隐层节点）作用于输出节点，经过非线性变换，产生输出信号 Y_k，网络训练的每个样本包括输入向量 X 和期望输出量 t，网络输出值 Y 与期望输出值 t 之间的偏差，通过调整输入节点与隐层节点的联结强度取值 W_{ij} 和隐层节点与输出节点之间的联结强度 T_{jk} 以及阈值，使误差沿梯度方向下降，经过反复学习训练，确定与最小误差相对应的网络参数（权值和阈值），训练即告停止。此时，经过训练的 BP 神经网络即能对类似样本的输入信息自行处理，输出误差最小的经过非线性转换的信息。

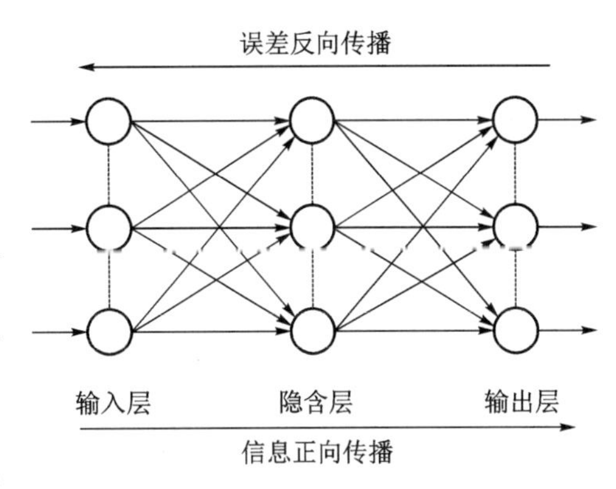

图 6-8　BP 神经网络结构图

2. **BP 神经网络模型**

BP 神经网络模型包括输入输出模型、作用函数模型、误差计算模型和自学习模型。

（1）节点输出模型

隐层节点输出模型：$Q_j = f(\sum W_{ij} \times X_i - q_j)$　　(6-20)

输出节点输出模型：$Y_k = f(\sum T_{ik} \times Q_j - q_k)$　　(6-21)

式中　f——非线性作用函数；

q——神经单元阈值；

W_{ij}——输入节点 x_i 对隐层节点 x_j 的影响权重。

（2）作用函数模型

作用函数是反映下层输入对上层节点作用强度的函数，一般取为(0,1)内连续取值的 Sigmoid 函数（也称为 S 形生长曲线）：

$$f(x) = \frac{1}{1 + \mathrm{e}^{-x}} \tag{6-22}$$

（3）误差计算模型

误差计算模型是反映神经网络期望输出与计算输出之间误差大小的函数：

$$E_{\mathrm{p}} = \frac{1}{2N} \sum_{i=1}^{N} (T_{\mathrm{p}i} - Q_{\mathrm{p}i})^2 \tag{6-23}$$

式中　$T_{\mathrm{p}i}$——i 节点的期望输出值；

$Q_{\mathrm{p}i}$——i 节点计算输出值。

(4) 自学习模型

神经网络的学习过程,即连接下层节点和上层节点之间的权重矩阵 W_{ij} 的设定和误差修正过程。自学习模型为

$$\Delta W_{ij}(n+1)=h\times\phi_i\times Q_j+a\times\Delta W_{ij}(n) \tag{6-24}$$

式中 h——学习因子;

ϕ_i——输出节点 i 的计算误差;

O_j——输出节点 j 的计算输出;

a——动量因子。

3. BP 神经网络模型的缺陷分析及优化策略

(1) 学习因子 h 的优化

采用变步长法根据输出误差大小自动调整学习因子,以减少迭代次数和加快收敛速度。优化公式如下:

$$h=h+a\cdot\frac{E_{\mathrm{p}}(n)-E_{\mathrm{p}}(n-1)}{E_{\mathrm{p}}(n)} \tag{6-25}$$

式中 a——调整步长,取 0~1。

(2) 隐层节点数的优化

隐层节点数的多少对网络性能的影响较大:当隐层节点数太多时,会导致网络学习时间过长,甚至不能收敛;而当隐层节点数过少时,模型的容错能力差。利用逐步回归分析法并进行参数的显著性检验来动态删除一些线性相关的隐层节点。节点删除标准:当由该节点出发指向下一层节点的所有权值和阈值均落于“死区”[通常取(−0.1, 0.1),(−0.05, 0.05)等区间]之中,则该节点可删除。最佳隐层节点数 L 可参考式(6-26)计算:

$$L=(m+n)^{\frac{1}{2}}+c \tag{6-26}$$

式中 m——输入节点数;

n——输出节点数;

c——介于 1~10 的常数。

(3) 输入和输出神经元的确定

利用多元回归分析法对神经网络的输入参数进行处理,删除相关性强的输入参数,来减少输入节点数。

(4) 算法优化

由于 BP 算法采用的是梯度下降法,因而易陷于局部最小并且训练时间较长。采用基于生物免疫机制的既能全局搜索又能避免未成熟收敛的免疫遗传算法 IGA 取代传统 BP 算法来克服此缺点。

4. BP 神经网络在地下结构状态评价中的应用

（1）确定网络的拓扑结构

确定网络节点的拓扑关系，以及中间隐层的层数，输入层、输出层和隐层的节点数。

（2）确定被评价系统的指标体系

运用神经网络进行结构状态评价时，首先必须确定评价系统的内部构成和外部环境，确定能够正确反映被评价对象安全状态的主要特征参数（输入节点数，各节点实际含义及其表达形式等），以及这些参数下系统的状态（输出节点数，各节点实际含义及其表达方式等）。

（3）选择学习样本，供神经网络学习

选取多组对应系统不同状态参数值时的特征参数值作为学习样本，供神经网络学习。这些样本应尽可能地反映各种状态。此外，还应对系统特征参数进行$(-\infty, \infty)$区间的预处理，对系统参数应进行$(0,1)$区间的预处理。神经网络的学习过程即根据样本确定网络的联结权值和误差反复修正的过程。

（4）确定作用函数

通常选择非线性 S 形生长曲线（sigmoid 函数）。

（5）建立地下结构状态评价知识库

通过网络学习确认的网络结构包括：输入、输出和隐层节点数以及反映其间关联度的网络权值的组合，即为具有推理机制的地下结构状态评价知识库。

（6）进行实际系统的评价

经过训练的神经网络将实际评价系统的特征值转换后输入已具有推理功能的神经网络中，经过系统评价知识库处理后得到实际系统状态的评价结果。实际系统的评价结果又作为新的学习样本输入神经网络，使系统评价知识库进一步充实。

5. BP 神经网络理论应用于系统评价中的优点

（1）利用神经网络并行结构和并行处理的特征，通过适当选择评价指标，能克服评价的片面性，可以全面评价系统在多因素共同作用下的状态。

（2）运用神经网络知识存储和自适应特征，通过适当补充学习样本，可以实现历史经验与新知识相结合，在发展过程中动态地评价系统的状态。

（3）利用神经网络理论的容错特征，通过选取适当的作用函数和数据结构，可以处理各种非数值性指标，实现对系统状态的模糊评价。

6.3.3 主成分分析综合评价模型

主成分分析是研究如何将多指标问题转化为较少的综合指标的一种重要统计方法，它能将高维空间的问题转化到低维空间进行处理，使问题变得比较简单、直观，而且这些较少的综合指标之间互不相关，又能提供原有指标的绝大部分信息。主成分分析除了降低多变量数据系统的维度以外，同时还简化了变量系统的统计数字特征。主成分分析在对多变量数据系统进行最佳简化的同时，还可以提供许多重要的系统信息，例如数据点的重心位置（或称为平均水平），数据变异的最大方向，群点的散布范围等。

主成分分析的基本思路可概述如下：借助一个正交变换，将分量相关的原随机变量转换成分量不相关的新变量，从代数角度看，即将原变量的协方差阵转换成对角阵，从几何角度看，即将原变量系统变换成新的正交系统，使之指向样本点散布最开的正交方向，进而对多维变量系统进行降维处理。按照特征提取的观点，主成分分析相当于一种基于最小均方误差的提取方法。

1. 主成分分析的数学模型

设有 n 个因子，每个因子观测 p 个指标（变量）：X_1，X_2，…，X_p，得到原始数据矩阵：

$$\boldsymbol{X}=\begin{bmatrix} x_{11} & x_{12} & \cdots & x_{1p} \\ x_{21} & x_{22} & \cdots & x_{2p} \\ \vdots & \vdots & \ddots & \vdots \\ x_{n1} & x_{n2} & \cdots & x_{np} \end{bmatrix}=(X_1,\ X_2,\ \cdots,\ X_p) \tag{6-27}$$

式中 $X_i=\begin{bmatrix} x_{1i} \\ x_{2i} \\ \vdots \\ x_{ni} \end{bmatrix},i=1,2,\cdots,p$。

用数据矩阵 $\boldsymbol{X}$ 的 p 个列向量（即 p 个指标向量）作线性组合（即综合指标向量）：

$$\begin{cases} F_1=a_{11}X_1+a_{21}X_2+\cdots+a_{p1}X_p \\ F_2=a_{12}X_1+a_{22}X_2+\cdots+a_{p2}X_p \\ \quad\cdots\cdots \\ F_p=a_{1p}X_1+a_{2p}X_2+\cdots+a_{pp}X_p \end{cases} \tag{6-28}$$

上述方程组要求：

$$a_{1i}^2+a_{2i}^2+\cdots+a_{pi}^2=1(i=1,\ 2,\ \cdots,\ p) \tag{6-29}$$

系数 α_{ij} 由下列原则决定：

（1）F_i 与 F_j（$i\neq j$，i，$j=1$，…，p）不相关；

（2）F_1是 X_1，X_2，…，X_p的一切线性组合（系数满足上述方程组）中方差最大的，F_2是与 F_1不相关的 X_1，X_2，…，X_p的一切线性组合中方差最大的，……，F_p是与 F_1，F_2，…，F_{p-1}都不相关的 X_1，X_2，…，X_p的一切线性组合中方差最大的。

这样决定的综合变量 F_1，F_2，…，F_p分别称为原变量的第一，第二，……，第 p 主成分，其中，F_1的方差在总方差中占的比例最大，其余主成分 F_2，F_3，…，F_p的方差依次递减。在实际工作中挑选前几个甚至一个最大主成分，就能够基本包括全部指标所具有的信息，达到了将众多指标简化浓缩为少数几个甚至一个综合评价指标的目的。

2. 主成分分析法的评价步骤

求解满足上述要求的方程组系数 α_{ij} 的运算，在数学上可以变为求方程组的系数向量，即矩阵的特征值及其相应的单位特征向量的问题。

建立模型时，需要将原始数据写成矩阵[式(6-27)]。注意：原始数据矩阵 $\boldsymbol{X}$ 的 p 个指标需要有一定的联系，而且为正相关（如果为负相关，需要进行相应的转化）。

（1）将原始数据标准化。

（2）建立变量的相关系数矩阵：$\boldsymbol{R}=(r_{ij})_{p\times p}$，不妨设 $\boldsymbol{R}=\boldsymbol{X}'\boldsymbol{X}$。

（3）求 $\boldsymbol{R}$ 的特征值 $\lambda_1 \geqslant \lambda_2 \geqslant \cdots \geqslant \lambda_p > 0$ 及其相应的单位特征向量：

$$a_1=\begin{bmatrix}a_{11}\\a_{21}\\\vdots\\a_{p1}\end{bmatrix},\ a_2=\begin{bmatrix}a_{12}\\a_{22}\\\vdots\\a_{p2}\end{bmatrix},\ \cdots,\ a_p=\begin{bmatrix}a_{1p}\\a_{2p}\\\vdots\\a_{pp}\end{bmatrix} \tag{6-30}$$

（4）写出主成分：

$$F_i=a_{1i}X_1+a_{2i}X_2+\cdots+a_{pi}X_p,\ i=1,\ 2,\ \cdots,\ p \tag{6-31}$$

（5）计算第 j 个主成分（特征值）的方差贡献率及前几个主成分的累计方差贡献率。选取累计贡献率大于某值（如定为 90%，95%，99%等）的前几个主成分。

（6）对选取的主成分进行解释或分析。

6.4 地下工程结构状态评价案例分析[①]

6.4.1 工程概况

重庆向阳隧道是连接牛角沱与菜园坝火车站的重要设施，隧道埋深 1.5～42.5 m，隧道区围岩为侏罗系中统上沙溪庙组紫红色泥岩与砂岩互层，围岩类别有Ⅱ，Ⅲ，Ⅳ，Ⅴ共四类。全长 564.75 m，净宽 8.5 m，净高 5.5 m，侧墙高 3.0 m。衬砌断面形状为直墙等截面半圆拱，其拱圈内缘半径为 4.50 m，矢跨比为 0.5。本书针对 K0＋425—K0＋520段进行评价分析。评价框架如图 6-9 所示。

6.4.2 结构状态评价

1. 渗漏水评价

（1）渗水量指标取值

由于隧道建成于 1967 年，受当时条件所限，全隧道没有防水层，隧道渗水较为普

① 段怀志，《隧道及地下工程健康评价研究》。

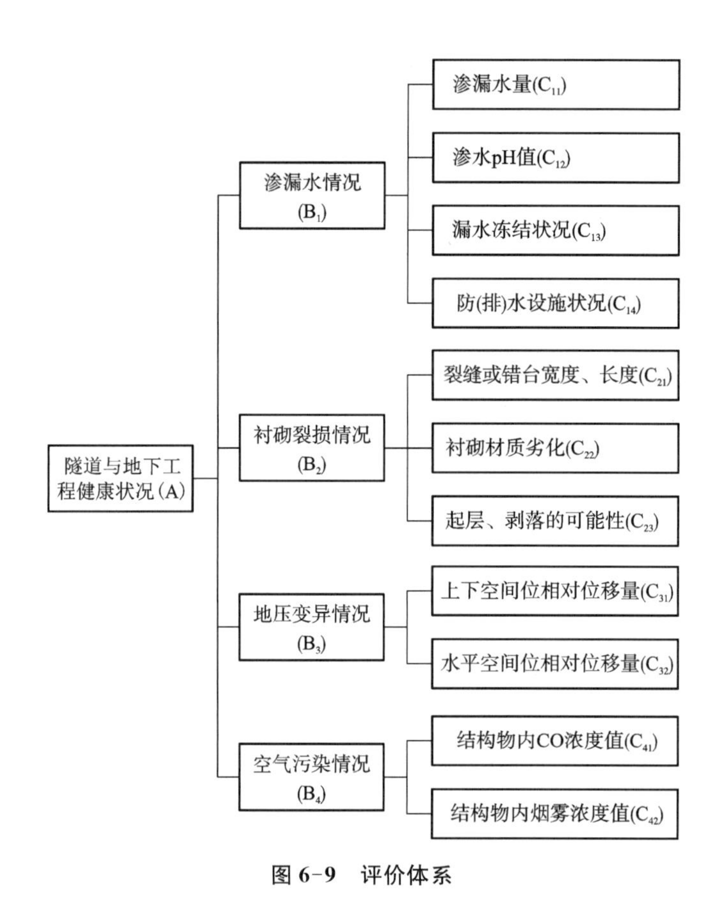

图 6-9 评价体系

遍，大部分路段均不同程度地存在滴水和渗水情况。K0＋135—K0＋520 段裂缝比较发育，渗漏水比较严重。根据分段检测报告，在 K0＋425—K0＋520 段施工缝存在不同程度的渗水情况，但未发现有滴水情况（有多处施工缝经后期处理并埋设横向排水管，部分处理表面有浸水痕迹和浸水现象）。渗漏水指标取值为：$\boldsymbol{C}_{11}=[0.6\quad 0.4\quad 0.0\quad 0.0]$。

（2）渗漏水 pH 值指标取值

从渗水的水质看，有些是由于地面生活用水所致，对衬砌混凝土及钢筋不同程度地存在一定的腐蚀作用。衬砌混凝土局部老化，渗水对衬砌混凝土有浸蚀。

渗漏水 pH 值指标取值为：$\boldsymbol{C}_{12}=[0.0\quad 0.6\quad 0.4\quad 0.0]$。

（3）漏水冻结状态指标取值

重庆地处南方，温度常年处在 0℃ 以上，无结冰现象。

漏水冻结状况指标取值为：$\boldsymbol{C}_{13}=[1.0\quad 0.0\quad 0.0\quad 0.0]$。

（4）防(排)水设置状态指标取值

全隧道没有防水层，有多处施工缝经后期处理并埋设横向排水管。

防(排)水设施状况指标取值为：$\boldsymbol{C}_{14}=[0.0\quad 0.0\quad 0.2\quad 0.8]$。

向阳隧道渗漏水状况评价矩阵：

$$R_1 = \begin{bmatrix} 0.6 & 0.4 & 0.0 & 0.0 \\ 0.0 & 0.6 & 0.4 & 0.0 \\ 1.0 & 0.0 & 0.0 & 0.0 \\ 0.0 & 0.0 & 0.2 & 0.8 \end{bmatrix} \tag{6-32}$$

2. 衬砌裂损情况

(1) 裂缝或错台宽度、长度指标取值

根据检测报告，在 K0＋425—K0＋520 段裂缝发育相对较多，裂缝宽度在 0.7～5.1 mm，长度 1～7 m，分布在两边拱脚部，以纵向发展裂缝为主(两侧拱脚部位裂隙发育，裂缝较宽较长，大多呈纵向分布)。

据此，裂缝或错台宽度、长度指标取值为：$C_{21} = [0.0 \quad 0.6 \quad 0.3 \quad 0.1]$。

(2) 衬砌劣化指标取值

重庆公路工程检测中心利用地质雷达检测等方法对向阳隧道衬砌进行了精确检测，在 K0＋000—K0＋565 段共检测了 57 个断面。其中 K0＋425— K0＋520 段共 10 个断面的衬砌厚度检测结果如表 6-35 所列。

表 6-35　　K0＋425—K0＋520 段衬砌厚度检测结果

桩号	向阳隧道 K0＋425—K0＋520 段衬砌厚度/cm						
	拱顶	左拱腰	右拱腰	左拱脚	右拱脚	左边墙	右边墙
430	110	101	93	86	102	128	83
440	112	110	102	117	93	143	92
450	105	104	100	102	111	116	102
460	105	98	93	95	102	141	101
470	100	107	101	100	110	130	104
480	110	104	106	93	100	127	106
490	106	90	103	90	102	137	108
500	100	103	110	101	103	140	117
510	100	100	102	100	108	122	105
520	100	98	101	100	97	126	104
平均值	104.8	101.5	101.1	98.4	102.8	131	102.2
设计值	100						

衬砌厚度平均值大部分在 100 cm 以上，只有左拱脚衬砌厚度平均值为 98.4 cm，隧道断面尺寸比较均匀规则。从拱部到左右两侧边墙，超挖频率、规模及范围均较小，衬砌混凝土总体较密实，但有局部离析和不均匀现象。拱背总体密实，左下边墙测线

K0+478—K0+503 段、右下边墙测线 K0+480—K0+503 段发现有条石。衬砌强度检测方面，根据钻孔取芯试验检测报告，共取样 20 个，其中仅 1 个试样强度低于设计强度值25 MPa（YP－2005209，YP－2005210 两个试样实际不是衬砌混凝土），强度合格率95%，绝大部分衬砌强度满足设计要求。强度低于设计值的试样位于 K0+145 的断面。

据此，衬砌材质劣化指标取值为：$\boldsymbol{C}_{22}=[0.9\quad 0.1\quad 0.0\quad 0.0]$。

(3) 起层、剥落可能性指标取值

根据检测报告，全隧道未发现衬砌混凝土掉块、剥落的情况。

据此，起层、剥落的可能性指标取值为：$\boldsymbol{C}_{23}=[1.0\quad 0.0\quad 0.0\quad 0.0]$。

向阳隧道衬砌裂损情况评价矩阵：

$$\boldsymbol{R}_2=\begin{bmatrix}0.0 & 0.6 & 0.3 & 0.1\\0.9 & 0.1 & 0.0 & 0.0\\1.0 & 0.0 & 0.0 & 0.0\end{bmatrix}\tag{6-33}$$

3. 结构变形情况

重庆公路工程检测中心利用激光隧道多功能断面检测仪对向阳隧道断面进行了精确检测，在 K0+000— K0+565 段共检测了 57 个断面。其中 K0+425—K0+520 段共 10 个断面检测结果（线性超挖平均值取"+"；线性欠挖平均值取"—"）如表 6-36 所列。

表 6-36　隧道断面检测结果

断面	超(欠)挖平均值/m
K0+430	+0.034
K0+440	+0.045
K0+450	+0.042
K0+460	+0.042
K0+470	+0.041
K0+480	+0.047
K0+490	+0.047
K0+500	+0.045
K0+510	+0.045
K0+520	+0.051

对表 6-36 中数据求平均值，结果为"线性超挖+0.044 m"。检测报告显示"从断面检测的情况来看，竣工断面形状较规则，实际内轮廓与设计内轮廓最大相差约为 3 cm"。

由于没有前期数据参考，目前检测数据显示隧道断面大于设计断面，可以认为围岩变形状况的判定结果为“健康”。

上下空间和水平空间位相对移量指标取值分别为

$$\boldsymbol{C}_{31}=[1.0\quad 0.0\quad 0.0\quad 0.0];$$
$$\boldsymbol{C}_{32}=[1.0\quad 0.0\quad 0.0\quad 0.0]。$$

向阳隧道地压变异情况评价矩阵：$\boldsymbol{R}_3=\begin{bmatrix}1.0 & 0.0 & 0.0 & 0.0\\ 1.0 & 0.0 & 0.0 & 0.0\end{bmatrix}$。

4. 空气污染情况

向阳隧道全长 564.75 m，距离较短，两端开阔，可以不考虑 CO 的浓度和烟雾的浓度值，空气污染状况判定结果为“安全”，故 CO 的浓度和烟雾的浓度值指标取值分别如下：$\boldsymbol{C}_{41}=[1.0\quad 0.0\quad 0.0\quad 0.0]$；$\boldsymbol{C}_{42}=[1.0\quad 0.0\quad 0.0\quad 0.0]$。

向阳隧道空气污染情况评价矩阵：$\boldsymbol{R}_4=\begin{bmatrix}1.0 & 0.0 & 0.0 & 0.0\\ 1.0 & 0.0 & 0.0 & 0.0\end{bmatrix}$。

6.4.3 一级评价

（1）向阳隧道渗漏水状况评价结果

$$\boldsymbol{B}_1=\boldsymbol{W}_1\cdot\boldsymbol{R}_1=[0.3333\quad 0.1667\quad 0.1667\quad 0.3333]\cdot\begin{bmatrix}0.6 & 0.4 & 0.0 & 0.0\\ 0.0 & 0.6 & 0.4 & 0.0\\ 1.0 & 0.0 & 0.0 & 0.0\\ 0.0 & 0.0 & 0.2 & 0.8\end{bmatrix}$$
$$=[0.3667\quad 0.2333\quad 0.1333\quad 0.2666] \tag{6-34}$$

（2）向阳隧道衬砌裂损状况评价结果

$$\boldsymbol{B}_2=\boldsymbol{W}_2\cdot\boldsymbol{R}_2=[0.4554\quad 0.2410\quad 0.3036]\cdot\begin{bmatrix}0.0 & 0.6 & 0.3 & 0.1\\ 0.9 & 0.1 & 0.0 & 0.0\\ 1.0 & 0.0 & 0.0 & 0.0\end{bmatrix}$$
$$=[0.5205\quad 0.2973\quad 0.1366\quad 0.0455] \tag{6-35}$$

（3）向阳隧道结构变形状况结果

$$\boldsymbol{B}_3=\boldsymbol{W}_3\cdot\boldsymbol{R}_3=[0.5000\quad 0.5000]\cdot\begin{bmatrix}1.0 & 0.0 & 0.0 & 0.0\\ 1.0 & 0.0 & 0.0 & 0.0\end{bmatrix} \tag{6-36}$$
$$=[1.000\quad 0.000\quad 0.000\quad 0.000]$$

（4）向阳隧道空气污染状况评价结果

$$\boldsymbol{B}_4=\boldsymbol{W}_4\cdot\boldsymbol{R}_4=[0.6667\quad 0.3333]\cdot\begin{bmatrix}1.0 & 0.0 & 0.0 & 0.0\\ 1.0 & 0.0 & 0.0 & 0.0\end{bmatrix}\quad(6\text{-}37)$$
$$=[1.000\quad 0.000\quad 0.000\quad 0.000]$$

6.4.4 二级评价

将向阳隧道结构状态一级评价结果组成二级评价矩阵$\boldsymbol{R}$,综合评价结果为

$$\boldsymbol{B}=\boldsymbol{W}\cdot\boldsymbol{R}=\boldsymbol{W}\cdot\begin{bmatrix}\boldsymbol{B}_1\\ \boldsymbol{B}_2\\ \boldsymbol{B}_3\\ \boldsymbol{B}_4\end{bmatrix}$$

$$=[0.3333\quad 0.3333\quad 0.2000\quad 0.1334]\cdot\begin{bmatrix}0.3667 & 0.2333 & 0.1333 & 0.2666\\ 0.5205 & 0.2973 & 0.1366 & 0.0455\\ 1.000 & 0.000 & 0.000 & 0.000\\ 1.000 & 0.000 & 0.000 & 0.000\end{bmatrix}$$
$$=[0.6291\quad 0.1768\quad 0.0900\quad 0.1040]\quad(6\text{-}38)$$

6.4.5 评价结果分析

为清楚表达向阳隧道 K0+425—K0+520 段结构状态的评价结果,将评价结果的模糊集合用饼图表示出来,并把隶属度用百分数表示,从而能更直观地表现评价结果,如图 6-10 所示。

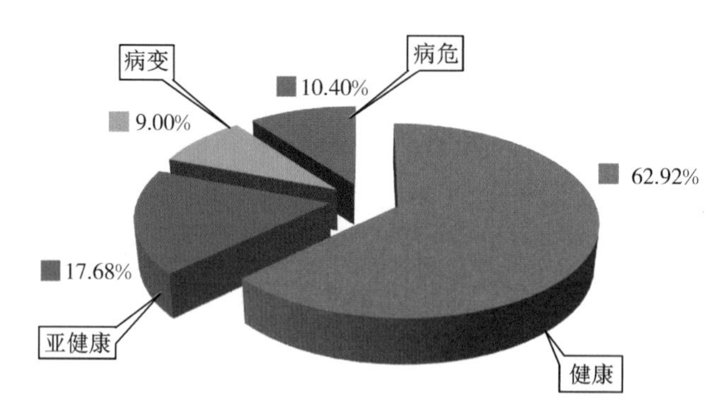

图 6-10 向阳隧道结构评价结果

（1）向阳隧道 K0+425—K0+520 段结构状态的综合评价集 $V=\{A, B, C, D\}$的隶属情况如表 6-37 所示。

表 6-37　　综合评价集的隶属状况

A	B	C	D
0.629 1	0.176 8	0.090 0	0.104 0

(2) 若使用最大隶属度法对评价结果进行处理，从表 6-36 中可以看出，向阳隧道 K0+425—K0+520 段结构状态的综合评价对“A”和“B”的隶属度比较大，而且对“A”的隶属度占到 0.6291，对“B”的隶属度占到 0.176 8，那么向阳隧道 K0+425—K0+520 段结构状态的综合评价结果偏向于为“A”。

(3) 若采用加权平均法，取 $V=\{A, B, C, D\}=\{4, 3, 2, 1\}$，那么向阳隧道 K0+425—K0+520 段的健康状况综合评价结果为

$$V=0.629\,1\times4+0.176\,8\times3+0.090\,0\times2+0.104\,0\times1=3.330\,8$$

综合评价结果数值为 3.330 8，小于 3.5，偏向于“B”，即向阳隧道 K0+425—K0+520 段结构状态的评价结果为“B”状态。

参 考 文 献

REFERENCE

[1] 邓显威. 自动监测系统在地铁运营隧道中的应用[J]. 建筑安全,2012,27(7):70-72.

[2] 张士宇,蒋宏伟,吕洪斌,等. 自动化监测技术在地铁运营监测中的应用[J]. 科技和产业,2014(4):131-134.

[3] 彭飞. 自动化监测系统在上海延安东路隧道中的应用[J]. 中国市政工程,2017(1):54-56.

[4] 陈洪凯,李明. 隧道与地下工程健康研究及防治理念[J]. 地下空间与工程学报,2007,3(2):213-217.

[5] 朱合华,李晓军,陈雪琴. 基础设施建养一体数字化技术(1)——理论与方法[J]. 土木工程学报,2015(4):99-110.

[6] 朱合华,李晓军,陈雪琴,等. 基础设施建养一体数字化技术(2)——工程应用[J]. 土木工程学报,2015(6):114-121.

[7] 刘甲荣. 隧道结构损伤分析、健康监测与预警技术[M]. 北京:人民交通出版社,2015.

[8] 王如路,贾坚,廖少明. 上海地铁监护实践[M]. 上海:同济大学出版社,2013.

[9] 杨新安,丁春林,徐前卫. 城市隧道工程[M]. 上海:同济大学出版社,2015.

[10] 中国岩石力学与工程学会地下空间分会,中国人民解放军理工大学国防工程学院地下空间研究中心,南京慧龙城市规划设计有限公司. 2015 中国城市地下空间发展蓝皮书[M]. 上海:同济大学出版社,2016.

[11] 曹平,王志伟. 城市地下空间工程导论[M]. 北京:中国水利水电出版社,2013.

[12] 刘增荣,罗少锋. 地下结构设计[M]. 北京:中国建筑工业出版社,2011.

[13] 刘新荣,钟祖良. 地下结构设计[M]. 重庆:重庆大学出版社,2013.

[14] 俞明建,范益群,胡昊. 城市地下空间低碳化设计与评估[M]. 上海:同济大学出版社,2015.

[15] 杨新安,丁春林,徐前卫. 城市隧道工程[M]. 上海:同济大学出版社,2015.

[16] 杨新安,黄宏伟. 隧道病害与防治[M]. 上海:同济大学出版社,2003.

[17] 刘勇,朱永全. 地下空间工程[M]. 北京:机械工业出版社,2014.

[18] 刘应明,等. 城市地下综合管廊工程规划与管理[M]. 北京:中国建筑工业出版社,2016.

[19] 郑立宁,杨超,王建. 城市地下综合管廊运维管理[M]. 北京:中国建筑工业出版社,2017.

[20] 王恒栋,薛伟辰. 综合管廊工程理论与实践[M]. 北京:中国建筑工业出版社,2013.

[21] 张磊. 探究南京长江隧道过江盾构隧道管片渗漏水的原因与其治理技术[J]. 城市建筑,2017(5):326-327.

[22] 杨帆,谷丙坤. 某公路隧道衬砌开裂病害成因分析与治理方案[J]. 山西建筑,2016,10(29):183.

[23] 苗吉军,刘才玮,刘延春,等. 某沿海地下停车场剪力墙裂缝开裂分析及处理研究[J]. 工业建筑,2008 (S1):358-360.

[24] 张恒. 严寒地区铁路隧道衬砌冻胀病害及治理措施研究[J]. 铁道标准设计,2012(增刊):8-11.

[25] 李万宝. 鸡鸣驿隧道冻害机理及处治措施研究[D]. 成都:西南交通大学,2016.

[26] 刘松玉,李洪江,童立元,等. 城市地下结构污染腐蚀耐久性的若干问题[J]. 岩土工程学报,2016,38(s2):7-17.

[27] 黄文新. 广州地铁混凝土结构在环境多因素作用下抗侵蚀耐久性的研究[D]. 广州:华南理工大学,2010.

[28] 向光琼,李宗长,张家铭. 十字垭隧道病害成因分析及整治[J]. 土工基础,2008(01):5-7.

[29] 高升. 基于兰州地铁工程硫酸盐对混凝土耐久性的影响[J]. 甘肃科技,2017,33(06):97-100.

[30] 姜骞,石亮,刘建忠,等. 西南某隧道衬砌混凝土中的硫酸盐腐蚀破坏分析及对策[J]. 隧道建设,2016,36(08):918-923.

[31] 孙路. 基于典型生命线工程震害评定地震烈度的研究[D]. 哈尔滨:中国地震局工程力学研究所,2015.

[32] 郭恩栋,王祥建,张丽娜,等. 汶川地震供水管道震害分析[C]//纪念汶川地震一周年地震工程与减轻地震灾害研讨会,2009:576-582.

[33] 张雨霆,肖明,李玉婕. 汶川地震对映秀湾水电站地下厂房的震害影响及动力响应分析[J]. 岩石力学与工程学报,2010,29(S2):3663-3670.

[34] 招商局重庆交通科研设计院有限公司. 公路隧道通风设计细则:JTG/T D702/2-02—2014[S]. 北京:人民交通出版社,2014.

[35] 中华人民共和国铁道部. 铁路隧道运营通风设计规范:TB 10068—2010[S]. 北京:中国铁道出版社,2011.

[36] 中华人民共和国铁道部. 铁路运营隧道空气中机车废气容许浓度和测试方法:TB/T 1912—2005[S]. 北京:中国铁道出版社,2005.

[37] 中华人民共和国铁道部. 铁路隧道防排水技术规范:TB10119—2000[S]. 北京:中国铁道出版社,2001.

[38] 中华人民共和国住房和城乡建设部. 地下工程防水技术规范:GB 50108—2008[S]. 北京:中国计划出版社,2009.

[39] 施仲衡. 地下铁道设计与施工[M]. 西安:陕西科学技术出版社,2006.

[40] 中华人民共和国铁道部. 铁路隧道设计规范:TB10003—2016[S]. 北京:中国铁道出版社,2017.

[41] 中华人民共和国住房和城乡建设部. 城市地下道路工程设计规范:CJJ221—2015[S]. 北京:中国建筑工业出版社,2015.

[42] 马强,李玉锋,王明明. 地下工程中的几种无损检测技术[J]. 现代矿山,2014(4):122-125

[43] 袁海军,姜红. 建筑结构检测鉴定与加固手册[M]. 北京:中国建筑工业出版社,2003.

[44] 杨新安,李怒放,李志华. 路基检测新技术[M]. 北京:中国铁道出版社,2006.

[45] 中华人民共和国住房和城乡建设部,国家质量监督检验检疫总局. 混凝土结构耐久性设计规范:GB/T50476-2008[S]. 北京:中国建筑工业出版社,2008.

[46] 中华人民共和国住房和城乡建设部. 地铁设计规范:GB 50157—2013[S]. 北京:中国建筑工业出

版社,2013.
[47] 中华人民共和国住房和城乡建设部. 回弹法检测混凝土抗压强度技术规程:JGJ/T 23—2011[S]. 北京:中国建筑工业出版社,2011.
[48] 中国建筑科学研究院. 超声回弹综合法检测混凝土强度技术规程:CECS 02:2005[S]. 北京:中国计划出版社,2005.
[49] 中华人民共和国住房和城乡建设部. 冲击回波法检测混凝土缺陷技术规程:JGJ/T 411—2017[S]. 北京:中国建筑工业出版社,2017.
[50] 许宏发,杨亮,陈伟. 地下结构耐久性能及其评估[M]. 北京:中国建筑工业出版社,2016.
[51] 唐孟雄,陈晓斌. 城市地下混凝土结构耐久性检测及寿命评估[M]. 北京:中国建筑工业出版社,2012.
[52] 薛绍祖. 地铁系统结构防水劣化[M]. 北京:科学出版社,2011.
[53] 薛绍祖. 地下建筑工程防水技术[M]. 北京:中国建筑工业出版社,2003.
[54] 中国工程建设标准化协会. 城市地下空间内部环境设计标准:CECS 441:2016[S]. 北京:中国计划出版社,2016.
[55] 国家测绘局. 轨交监护测量规范[S]. 北京:测绘出版社,2006.
[56] 魏刚. 上海轨道交通隧道结构长期沉降测量特征与原因探讨[C]// 2010 城市轨道交通关键技术论坛论文集. 2010.
[57] 中国工程建设协会标准. 城市地下空间运营管理标准[M]. 北京:中国计划出版社,2015.
[58] 郑佳艳,邹宗良,刘海京,等. 重庆市 6 座城市隧道病害分析及思考[J]. 公路交通技术,2011(1):109-111.
[59] 上海市城乡建设和管理委员会. 上海市工程建设规范——隧道养护技术规程:DG/TJ 08—2175—2015[S]. 上海:同济大学出版社,2015.

索　　引

INDEX